高等教育质量工程信息技术系列示范教材

大学计算机

——计算思维导论（第2版）

张基温 编著

清华大学出版社
北京

内 容 简 介

本书以计算思维为主线，介绍计算机的基本原理和应用思想。书中将计算思维具体化，并组织成如下6章：第1章 计算符号化思维、第2章 计算自动化与智能化思维、第3章 工程化问题求解思维与方法、第4章 算法思维、第5章 协同计算、第6章 计算虚拟化。

书中把一般有关信息技术的知识、技术和方法，纳入到有关的计算思维框架中作为实例介绍，让读者从更高层次上来认识和理解这些知识、技术和方法，以启发创新思维，进入一个更高境界。

本书讲解深入浅出、思路清晰，可以作为计算机及其相关专业的导论性课程的教材，也可作为高等理工科专业的计算机（信息技术）公共课教材，还可供有关培训班使用和有关专业技术人员参考。

图书在版编目（CIP）数据

大学计算机：计算思维导论 / 张基温编著. —2 版. —北京：清华大学出版社，2018
（高等教育质量工程信息技术系列示范教材）
ISBN 978-7-302-49010-4

Ⅰ．①大…　Ⅱ．①张…　Ⅲ．①电子计算机－高等学校－教材　Ⅳ．①TP3

中国版本图书馆 CIP 数据核字（2017）第 292542 号

责任编辑：白立军
封面设计：常雪影
责任校对：李建庄
责任印制：刘海龙

出版发行：清华大学出版社
　　网　　　　址：http://www.tup.com.cn, http://www.wqbook.com
　　地　　　　址：北京清华大学学研大厦 A 座　　　　邮　　编：100084
　　社　总　　机：010-62770175　　　　　　　　　　邮　　购：010-62786544
　　投稿与读者服务：010-62776969，c-service@tup.tsinghua.edu.cn
　　质　量　反　馈：010-62772015，zhiliang@tup.tsinghua.edu.cn
　　课　件　下　载：http://www.tup.com.cn,010-62795954
印　装　者：北京鑫海金澳胶印有限公司
经　　销：全国新华书店
开　　本：185mm×260mm　　　　印　张：22.5　　　　字　　数：532 千字
版　　次：2017 年 6 月第 1 版　2018 年 1 月第 2 版　印　次：2018 年 1 月第 1 次印刷
印　　数：1～2000
定　　价：49.80 元

产品编号：076668-01

前　言

1. 中国高等学校计算机（信息技术）基础教育发展的 3 个阶段

20 世纪 70 年代中期，计算机应用之风吹到了中国大地，随之部分大学开始以公共课的形式进行普及计算机的教学。为了交流，由我国著名的天津大学许镇宇教授牵头，于 1982 年在庐山、1983 年夏天在泰安连续两年召开了全国性的高校计算机普及教育研讨会。

作者当时也在兼任这方面的工作，参加了 1983 年在泰安举办的会议，并拿着自己编写的一套讲义与会展示、交流。这套讲义的内容包括二进制编码、逻辑运算基础、计算机组成、操作系统（以 DOS 为例）、数据库（DBASE）和 BASIC 程序设计，交流、展示后，受到许镇宇教授和与会代表的高度评价和赞誉。在当时计算机基础教育处于起步摸索的阶段，这套讲义被大家称为中国计算机基础教学的第一套教材。此后，正式出版的计算机基础教材才陆续问世。

按照泰山会议的共识，1984 年全国高校计算机基础教育研究会在黄山成立。作者也以极大的热情参加了研究会的工作，并长期担任理事、常务理事、学术委员会副主任、课程建设委员会副主任、财经信息管理委员会副主任等职务，亲自见证并积极参与了中国高等学校计算机（信息技术）基础教育的研究与实践。纵观这个历程，大致可以分为 3 个阶段。

1）面向信息（计算机）扫盲的计算机文化教育阶段

我国高校的计算机基础教育是从普及的初衷开始的。那时，国外也大致如此。对此影响比较大的一件事是 1981 年，第三届世界计算机教育会议提出了"计算机文化"教育的观点。第二件事是联合国教科文组织关于"文盲"概念的标准的修改：在很长的时期内，人们把文盲定义为"不识字的人"；20 世纪 70 年代，联合国教科文组织又把文盲界定为"不认识现代信息符号、图标的人"；之后又把文盲界定为"不能应用计算机进行信息交流与管理的人"。第三件事是 20 世纪 80 年代中后期开始的以"信息高速公路"建设为主题的信息化热潮。第四件事是微软公司的 Windows 操作系统的问世。第五件事是 Web 技术的出现。伴随着这 5 件事的发生，我国高等学校的计算机基础教育内容也不断更新，具体表现如下。

（1）部分学校将计算机基础课程改称"计算机文化""信息技术"，以此名称命名的教材开始大量出现。

（2）在内容上不断完善，先后增加了文字处理（最初是金山的 WPS）、计算机网络和多媒体技术。

（3）在平台上，由 DOS 逐渐转向 Windows。

作者作为那个时期的弄潮儿，抢先推出了介绍 Windows 及其应用的教材《计算机信息处理平台基础教程》（电子工业出版社，1997 年 10 月，ISBN 为 978-7-505-34231-6）和《信息技术与信息化基础教程》（电子工业出版社，1998 年 1 月，ISBN 为 978-7-505-34466-2）。

随着信息化浪潮的推进，我国高校计算机基础教育走向成熟，开始向高层次发展。进入 20 世纪 90 年代中期，三层次教育的思路开始形成。1998 年 4 月 6 日的《计算机世界》上，发表了全国高等学校计算机基础教育研究会组织的两个完整的改革方案：一个是理工类，一个是非理工类。作者撰写了其中的《高校计算机基础教育改革方案（征求意见稿）》（适合于非理工专业）。在这个方案中提出的三层次方案是公共基础层（面向各专业的公共基础课）、面向专业群的技术基础层和结合专业的专业技术层。全国高校计算机基础教育研究会于 1998 年 10 月在南昌召开的全国年会上，正式推出了这两个面向 21 世纪的改革方案。

配合这个方案，作者编写了《大学计算机应用基础教程》《大学计算机应用实验教程》《大学计算机技术基础教程》和《大学计算机技术实验教程》，于 1999 年 7 月由科学出版社出版。

这套书的基本思想是将计算机基础分为技术和应用两部分，分别由主教材和实验教材两部分组成。之所以这样分割，是因为当时已经出现了从中学到研究生，计算机基础教学都是协同的内容、相同的面孔的局面。这套书率先启用了"大学计算机"的名称。可以说，它们是那个时期大学计算机的总结。

2）面向信息素养的大学计算机教育阶段

计算机基础教育的改革，不仅是内容的更新，更重要的是教育思想、教育理念的提升。

1974 年，美国信息产业协会主席 Paul Zurkowski 率先提出了信息素养（Information Literacy）这一全新概念，并解释为"利用大量的信息工具及主要信息源使问题得到解答的技能"。 1989 年，美国图书馆协会（American Library Association，ALA）下设的"信息素养总统委员会"在其年度报告中对信息素养的含义进行了重新概括："要成为一个有信息素养的人，就必须能够确定何时需要信息并且能够有效地查寻、评价和使用所需要的信息。"

1992 年，Doyle 在《信息素养全美论坛的终结报告》中将信息素养定义为：一个具有信息素养的人，他能够认识到精确的和完整的信息是做出合理决策的基础，确定对信息的需求，形成基于信息需求的问题，确定潜在的信息源，制定成功的检索方案，从包括基于计算机和其他信息源获取信息、评价信息、组织信息于实际的应用，将新信息与原有的知识体系进行融合以及在批判性思考和问题解决的过程中使用信息。

1998 年，美国图书馆协会和教育传播协会制定了学生学习的九大信息素养标准，概括了信息素养的具体内容。

标准一：具有信息素养的学生能够有效地和高效地获取信息。

标准二：具有信息素养的学生能够熟练地和批判地评价信息。

标准三：具有信息素养的学生能够有精确地、创造性地使用信息。

标准四：作为一个独立学习者的学生具有信息素养，并能探求与个人兴趣有关的信息。

标准五：作为一个独立学习者的学生具有信息素养，并能欣赏作品和其他对信息进行创造性表达的内容。

标准六：作为一个独立学习者的学生具有信息素养，并能力争在信息查询和知识创新中做得最好。

标准七：对学习社区和社会有积极贡献的学生具有信息素养，并能认识信息对民主化社会的重要性。

标准八：对学习社区和社会有积极贡献的学生具有信息素养，并能实行与信息和信息技术相关的符合伦理道德的行为。

标准九：对学习社区和社会有积极贡献的学生具有信息素养，并能积极参与小组的活动探求和创建信息。

可以看出，美国提出的信息素养概念则包括 3 个层面：文化层面（知识方面）、信息意识（意识方面）和信息技能（技术方面）。

古人云："马不伏历（枥），不可以趋道；士不素养，不可重国"（《汉书•李寻传》）。在人类社会发展的历史长河中，素养是一个永恒的话题。何谓素养？其实非常简单：素即素质（Quality），养即教养。所以，素养就是人的素质和教养。然而，什么是素质呢？在不同的文化背景下，它有不同的定义，有不同的要求。信息素养是信息时代素质教育的核心内容。这个概念一经提出，便得到广泛传播和使用。世界各国的研究机构纷纷围绕如何提高信息素养展开了广泛的探索和深入的研究，对信息素养概念的界定、内涵和评价标准等提出了一系列新的见解。

作者作为当时全国高等学校计算机基础教育研究会的常务理事和课程建设委员会副主任，作为一位有责任的大学老师，有义务推行这一新概念和新理念，并连续发表了几篇文章。

（1）《关于高校 IT 基础教育改革的几点思考》，高教出版信息，2002 年第 11 期。

（2）《信息素养——21 世纪计算机基础教育的坐标系》，教育信息化，2002 年第 9 期。

（3）《论高等信息素养教育》，计算机教育，创刊号（2003 年 12 月 1 日）。

（4）《关于新时期高等学校信息基础教育第一门课的思考》，计算机教育，2004 年第 1 期。

（5）《高等信息素养教育框架》，计算机教育，2004 年第 2、3 期合刊。

同时，编写了如下相应的教材。

（1）《大学生信息素养知识教程》，南京大学出版社，2007 年 5 月，ISBN 为 978-7-305-05060-2。

（2）《大学生信息素养能力教程》，南京大学出版社，2007 年 5 月，ISBN 为 978-7-305-05061-9。

（3）《信息素养大学教程（知识篇）》，人民邮电出版社，2013 年 9 月，ISBN 为 978-7-115-31930-2。

（4）《信息素养大学教程（实践篇）》，人民邮电出版社，2013 年 9 月，ISBN 为 978-7-115-31866-4。

3）面向计算思维培养的大学计算机教育阶段

人的素质就是人的生理元素和思维元素的质量。人的素质的高低，与人天生的生理元素和思维元素的多少有关，也与后天培养的生理组织的健康程度和思维系统的健全程度有关。所以在素质教育中，思维训练是极为重要的核心内容。

2006 年 3 月，美国卡内基•梅隆（Camegie Mellon）大学计算机科学系原主任、时任美国国家科学基金会计算机与信息科学与工程学部负责人的周以真（见图 0.1）教授在美国计算机权威期刊

图 0.1　周以真

Communications of the ACM 杂志上正式提出了"计算思维"（Computational Thinking）的概念，并推动一项计划：力图使所有的人都能运用计算机科学的基础概念进行问题求解、系统设计，以及人类行为理解等涵盖计算机科学之广度的一系列思维活动。

后来，周以真教授又对它做了进一步的详细阐释。

（1）通过约简、嵌入、转化和仿真等方法，把一个看来困难的问题重新阐释成一个人们知道问题怎样解决的方法。

（2）计算思维是一种递归思维，是一种并行处理，是一种把代码译成数据又能把数据译成代码，是一种多维分析推广的类型检查方法。

（3）计算思维是一种采用抽象和分解来控制庞杂的任务或进行巨大复杂系统设计的方法，是基于关注分离的方法（SOC 方法）。

（4）计算思维是一种选择合适的方式去陈述一个问题，或对一个问题的相关方面建模使其易于处理的思维方法。

（5）计算思维是按照预防、保护及通过冗余、容错、纠错的方式，并从最坏情况进行系统恢复的一种思维方法。

（6）计算思维是利用启发式推理寻求解答，也即在不确定情况下的规划、学习和调度的思维方法。

（7）计算思维是利用海量数据来加快计算，在时间和空间之间，在处理能力和存储容量之间进行折中的思维方法。

计算思维是一种概念，也是一种思想、一种教育理念。2011 年被陈国良院士等人传播到国内，不仅影响计算机及其相关专业的教育，而且影响高等学校计算机基础教育，把中国的计算机基础教育带进一个新的时期——计算思维教育阶段。

2. 本书的写作思想

周以真教授提出的计算思维，不仅为计算机教育带来新的思想，而且会影响整个教育体制的理念。但是，这不能只靠周以真教授一人，还需要更多的人去发展、去展开、去实践、去推行。这就是本书写作的基本思想。

关于计算思维本身，本人将其具体化为如下一些具体的思维。

（1）计算符号化思维。

（2）计算自动化与智能化思维。

（3）工程化问题求解思维。

（4）算法思维。

（5）协同计算。

（6）计算虚拟化。

这些思维不仅造就了计算、计算机本身，而且已经延伸到几乎所有领域。介绍这些思维模式，有助于各个领域的创新发展和技术进步，这也是本书内容组织的框架。

按照上述计算思维所包含的内容，本书分为相应的 6 章，并把有关信息技术的介绍放进有关章节。这样的一种组织模式，旨在使当代大学生站在一个较高的高度，从一个较宽的视野，获得一些较深的启迪。

为了适应不同读者的学习需求，本书前 5 章都设了一个"知识链接"栏目。这个栏目的内容可以选学。

3. 希望与感谢

本书完全围绕"计算思维"，贯穿了新思想，采用了新提法，组织了新内容，形成了新体系。这一切都是尝试。它的不成熟、不完整、不确切已经估计到了。但作者水平也就如此，不过也留下了一个能让更多的人参与的空间。希望有关读者、专家能就此展开讨论，提出宝贵意见，将这个事业不断向前、向新推进。

在本书写作过程中，参考了大量资料。有些已经在相关参考文献中列出，有些因为是网络佚名作者，还有些已经多次辗转引用，无法找到原始作者。在此谨表感谢。

在本书写作过程中，赵忠孝、古辉、张秋菊、史林娟、张展为、董兆军、张友明、戴璐等也参加了部分工作，也在此一并感谢。

张基温
2017 年 7 月 15 日
于广州小海之畔

目　录

第1章 计算符号化思维

符号（symbol）是计算的基础。从数字符号、算术符号开始，数学便在符号世界中不断发育和壮大。历史上，中华先哲们已经用两个简单的符号——阳爻（yao, ——）和阴爻（- -）演绎了世界万物。后来，人们把这两个符号改写为 0、1，并把这些演绎放进现代工具——计算机中进行，将之称为"计算"。

1.1 信息与符号

1.1.1 信息

信息（information）是人类社会最重要的资源。它无处不在，无时不在，既普通，又神秘。但是关于它的定义众说纷纭、莫衷一是，迄今还没有一个为大家都信服的解释。

有的将 information 解释为"用来通信的事实，在观察中得到的数据、新闻和知识"（美国的《韦伯斯特大词典》，*Webster's Dictionary*）。

有的将 information 解释为"谈论的事情、新闻和知识"（英国《牛津词典》，*Oxford English Dictionary*）。

有的认为信息是"在通信的一端（信源）精确地或近似地复现另一端（信宿）所挑选的消息，至于通信的语义方面的问题与工程方面的问题是没有关系的"（美国科学家 Claude Elwood Shannon. A Mathematical Theory of Communication，Bell System Technical Journal，1948）。

有的认为"信息是人们在适应客观世界，并使这种适应被客观世界感受的过程中与客观世界进行交换的内容的名称。"并说："信息就是信息，不是物质，也不是能量"（美国科学家 Norbert Wener）。

还有的把信息定义为"物质和能量在空间和时间上分布不均匀性的测度"（苏联学者格卢什科夫，1964），或者"信息是事物之间的差异，是事物存在状态和演化过程的反映"（意大利学者 G. Longe）。

不过本人倾向于这样的概念：信息是神经系统对于外界的反应。这样的概念可以比较好地区分另外两个与信息相联系的概念：信号是引起物理系统反应的外界运动，数据是人工信息处理系统存储或处理的对象。也就是说，信号是被物理系统解释的，数据是被人工信息处理系统存储和解释的，而信息是被神经系统解释的，神经系统并不限于只有人才有，不过多数情况下，是针对人来讨论信息的概念的。

1.1.2 符号

1. 信息传递与符号

信息有许多属性，例如：

（1）信息可以减少认知的不确定性。

（2）信息具有可聚变性。

（3）信息具有资源性等。

在信息的诸多属性中，有一个非常重要的属性——信息具有可传递性。

信息是在传递过程中被增值的。信息传递维系了一个群体的生存，例如，蜜蜂采蜜，蚂蚁觅食，鸟群休息时警戒鸟的叫声等。信息传递也是不同群体之间进行协调的手段，例如，狗对人摇尾巴或吠吼，狮群用气味进行领地的划分等。这些叫声、气味、动作以及表情统称为符号，用它们替代某种信息进行传递。根据巴甫洛夫的理论，这些符号是通过条件反射引起的大脑皮层反应，并建立起符号和信息之间的对应关系。这是动物界和人类都具有的一种较高级的神经活动。但是，人与动物不同。动物界的这些符号是自然形成的，而人类从一开始就生活在具有生产活动和文化生活的社会中，比起群体生活需要更为复杂、更为频繁的信息交流，为此创造了更为复杂的、系统化的符号，并在不断丰富和改进这些符号系统，从而刺激并练就了人的第二条件反射机能。所以，信息是以人感觉器官所接收的符号表现，进而成为神经系统解释的原料。

2. 人类信息符号系统及其特征

人类可以创造符号，随着社会的进步，符号越来越丰富，越来越细化。例如语言、文字、盲文、哑语、海上旗语、数字符号、算术符号、代数符号、逻辑符号、职业标志、街道标志、交通信号、飞行信号、钟声、鼓声、烽火、号角、音乐、舞姿、乐谱、节拍、图画、雕塑、图腾、旗帜、货币、证券、徽章、印章、姓名、字号、时间、节气等，并在此基础上，形成了丰富多彩的科学、技术和文化分支。

一般认为，符号是经约定俗成的象征性记号或指号（sign）。语言学家索绪尔认为，符号包括两个不可分割的组成部分，能指（可以被感知的记号、指号）和所指（即作为符号被神经系统解释为某些信息）。由此可以看出，符号具有如下几个特征。

（1）可感性。符号必须可为感觉器官所感觉。例如，盲人对于印刷文字是不可感觉的，对于盲文才是可感觉的。

（2）社会性。能指与所指之间并没有必然的、本质的联系，它们的结合靠的是约定或俗成。例如，盲文中的点的布局与表达的信息之间完全是约定的。约定表明了某种社会性。所以，社会性是人类语言符号的本质。

（3）强制性。在人类社会中，符号与所标记事物或思想之间的标记关系一经社会确定下来，便有很大的权威性，会强制人们必须遵守这一约定。

（4）抽象性。世界万物都是相互关联的、运动的，也是复杂的。面对复杂性，人们认识客观事物的有力武器是抽象（abstract）。抽象就是抽取现象，即从收集到的事物表现中抽取自己的关注相关性大的现象，以构建一个简化的现象空间。所以，抽象与关注有关。例如在菜市上，从美学、营养学、经济学、社会治安等不同的角度，抽取的现象是不同的，最后得到的现象空间也是不同的。

最基本的抽象是对获取的事物现象进行表达，以便记忆或传播，这就是符号。符号系统的基本作用是指代，具有抽象性和层次性。例如，算术符号 2＋3 可能指代的是房间中原来有两个人，又进来三个人；院子里有两辆汽车和三辆自行车等。抽象性是人类符号的一个特征。这种抽象能力在动物中是没有的。符号抽象的层次性表明有些符号是对别的符号的抽象，这才形成符号体系。

人们通过使用符号可以从漂浮不定的感性流中抽取出某些可固定的成分，从而把它们分离出来进行研究。显然，没有一套相当复杂的符号体系，人无法交流更多的思想，没有办法摆脱具体的纠缠，就无法发现一般性规律；没有一套符号体系，就不会有人类社会。所以，人类社会的进步伴随着符号体系不断完善的过程。

3. 中国早期的人类符号系统

从某种角度看，一个国家的符号系统的丰富程度，是其社会发展先进程度的一种标志。中国是历史悠久的文明古国，很早就建立了自己的社会符号体系：丰富的各民族语言、可以表达复杂信息内容的文字，以及音乐、图画、烽火、鼓声、货币、旗号等。图 1.1（a）为在山西临汾陶寺遗址出土的陶壶，它上面有两个毛笔朱书的符号，经专家鉴定是两个文字符号"文"（或"父"）和"尧"。这个发现，不仅把中国的文字历史推早到 4000 多年前，而且中国人书写文字的工具的历史提前到 4000 多年前。同时出土的还有贝币、画有龙纹的龙盘和铜铃（分别见图 1.1（b）～图 1.1（d））。

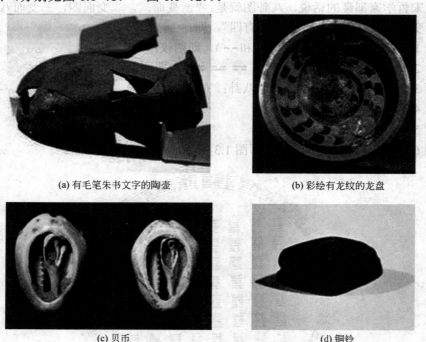

(a) 有毛笔朱书文字的陶壶　　　　　　　(b) 彩绘有龙纹的龙盘

(c) 贝币　　　　　　　　　　　　　　(d) 铜铃

图 1.1　山西临汾陶寺出土的 4000 多年前的文物

1.1.3　八卦符号

在人类发明的符号体系中，抽象级别最高的当数中国的八卦图。据说其发源于山西洪洞县的卦底村。因为那里是黄帝和蚩尤祭封天下之处，尧、舜、禹建都也都在其附近，是早期黄色人种的发源地。八卦图高明之处在于只用阳爻和阴爻两个符号，就可以表示世界万物。如图 1.2（a）所示，它以"无极生有极，有极是太极，太极（中间的阴阳鱼）生两仪（即阴阳），两仪生四象（即少阳、太阳、少阴、太阴），四象演八卦，八卦演万物"的规则演化。图 1.2（b）为一张八卦图，所谓"八卦"，就是古人用乾（qian）、坤（kun）、震（zhen）、巽（xun）、坎（kan）、离（li）、艮（gen）、兑（dui）8 种卦象征天、地、雷、风、水、火、山、泽 8 种自然现象，以推测自然和社会的变化。

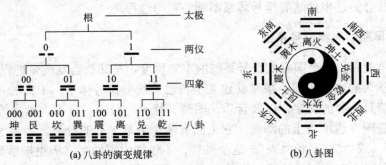

(a) 八卦的演变规律　　　　　　　　　(b) 八卦图

图 1.2　八卦图及其生成

用北宋哲学家邵雍的话说，八卦图就是："一变而二，二变而四，三变而八，四变而十有六，五变而三十有二，六变而六十有四"。即：

使用 1 个符号，有 2 种组合（— 和 --），即两仪；

使用 2 个符号，有 4 种组合（☷ ☳ ☵ ☰），即四象；

使用 3 个符号，有 8 种组合，即八卦；

使用 4 个符号，有 16 种组合；

使用 5 个符号，有 32 种组合；

使用 6 个符号，有 64 种组合，即图 1.3 所示的邵雍六十四卦图。

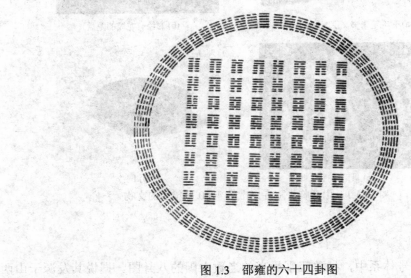

图 1.3　邵雍的六十四卦图

使用的符号越多，可以有的组合就越多。如此组合，没有不可以代表的事物。

中国的八卦图大约在1658年以前就传到了欧洲。意大利传教士卫匡国（1614—1661）是一位热衷于中西文化交流的人，他于1658年在慕尼黑出版的《中国上古史》的第一卷中，不仅造了单词Yn（阴）、Yang（阳）、principia（两仪）、signa quatuor（四象）、octo formas（八卦），还详细介绍了太极八卦演化过程。

1660年出版的斯比塞尔（Gottlied Spizel，1639—1691）编著的《中国文史评析》一书，介绍了伏羲（FOHIO）、龙蛇图腾（Serpentibus & Draconibus）、神农（XINNUNG）以及以后的帝王和中国文字。

著名数学家莱布尼茨从斯比塞尔等人那里了解了有关中国的很多知识，包括八卦图。他认为这些"古代哲学帝王的符号"就是"数目字"。1679年3月15日，莱布尼茨发表了题为"二进位算术"的论文，对二进位制进行了相当充分的讨论，并与十进位制进行了比较，不仅完整地解决了二进制的表示问题，而且给出了正确的二进位制加法与乘法规则。图1.4是莱布尼茨研究二进制时的手稿。

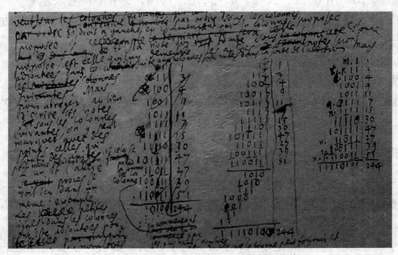

图1.4　莱布尼茨研究二进制时的手稿

莱布尼茨对古老的中国文明一往情深，评价很高，是中西文化交流的积极推动者。古老的中国文化深深地吸引了他。在1697年出版的《中国近事》一书的绪论中，莱布尼茨写道："全人类最伟大的文化和最发达的文明仿佛今天汇集在我们大陆的两端，即汇集在欧洲和位于地球另一端的东方的欧洲——中国。""中国这一文明古国与欧洲相比，面积相当，但人口数量则已超过欧洲。""在日常生活以及按照经验应付自然的技能方面，我们是不分伯仲的。我们双方各自都具备通过相互交流使对方受益的技能。在思考的缜密和理性的思辨方面，显然我们要略胜一筹，但在时间哲学，即在生活与人类实际方面的伦理以及治国学说方面，我们实在是相形见绌了。"

在研究中国文化的过程中，出于对这个古老民族的仰慕之情，莱布尼茨给当时的康熙皇帝写信，建议在北京成立中国科学院，同时还托朋友转告康熙皇帝，想申请加入中国国籍。可惜当时清朝正处于政治上的全盛时期，康熙未能够对这个来自于"蛮夷之地"的声音多加理会。此事成为莱布尼茨的终身憾事，被写进了他的日记之中。

今天，电子数字计算机已经不再是一种让人望而生畏、束之高阁的奢侈品，而已经是一种实实在在地进入到人们的生产、生活和学习的"日用品"。它无处不在、无所不能。可是，人们哪里能想到，它的一切竟来自两个极其普通的符号——0 和 1。不过，只要稍微了解一下中国的八卦，问题就会迎刃而解。

1.2 数值的 0、1 编码

1.2.1 十进制数与二进制数

1. 十进制的特点

十进制是人们最习惯的计数制，它具有如下 3 个特点。

（1）基数为 10，用 0、1、2、3、4、5、6、7、8、9 十个符号表示数。

（2）每个位上最大值只能是 9，即在某一位上，当够 10 时，就要向左边的位进一，称为"逢十进一"。

（3）十进制数从小数点往左，依次为个位、十位、百位、千位、万位……；从小数点向右，依次为十分位、百分位、千分位、万分位……，即一个数字 m，在某一个位置 i 上时，其值为 $m \times 10^i$。10^i 称为 i 位权。例如，个位的位权为 10^0，十位的位权为 10^1，百位的位权为 10^2……；十分位的位权为 10^{-1}、百分位的位权为 10^{-2}……

2. 二进制的特点

相对于十进制，二进制具有如下特点。

（1）基数为 2，只能用 0 和 1 两个符号表示数。在中国的八卦中，这两个符号分别用"**—**"和"**- -**"表示。

（2）每个位上最大值只能是 1，即在某一位上，当够 2 时，就要向左边的位进一，称为"逢二进一"。

（3）二进制数从小数点往左，各位的位权依次为 2^0、2^1、2^2……，即 1、2、4、8、16、32、64、128、256、512、1024、2048 等；小数点往右各位的位权依次为 2^{-1}、2^{-2}……，即 0.5、0.25、0.125、0.0625、0.03125 等。

表 1.1 为几个十进制数与二进制数之间的对应关系。

表 1.1　几个十进制数与二进制数之间的对应关系

十进制数	0	1	2	3	4	5	6	7	8	9	10	16	32
二进制数	0	1	10	11	100	101	110	111	1000	1001	1010	10000	100000

1.2.2 基于二进制的运算规则

莱布尼茨虽然研究了二进制，却没能按照二进制的原理制作计算机，他的乘法器还采用了十进制。因为在当时的机械技术条件下，一个二进位制的机器会增加技术上的困难。世界上首先采用二进制工作的数字计算机，是 1938 年 Zuse 的 Z1 机械电气数字计算机。而到了 1945 年 3 月，才由 Neumann 和他的小组提出了电子数字计算机应当采用二进制工作方式——不但数据采用二进制，指令也采用二进制。这一原则和程序存储控制原理一起建立了 Neumann 体系结构，奠定了现代电子数字计算机的基础。

在电气技术条件下，使用二进制有如下好处。

（1）制作方便。可以用开关（或继电器）的开或合，部件无脉冲或有脉冲、低电位和高电位，分别代表 0 和 1，再用 0、1 组合的序列表示需要的信息。

（2）经济。已经证明，采用二进制比采用十进制节省元件。

（3）二进制运算规则简单。本节介绍二进制的基本运算规则。

1. 二进制加法

规则：逢 2 进 1。
$$0+0=0 \qquad 1+0=0+1=1 \qquad 1+1=10$$

例 1.1　101.01+110.11＝?

解:
$$
\begin{array}{r}
101.01 \\
+110.11 \\
\hline
1100.00
\end{array}
$$

所以，101.01+110.11＝1100.00。

2. 二进制减法

规则：借 1 当 2。
$$0-0=0 \qquad 1-0=1 \qquad 1-1=0 \qquad 10-1=1$$

例 1.2　1100.00 -110.11＝?

解:
$$
\begin{array}{r}
1100.00 \\
-110.11 \\
\hline
101.01
\end{array}
$$

所以，1100.00 -110.11＝101.01。

3. 二进制乘法

规则：移位加，1 加，0 不加。
$$0\times0=0 \qquad 1\times0=0\times1=0 \qquad 1\times1=1$$

显然，二进制数乘法比十进制数乘法简单多了。

例 1.3　10.101×101＝?

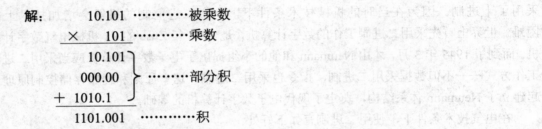

解：

```
        10.101  …………被乘数
      ×    101  …………乘数
        10.101 ⎫
       000.00  ⎬………部分积
     + 1010.1  ⎭
      1101.001  …………积
```

所以，10.101×101＝1101.001。

在二进制数运算过程中，由于乘数的每 1 位只有两种可能情况，要么是 0，要么是 1，所以部分积也只有两种情况，要么是被乘数本身，要么是 0。根据这一特点，可以把二进制数的乘法归结为移位和加法运算，即通过测试乘数的每 1 位是 0 还是 1，来决定部分积是加被乘数还是加零。

4. 二进制除法

规则：乘法的逆运算。

除法是乘法的逆运算，可以归结为与乘法相反方向的移位和减法运算。所以，在计算机中，只要具有移位功能的加法/减法运算器，便可以完成四则运算。

1.2.3 二进制与十进制之间的转换

使用二进制就要解决其与十进制之间的对应关系——转换方法。

1. 二—十（B→D）进制转换

规则：各位对应的十进制值之和；各位对应的十进制值为系数与其位权之积。

例 1.4 $(101.11101)_B=(?)_D$

解：

位　　权：2^2　　2^1　　2^0　　2^{-1}　　2^{-2}　　2^{-3}　　2^{-4}　　2^{-5}

二进制数：1　　0　　1　.1　　1　　1　　0　　1

计　　算：4+　0　+　1+0.5　+ 0.25 + 0.125 + 0 + 0.03125 = $(5.90625)_D$

所以，$(101.11100)_B = (5.90625)_D$。

2. 整数十—二进制转换

规则：从足够的位权值开始，连续减去各个位权值，够减该位取 1，不够减则该位取 0；直到减完最后一个位权值 1。

例 1.5 $(158)_D=(?)_B$

解： 考虑 158 在 128 与 256 之间，则先减 128，该位取 1，差为 30；减 64，不够减，该位取 0；再减 32，不够减，取 0；再减 16，够减，取 1，差为 14；减 8。够减取 1，差为 6；减 4，够减取 1，差为 2；减 2，够减取 1，差为 0；减 1，不够减取 0，结束。

计算过程如下。

二进制位权	计算过程		二进制数各位值
256	158		
128	- 128	够	
			1
	30		
64	- 64	不够	
			0
	30		
32	- 32	不够	
			0
	30		
16	- 16	够	
			1
	14		
8	- 8	够	
			1
	6		
4	- 4	够	
			1
	2		
2	- 2	够	
			1
	0		
1	- 1	不够	
			0
	结束		

结果：10011110

3. 小数十—二进制转换

规则：从小数点开始，连续减各小数位的位权值，够则减该位取 1，不够则不减该位取 0，直到减为 0 或到要求的位数。

例 1.6 $(0.24)_D =$ $(?)_B$，到小数点后 4 位。

解： 计算过程如下。

二进制位权	计算过程		二进制数各位值
	0.24		
0.5	- 0.5	不够	
			0
	0.24		
0.25	- 0.25	不够	
			0
	0.24		
0.125	- 0.125	够	
			1
	0.115		
0.0625	- 0.0625	够	
			1
	0.0525		
0.03125	- 0.03125	够	
			1
	0.02125		
0.015625	- 0.015265	够	
			1
	结束，不再计算		

结果：0.01111，进位得：0.0100

注意：第一个 0 与小数点要照写。

有时，小数十一二进制转换，会出现转换不完的情况。这时可按"舍 0 取 1"（相当于四舍五入）的原则，取到所需的位数。

1.2.4　原码、反码、补码和移码

1. 机器数与原码

一个数在机器内的表示形式称为机器数。它把一个数连同它的符号在机器中用 0 和 1 进行编码，这个数本身的值称为该机器数的真值。一般用数值的最高有效位（最左边一位）（Most Significant Bit，MSB）表示数的正负，通常：

MSB＝0 表示正数，如+1011 表示为 01011；

MSB＝1 表示负数，如-1011 表示为 11011。

这里的 01011 和 11011 就是两个机器数，它们的真值分别为+1011 和-1011。

当然，在不考虑数的正、负时，就不需要用 1 位来表示符号。这种没有符号位的数，称为无符号数。由于符号位要占用 1 位，所以用同样字长，无符号数的最大值比有符号数要大 1 倍。如字长为 4 位时，能表示的无符号数的最大值为 1111，即 15，而表示的有符号数的最大值为 111，即 7。

直接用 1 位 0、1 码表示正、负，而数值部分不变，在运算时带来如下一些新问题。

（1）两个正数相加时，符号位可以同时相加：0＋0＝0，即其和仍然为正数，没有影响运算的正确性。

（2）一个正数与一个负数相加，和的符号位不是两符号位直接运算的值：0＋1＝1，而由两数的大小决定，即其和的符号位是由两数中绝对值大的一个数所决定的。

（3）两个负数相加时，由于 1＋1＝10，因此其和的符号也不是由两符号位直接运算的结果所决定。

简单地说，用这样一种直接的形式进行加运算时，负数的符号位不能与其数值部分一起参加运算，而必须利用单独的线路确定和的符号位。这样使计算机的结构变得复杂化了。为了解决机器内负数的符号位参加运算的问题，引入了反码、补码和移码 3 种机器数形式，而把前边的直接形式称为原码。

2. 反码

对正数来说，其反码和原码的形式是相同的，即

$$
\begin{array}{cccc}
 & X & [X]_原 & [X]_反 \\
正数 & +1101 & 01101 & 01101 \\
负数 & -1101 & 11101 & 10010
\end{array}
$$

数值部分取反

对负数来说，反码要将其原码数值部分的各位变反。

反码运算要注意 3 个问题。

（1）反码运算时，其符号位与数值一起参加运算。

（2）反码的符号位相加后，如果有进位出现，则要把它送回到最低位去相加。这称为循环进位。

（3）反码运算具有如右等式的性质：$[X]_反 + [Y]_反 = [X + Y]_反$。

例 1.7　已知：$X = 0.1101$，$Y = -0.0001$　求：$X + Y = ?$

解：

$$
\begin{array}{l}
\quad [X]_反 = 0.1101 \quad （正数的反原码相同）\\
+[Y]_反 = 1.1110 \\
\hline
\quad\quad 10.1011 \\
+循环进位\quad\diagup\!\!\!\!\searrow 1 \\
\hline
[X+Y]_反 = 0.1100
\end{array}
$$

所以，$X + Y = 0.1100$。

例 1.8　已知：$X = -0.1101$，$Y = -0.0001$　求：$X + Y = ?$

解：

$$
\begin{array}{l}
\quad [X]_反 = 1.0010 \\
+[Y]_反 = 1.1110 \\
\hline
\quad\quad 11.0000 \\
+循环进位\quad\quad 1 \\
\hline
[X+Y]_反 = 1.0001
\end{array}
$$

所以，$X + Y = -0.1110$。

3. 补码

对正数来说，其补码和原码的形式是相同的，即 $[X]_原 = [X]_补$。

对负数来说，补码为其反码（数值部分各位变反）的末位补加 1。例如：

$$
\begin{array}{cccc}
X & [X]_原 & [X]_反 & [X]_补 \\
+1101 \rightarrow & 01101 \rightarrow & 01101 \rightarrow & 01101 \\
-1101 \rightarrow & 1\boxed{1101} \rightarrow & 10010 \rightarrow & 10011 \\
& 取反 & & 补1
\end{array}
$$

这种求负数的补码方法，在逻辑电路中实现起来很容易。

不论对正数，还是对负数，反码与补码具有下列相似的性质。

$$[[X]_反]_反 = [X]_原$$

$$[[X]_补]_补 = [X]_原$$

例 1.9　原码、补码的性质举例。

正数：
$$
\begin{array}{cccccc}
+1101 \rightarrow & 01101 \rightarrow & 01101 \rightarrow & 01101 \rightarrow & 01101 \rightarrow & 01101 \\
X & [X]_原 & [X]_反 & [X]_补 & [[X]_补]_反 & [[X]_补]_反 = [X]_反
\end{array}
$$

负数：
$$
\begin{array}{cccccc}
-1101 \rightarrow & 11101 \rightarrow & 10010 \rightarrow & 10011 \rightarrow & 11100 \rightarrow & 11101 \\
& & 数值部分 & 末位补1 & 数值部分 & 末位补1 \\
& & & 反码求反 & &
\end{array}
$$

采用补码运算也要注意 3 个问题。

（1）补码运算时，其符号位也要与数值部分一样参加运算。

（2）符号运算后如有进位出现，则把这个进位舍去不要。

（3）补码运算具有如右等式所示的性质：$[X]_{补} + [Y]_{补} = [X+Y]_{补}$。

例 1.10 已知：$X=0.1101$，$Y=-0.0001$　求：$X+Y=$　?

解：

$$
\begin{array}{r}
[X]_{补} = \ \ 0.1101 \\
+ \quad [Y]_{补} = \ \ 1.1111 \\
\hline
[X+Y]_{补} = \boxed{1}0.1100
\end{array}
$$

↓
—— 舍去不要

所以，$X+Y=0.1100$。

例 1.11 已知：$X=-0.1101$，$Y=-0.0001$　求：$X+Y=$?

解：

$$
\begin{array}{r}
[X]_{补} = \ 1.0011 \\
+ \quad [Y]_{补} = \ 1.1111 \\
\hline
[X+Y]_{补} = \boxed{1}1.0010
\end{array} \xrightarrow{\text{取补}} -0.1110
$$

↓
舍去不要

所以，$X+Y=-0.1110$。

采用反码和补码，就可以基本上解决负数在机器内部数值连同符号位一起参加运算的问题。

4. 移码

移码是在补码的最高位加 1，故又称为增码。

例 1.12 几个数的 4 位二进制补码和移码：

真值	补码	移码
+3	0011	1011
0	0000	1000
-3	1011	0011

显然，补码和移码的数值部分相同，而符号位相反。

5. 几个典型数的原码、反码、补码和移码

表 1.2 为几个典型数的原码、反码、补码和移码表示。

表 1.2　几个典型数的原码、反码、补码和移码表示

真 值	原 码	反 码	补 码	移 码
+127	0111 1111	0111 1111	0111 1111	1111 1111
+1	0000 0001	0000 0001	0000 0001	1000 0001
+0	0000 0000	0000 0000	0000 0000	1000 0000
-0	1000 0000	1111 1111	0000 0000	1000 0000
-1	1000 0001	1111 1110	1111 1111	0111 1111
-127	1111 1111	1000 0000	1000 0001	0000 0001
-128	不能表示	不能表示	1000 0000	0000 0000

从表 1.2 中可以看出：

（1）反码有+0 与-0 之分。

（2）从+128 到-128，数字是从大到小排列的，只有移码能直接反映出这一大小关系。所以，移码能像无符号数一样直接进行大小比较。

（3）字长为 8 位时，原码、反码的表示范围为-127～+127，而补码的表示范围为-128～+127。这是因为负数的补码是在其反码上加 1 的缘故。对于其他字长的原码、反码的表示范围，读者可以举一反三。

1.2.5　机器数的浮点形式与定点形式

1. 机器数的浮点表示

一个十进制数可以表示为小数点在不同位置的几种形式，例如：
$$N_1=3.14159=0.314159\times10^1=0.0314159\times10^2$$
同样，一个二进制数可以表示为
$$N_2=(0.011)_B=(0.110)_B\times2^{-1}=(0.0011)_B\times2^1$$
一般地说，一个任意二进制数 N 可以表示为
$$N=2^E\times F$$
式中：

E 为数 N 的阶码；F 为数 N 的有效数字，称为尾数。

当 E 变化时，数 N 的尾数 F 中的小数点位置也随之向左或向右浮动。所以，将这种表示法称为数的浮点表示法。对于这样一个式子，在计算机中用约定的 4 部分表示，如图 1.5 所示。其中，E_f、S 分别称为阶码 E 和尾数 F 的符号位。

E_f	E	S	F

图 1.5　浮点数的机内表示

由于不同的机器的字长不同，采用浮点表示法时，要预先对上述 4 部分所占的二进制位数加以约定，机器才可以自动识别。图 1.6 所示为 IEEE 754 标准的浮点数（float point number）格式。

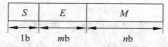

图 1.6　IEEE 754 标准的浮点数格式

把尾数的符号位安排在最高一位，阶符采用隐含形式。例如，对 32 位的短实数（即单精度格式），S 占 1b，E 占 8b，F 占 23b；对 64 位的长实数（即双精度格式），S 占 1b，E 占 11b，F 占 52b。

尾数一般为纯小数。为了提高表示精度，充分利用尾数的有效位数，在浮点机中常采用数的规格化表示法，即当尾数不为 0 时，其绝对值应大于等于 0.5，否则应修改阶码。使非规格化数变为规格化数的过程，称为数的规格化处理。

IEEE 754 标准约定，在小数点的左边有一隐含位 F_0。所以，短实数尾数部分实际上是 24 位，长实数尾数部分实际上是 53 位，S 的值只取 0 或 1。下面为真值以及 E、F、F_0 之间的关系。

（1）$E=0$ 且 $F=0$，则 $N=0$，即 $F_0=0$。

（2）$E=0$ 且 $F\neq0$，为非规格化数，$N=(-1)^S \cdot 2^{-126} \cdot (0.F)$，即 $F_0=0$。

（3）$1\leqslant E\leqslant254$，为规格化数，$N=(-1)^S \cdot 2^{-127} \cdot (1.F)$，即 $F_0=1$。

（4）$E=255$ 且 $F=0$，则为无穷大数，$N=(-1)^S \cdot \infty$。

（5）$E=255$ 且 $F\neq0$，则为非数值数。

采用浮点法进行数的乘除法运算时，其尾数相乘除，其阶码相加减；进行加减运算时，必须使参加运算的数的阶码相同，即必须进行对阶处理，然后进行尾数的加减运算。

除了短、长两种实数外，IEEE 标准还提供一种 80 位的临时浮点数，它的阶码为 15 位，尾数为 64 位。

注意：

（1）浮点表示，并非只可用于带小数的数。

（2）要区分浮点数与实数（real number）。实数具有与数轴上所有点对应的性质，并可以分为有理数和无理数两大类。而浮点数不可表示无理数，并且对于有理数为无法精确表示。

2. 机器数的定点表示

如果让机器中所有的数都采用同样的阶码 a^j，就有可能将此固定的 a^j 略去不表示出来。这种表示方式称为数的定点（fixed point）表示法。其中所略去的 a^j 称为定点数的比例因子。所以，一个定点数便简化为由 S_f 与 S 两部分来表示。

从理论上讲，比例因子的选择是任意的，也就是说尾数中的小数点位置可以是任意的。但是为了方便，一般都将尾数表示成纯小数或纯整数的形式。另外，对比例因子的选择还有一些技术要求。

（1）比例因子的选择不能太大。比例因子选择太大，将会使某些数丢掉过多的有效数字，影响运算精度。例如数 $N=0.11$，机器字长 4 位，则：

① 当比例因子为 2 时，$S=0.011$。

② 当比例因子为 2^2 时，$S=0.001$。

③ 当比例因子为 2^3 时，$S=0.000$。

（2）比例因子也不可选得太小。太小了就有可能使数超过了机器允许的表示范围，即尾数部分的运算所产生的进位影响了符号位的正确性。例如 $0111+0101=1100$，正数相加的结果变成了负数。

当字长一定时，浮点表示法能表示的数的范围比定点数大，而且阶码部分占的位数越多，能表示的数的范围就越大。但是，由于浮点数的阶码部分占用了一些位数，使尾数部分的有效位数减少，数的精度降低。为了提高浮点数的精度，就要采用多字节形式。

1.3　非数值的 0、1 编码

1.3.1　声音的 0、1 编码

1. 声音数据的编码过程

声音是一种连续的波。要把连续的波用 0、1 进行编码，需要经过采样、量化两步完成。

（1）采样。采样就是每隔一定的时间，测取连续波上的一个振幅值。

（2）量化。量化就是用一个二进制尺子计量采样得到的每个脉冲。

假设有图 1.7（a）所示的声波，对其周期地采样可以得到图 1.7（b）的脉冲样本。对每个样本进行量化，得到图 1.7（c）的一串 0、1 码。

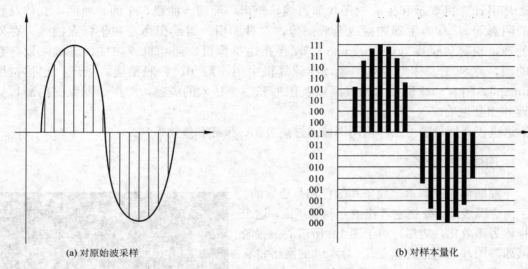

(a) 对原始波采样　　　　　　　　　　　　　　　(b) 对样本量化

1011 1101 1110 1111 1111 1110 1110 1011 0100 0001 0000 0000 0001 0010 0100

(c) 量化得到的0、1码序列

图 1.7　声波的 0、1 编码过程

2. 两个技术参数：采样频率和量化精度

将一个连续波形（模拟信号）转化为数字信号的过程称为模数转换（Analog-to-Digital，A/D）。在 A/D 转换过程中，有两个基本参数：采样频率和量化精度。

采样频率指一秒钟内的采样次数，它反映了采样点之间的间隔大小。间隔越小，丢失的信息越少，采样后的图形越细腻和逼真。

图 1.8　奈奎斯特

1928 年，美国电信工程师奈奎斯特（Nyquist，1889—1976，见图 1.8）提出：只要采样频率高于信号最高频率的两倍，就可以从采样准确地重现通过信道的原始信号的波形。所以，要从抽样信号中无失真地恢复原信号，采样频率应大于信号最高频率的两倍。一般电话中的语音信号频率约为 3.4kHz，选用 8kHz 的采样频率就够了。

测量精度是样本在垂直方向的精度，是样本的量化等级，它通过对波形垂直方向的等分实现。由于数字化最终是要用二进制数表示，常用二进制数的位数——字长表示样本的量化等级。若每个样本用 8 位二进制数字长表示，则共有 $2^8=256$ 个量级；若每个样本用 16 位二进制数字长表示，则共有 $2^{16}=65\ 536$ 个量级。字长越长，量级越多，精度越高。

1.3.2　图形/图像的 0、1 编码

严格地说，图形（graphical）与图像（image）是两个具有联系而不相同的概念：图形是用计算机表示和生成的图（如直线、矩形、椭圆、曲线、平面、曲面、立体及相应的阴影等），称为主观图像或合成图像。这种图用一组绘图命令和坐标点描述、存储与处理，也称矢量图（vectorgraph）。图像指由摄像机、照相机或扫描仪等输入设备获得的图，这种图像称为客观图像，在计算机中用一组 0、1 码描述、处理，也称位图（bitmap）。随着计算机技术的发展以及图形和图像技术的成熟，图形、图像的内涵日益接近并相互融合。

这里仅介绍位图方法。位图图像通过离散化、采样和量化得到。

1. 图像的离散化

一幅图像的原图本来线条和颜色都是连续的，为了用位图表述，要把它看作由一些块组成，这个过程称为离散化。例如，对于图 1.9 所示的一张哈尔滨冰雕图片的离散化就是用 $M \times N$ 的网格将它分成一些小块。M 和 N 称为位图的宽度和高度，$M \times N$ 称为图像的大小。

离散化后的图像被看成一个由 $M \times N$ 的像素点阵组成的图。每个像点都是一个单色的小方块，放大了就是马赛克。图像中像素点的密度称为图像分辨率（image resolution），单位为 dpi（dots per

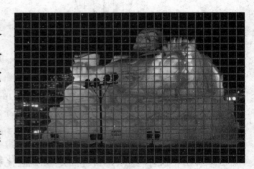

图 1.9　图像的离散化

inch，每英寸像点数）。例如，某图像的分辨率为 300dpi，表示每英寸的像点数为 300。显然，图像的分辨率越高，图像就越细腻；图像的分辨率低，就将造成马赛克现象。

2. 采样与量化

采样（sampling）就是在每个小块中取它的颜色参数。通常，将它的颜色进行分解，计算出红、黄、蓝（R、G、B）3 种基色分量的亮度值。将每个采样点的每个分量进行 0、1 编码，就称为量化。

显然，各颜色分量划分得越细，即所描述的 0、1 码位数越多，色彩就越逼真。因为它能进一步把颜色划分得更细。为了描述颜色的逼真程度，将像素的所有颜色的 0、1 码的位数总和称为像素深度。

目前，像素深度有如下一些标准类型。

（1）黑白图（Black & White）。颜色深度为 1，只有黑、白两色。

（2）灰度图（Gray & Scale）。颜色深度为 8，256 个灰度等级。

（3）8 色图（RGB 8-Color）。颜色深度为 3，用 3 基色产生 8 种颜色。

（4）索引 16 色图（Indexed 16-Color）。颜色深度为 4，建立调色板，提供 16 种颜色。

（5）索引 256 色图（Indexed 256-Color）。颜色深度为 8，建立调色板，提供 256 种颜色。

（6）真彩色图（RGB True Color）。颜色深度为 24，提供 16 777 216 种颜色，大大超出人眼分辨颜色的极限（16 000 种）。颜色深度也可以是 32，更为真实。

用数码摄像机和数码相机拍摄时，上述过程是自动完成的，并存储为不同格式的文件。

3. 位图图像的存储

一幅数字图像，常用一个文件存储，存储空间为

$$文件字节数=（位图宽度×位图高度×位图颜色深度）/8$$

例 1.13 计算一幅 640×480 图像按照下列颜色深度存储时的存储空间。

（1）灰度图。

（2）真彩色图。

解：

（1）灰度图的存储空间大小：

$$（640×480×8）/8 \text{ B}= 300\text{KB}$$

（2）真彩色图的存储空间大小：

$$（640×480×24）/8 \text{ B}= 900\text{KB}$$

4. 视频显示标准

与微型计算机配套的显示系统有两大类：一类是基本显示系统，用于字符/图形显示；另一类是专用显示系统，用于高分辨率图形或图像显示。这里仅介绍几种基本显示标准。

1）单色显示适配器（Monochrome Display Adapter，MDA）标准

MDA 是单色字符显示系统的显示控制接口板。MDA 显示标准采用 9×14 点阵的字符窗口，满屏显示 80 列、25 行字符，对应分辨率为 720×350。MDA 不能兼容图形显示。

2）彩色图形适配器（Color Graphics Adapter，CGA）标准

CGA 是彩色图形/字符显示系统的显示控制接口板，其特点是可兼容字符与图形两种显示方式。在字符方式下字符窗口为 8×8 点阵，因而字符质量不如 MDA，但是字符和背景可以选择颜色。在图形方式下，可以显示分辨率为 640×200（两种颜色）或 320×200（4 种颜色）的彩色图形。

3）增强型彩色图形适配器（Enhanced Graphics Adapter，EGA）标准

EGA 标准的字符显示窗口为 8×14 点阵，字符显示质量优于 CGA 而接近于 MDA。图形方式下分辨率为 640×350（16 种颜色），彩色图形的质量优于 CGA，且兼容原 CGA 和

MDA 的各种显示方式。

4）视频图形阵列（Video Graphics Array，VGA）标准

VGA 本来是 IBM PS/2 系统的显示标准，后来把按照 VGA 标准设计的显示控制板用于 IBM PC/AT 和 386 等微机系统。在字符方式下，字符窗口为 9×16 点阵，图形方式下分辨率为 640×480（16 种颜色）或 320×200（256 种颜色），改进型的 VGA 显示控制板（如 TVGA）的图形分辨率可达 1024×768（256 种颜色）。

习惯上，将 MDA、CGA 称为 PC 的第一代显示标准，EGA 是第二代显示标准，VGA 是第三代显示标准。

5）超级视频图形阵列（Super Video Graphics Array，SVGA）标准

SVGA 是视频电子标准协会 VESA 于 1989 年推出的标准，用于定义分辨率超过 640×480 的图形模式。它允许最高分辨率达 1600×1200，最高显示颜色数达 1600 种。

6）增强图形阵列（eXtended Graphics Array，XGA）标准

XGA 由 IBM 公司于 1990 年推出。它允许逐行扫描，并用硬件实现图形加速，支持 1024×768（256 色）。其改进版 XGA-2 进一步支持 1024×768（每像素 16 位）和 1360×1024（每像素 4 位，可选 16 色）。

7）近年的新标准

（1）高级扩展图形阵列（Super XGA，SXGA）：分辨率达 1280×1024（每像素 32 位，本色）。

（2）极速扩展图形阵列（Ultra XGA，UXGA）：分辨率达 1600×1200（每像素 32 位，本色）。

（3）加宽扩展图形阵列（Wide XGA，WXGA）：显示纵横比为 16:10，分辨率为 1280×800。

（4）宽屏高级扩展图形阵列（Wide Super XGA Plus，WSXGA+）：显示纵横比为 16:10，分辨率可达 1680×1050。

分辨率选择的主要依据是所需颜色深度和显示存储器（VRAM）的容量。表 1.3 列出了在不同分辨率下显示不同颜色深度所需的最小 VRAM 容量。

表 1.3 不同分辨率下显示不同颜色深度所需的最小 VRAM 容量

颜色种类	分 辨 率				
	640×480	800×600	1024×768	1280×1024	1600×1200
16	150KB	234KB	384KB	640KB	937KB
256	300KB	469KB	768KB	1.3MB	1.9MB
65 535	600KB	938KB	1.5MB	2.6MB	3.8MB
16.7M	900KB	1.4MB	2.3MB	3.8MB	5.6MB

1.3.3 文字的 0、1 编码

计算机不仅能够对数值数据进行处理，还能够对文字数据进行处理。下面以汉字为例，介绍对文字编码过程中的有关技术。

图 1.10 所示为计算机中汉字从输入到输出（显示）的处理过程。

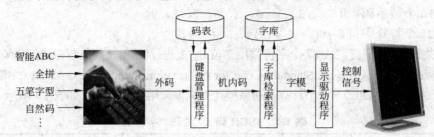

图 1.10 汉字处理系统的工作过程

（1）用一种输入方法从键盘输入汉字。

（2）键盘管理程序按照码表将外码变换成机内码。

（3）机内码经字库检索程序查对应的点阵信息在字模库的地址，从字库取出字模。

（4）字模送显示驱动程序，产生显示控制信号。

（5）显示器按照字模点阵将汉字字形在屏幕上显示出来。

显然，对于文字的处理要涉及如下 3 种编码。

（1）外码，即在键盘上如何输入这个字。

（2）内码，即在计算机内部如何表示这个字。

（3）字模，即这个字是个什么形状——字体。

1. 外码

现在使用的计算机键盘普遍是根据英文设计的，要用其输入其他文字，就需要用英文字母对该种文字进行编码。以汉字为例，由于汉字形状复杂，没有确切的读音规则，且一字多音、一音多字，要像输入西文字符那样在现有键盘上利用机内码进行输入非常困难。为此，不得不设计专门用来进行输入的汉字编码——汉字外码。常见的输入法有以下几类。

（1）按排列顺序形成的汉字编码（流水码）：如区位码。

（2）按读音形成的汉字编码（音码）：如全拼、简拼、双拼等。

（3）按字形形成的汉字编码（形码）：如五笔字型、郑码等。

（4）按音、形结合形成的汉字编码（音形码）：如自然码、智能 ABC。

简单地说，外码就是用键盘上的符号对文字进行的编码。除汉字外，像日文、阿拉伯文字、朝鲜文字、中国的少数民族文字等都存在这种问题。对于直接采用英文字母的文字，就不会存在这种问题。

2. 内码

内码是计算机中进行文字存储和处理的形式——实际的文字编码。这个编码与一种语

言的文字符号的数量有关。

1）ASCII 编码和 EBCDIC 码

对于英语，其符号集中仅有如下一些。

（1）26 个小写字母和 26 个大写字母。

（2）10 个数字码：0、1、2、3、4、5、6、7、8、9。

（3）25 个特殊字符，如[、+、-、@、|、# 等。

以上共计 87 个字符。这 87 个字符须用 7 位 0、1 进行编码。常用的编码形式有两种：美国信息交换标准代码（American Standard Code for Information Interchange，ASCII）和扩展二—十进制交换代码（EBCDIC），小型计算机和微型计算机多采用 ASCII 码，如表 1.4 所示。

表 1.4　ASCII 码（7 位码）字符表

行 \ 列	$b_6b_5b_4$ \ $b_3b_2b_1b_0$	0 000	1 001	2 010	3 011	4 100	5 101	6 110	7 111
0	0000	控		SP	0	@	P	、	p
1	0001			!	1	A	Q	a	q
2	0010			"	2	B	R	b	r
3	0011			#	3	C	S	c	s
4	0100			$	4	D	T	d	t
5	0101	制		%	5	E	U	e	u
6	0110			&	6	F	V	f	v
7	0111			'	7	G	W	g	w
8	1000			(	8	H	X	h	x
9	1001	字		)	9	I	Y	I	y
A	1010			*	:	J	Z	j	z
B	1011			+	;	K	[	k	{
C	1100	符		,	<	L	\	l	{
D	1101			-	=	M	]	m	}
E	1110			.	>	N	^	n	~
F	1111			/	?	O	-	o	DEL

ASCII 码字符表用 8 位来表示字符代码。其基本代码占 7 位，第 8 位用作奇偶检验位，通过对奇偶检验位设置 1 或 0 状态，保持 8 位中的 1 的个数总是奇数（称为奇检验）或偶数（称为偶检验），用于检测字符在传送（写入或读出）过程中是否出错（丢失 1）。在码表中查找一个字符所对应的 ASCII 码的方法是：向上找 $b_6b_5b_4$，向左找 $b_3b_2b_1b_0$。例如，字母 J 的 ASCII 码中的 $b_6b_5b_4$ 为 100（4H），$b_3b_2b_1b_0$ 为 1010（AH）。所以，J 的 ASCII 码为 1001010（4AH）。

ASCII 码也是一种 0、1 码，把它们当作数看待，称为字符的 ASCII 码值。用它们代表字符的大小，可以对字符进行大小比较。此外可以看出，数字的 ASCII 码中的高 4 位是 0011（3），低 4 位正好是一个 BCD 码。所以，数字的 ASCII 码也是一种非压缩的 BCD 码。

1981 年我国参照 ASCII 码制定了国家标准《信息处理交换用七单位字符编码》。

2）汉字编码方案

汉字是世界上符号最多的文字，历史上流传下来的汉字总数有七八万之多。为了解决汉字的编码问题，有关部门推出了多种汉字编码规范。下面介绍常用的几种。

（1）GB 2312—1980 和 GB 2312—1990，共收录 6763 个简体汉字、682 个符号，其中汉字分为两级：一级字 3755 个，以拼音排序；二级字 3008 个，以偏旁排序。

（2）BIG5 编码，是目前中国台湾、香港地区普遍使用的一种繁体汉字的编码标准，包括 440 个符号，一级汉字 5401 个、二级汉字 7652 个，共计 13 053 个汉字。

（3）GBK 编码——《汉字内码扩展规范》（俗称大字符集），兼容 GB 2312，共收录汉字 21 003 个、符号 883 个，并提供 1894 个造字码位，简、繁体字融于一库。

（4）GB 18030—2000——2000 年 3 月，当时的国家信息产业部和质量技术监督局在北京联合发布的《信息技术和信息交换用汉字编码字符集、基本集的扩充》，收录了 27 484 个汉字，还收录了藏、蒙、维等主要少数民族的文字。该标准于 2000 年 12 月 31 日强制执行。

3）Unicode 编码与 VTF

万国码（Universal Multiple Octet Coded Character Set，Unicode）是国际标准组织 ISO 的标准，V2.0 于 1996 年公布，内容包含符号 6811 个，汉字 20 902 个，韩文拼音 11 172 个，造字区 6400 个，保留 20 249 个，共计 65 534 个。

Unicode 是一种 2 字节码，所占用的空间比 ASCII 大一倍。虽然可以使用 ASCII 的字符使用 Unicode 就是浪费。为解决这个问题，人们开发了 UTF（Unicode Transformation Format，通用转换格式）。其中应用最多的是 VTF-8。在 VTF-8 中，对于 ASCII 集中的字符使用 1 字节，其他使用 2 字节。

3. 字模库

由上可以看出，机内码仅仅是用于存储和处理的文字符号，从它们不能直接得到文字符号的形状。因为，文字形状有非常重要的特征——字体，即文字的字形，如汉字有宋、楷、隶、草、行、篆、黑……，英文字母也有多种字体。在计算机中，字形——字体是由字模形成的。

目前形成的字形技术有 3 种：点阵字形、矢量字形和曲线轮廓字形。不管是字母，还是汉字都可以采用这些技术。图 1.11 为采用这 3 种技术的"汉"字。

(a) 16×16 点阵字形　　　(b) 矢量字形　　　(c) 曲线轮廓字形

图 1.11　"汉"字的 3 种字形技术

点阵字形是在一个栅格中把一个字分割成方块组成的点阵来作为字模。显然，字模的点阵数越多，字形就越细腻，但占用的存储空间越大。例如一个英语字母，用 8×8 点阵字模，占用的存储空间 8B；而用一个 16×16 点阵字模，占用的存储空间 32B。一般的点阵类型有 16×16、24×24、32×32、48×48 等。把一个点阵字形放大到一定倍数，就会显示出明显的锯齿。针式打印机适合使用这种字模。

矢量字形是用矢量指令生成一些直线条来作为字形的轮廓。这种字形可以任意放大而不会出现锯齿，特别适合支持矢量命令的输出设备（如笔式绘图仪、刻字机等）。

曲线轮廓字形由一组直线和曲线勾画字的轮廓。

一种字体的所有字符的字模，构成一个字模库。要进行输出某种字体的一个字符，就须驱动该字模库中需要调用的字模的存储地址（或者干脆把某字符对应的 ASCII/Unicode 码值当作字库的地址），然后控制打印机的针头或显示器的像素（发光点），打印或显示出要求字体的要求字符。所以，一个字模的地址要由两部分组成，一部分用于选择字模库，一部分用于在一个字模库中选择一个字模。对于一个确定的字来说，它在所有字模库中的地址是相同的，仅是库地址不同。

1.3.4　指令的 0、1 编码与计算机程序设计语言

1. CPU、指令系统和程序

中央处理器（Central Processing Unit，CPU）是计算机的核心部件。计算机的计算和控制全由 CPU 执行。对于用户来说，CPU 所能执行的操作表现为一系列的指令。指令是计算机能够识别并执行的操作命令。一个 CPU 所能识别并执行的所有指令的集合，称为该 CPU 的指令系统。用户要计算机执行什么操作，就要向 CPU 发送什么指令。当然，这条指令必须是该 CPU 的指令系统中有的指令，否则该 CPU 不认识，也没有办法执行。也可以说，一个 CPU 的指令系统规定了程序员与该 CPU 交互时可以使用的符号集合，所以也称为该 CPU 的机器语言。

一条指令仅仅规定了计算机执行的一种操作。从问题求解的角度，解决一个问题，往往需要让计算机执行多条指令——将它们组成一个序列，交给 CPU 执行。这个指令序列就称为程序（program）。但是，这些指令必须从该 CPU 的指令系统中选择。所以，程序设计就是从所使用的 CPU 的指令系统中选择合适的指令并组成合适的指令序列的过程。显然，指令系统中的指令丰富，程序员编程就比较容易。

从设计的角度，指令系统是 CPU 设计的依据，即设计 CPU 时，要先设计指令系统。

2. 指令的格式

指令也可以用 0、1 进行编码。描述一条指令的 0、1 码序列称为一个指令字。

每一条指令都明确地规定了计算机必须完成的一套操作以及对哪一组操作数进行操作。所以，指令可以分为两部分：操作码部分和操作数部分。操作码用来指出要求 CPU 执行什么操作，如传送（MOV）、加（ADD）、减（SUB）、输出（OUT）、停机（HALT）、转移（JP）等。数据部分指出要对哪些数据进行操作。由于计算机中存储器是按照地址寻址的，因此操作数部分通常要描述 3 个地址：对两个地址中的数据进行操作，把运算结果放

到第 3 个存储空间中。图 1.12 为一条指令字的格式。

操作码	操作数地址1	操作数地址2	结果数据地址

图 1.12　指令的格式

除了 3 地址指令外，指令还可以有如下形式。

（1）2 地址指令：将计算结果放回一个不再需要的操作数地址中，可以节省一个结果数据存储空间。

（2）1 地址指令：在 2 地址指令的基础上，一个操作数来自 CPU 中一个特定的寄存器（累加器），结果又放回累加器，只需从存储器中取一个操作数。

（3）0 地址指令：在普通计算机中，这种指令不需要访问存储器，如停机。在堆栈计算机中进行算术逻辑运算，隐含着从堆栈顶部弹出两个操作数，并将计算结果压栈，可以不指定地址。

3. 汇编语言

直接用 0、1 码的 CPU 指令，难记、难认、难理解。例如，下面是某 CPU 指令系统中的两条指令：

1 0 0 0 0 0 0 0　（进行一次加法运算）

1 0 0 1 0 0 0 0　（进行一次减法运算）

并且，不同类型的 CPU 的指令系统不一样。这就更增加了程序设计的难度，程序的效率很低，质量难以保证。

为减轻人们在编程中的劳动强度，20 世纪 50 年代中期人们开始用一些"助记符号"来代替 0、1 码编程。前面的两条机器指令可以写为

A+B $\Longrightarrow$ A 或 ADD A，B

A-B $\Longrightarrow$ A 或 SUB A，B

这种用助记符号描述的指令系统，称为符号语言或汇编语言。

用汇编语言编程，程序的生产效率及质量都有所提高。但是汇编语言指令是机器不能直接识别、理解和执行的。用它编写的程序经检查无误后，要先翻译成机器语言程序才能被机器理解、执行。这个翻译转换过程称为"代真"。代真后得到的机器语言程序称为目标程序（object program），代真以前的程序，称为源程序（source program）。由于汇编语言指令与机器语言指令基本上具有一一对应的关系，所以汇编语言源程序的代真可以由汇编系统以查表的方式进行。

汇编语言与机器语言，都因 CPU 不同而异，都称为面向机器的语言。用面向机器的语言编程，可以编出高效的程序。但是程序员用它们编程时，不仅要考虑解题思路，还要熟悉机器的内部结构，并且要"手工"地进行存储器分配。这种编程方法的劳动强度仍然很大，给计算机的普及推广造成很大障碍。

4. 高级语言

汇编语言和机器语言是面向机器的，不同类型的计算机所用的汇编语言和机器语言是

不同的。1954 年出现的 FORTRAN 语言开始使用接近人类自然语言的、但又消除了自然语言中的二义性的语言来描述程序。这样的语言被称为高级程序设计语言,简称高级语言。高级语言使人们开始摆脱进行程序设计必须先熟悉机器的桎梏,把精力集中于解题思路和方法上。

自 FORTRAN 以后,出现了不同风格、不同用途、不同规模、不同版本的面向过程的高级语言。据统计,全世界已有 2500 种以上的计算机语言,其中使用较多的有近百种。著名的 TIOBE 社区每月给出一个编程语言排行榜供人们参考。

表 1.5 为 TIOBE 于 2017 年 5 月发布的 1987—2017 年 30 年间,排名前十的编程语言位次变化情况。其中每年的位次是该年 12 个月的平均值。

表 1.5　1987—2017 年 30 年间排名前十的编程语言排名变化情况

程序语言	2017	2012	2007	2002	1997	1992	1987
Java	1	1	1	1	14	-	-
C	2	2	2	2	1	1	1
C++	3	3	3	3	2	2	4
C#	4	4	7	14	-	-	-
Python	5	7	6	9	27		
PHP	6	5	4	5	-		
JavaScript	7	9	8	7	20		
Visual Basic.NET	8	21	-	-	-		
Perl	9	8	5	4	4	11	
Assembly Language	10	-	-	-	-	-	-
COBOL	25	31	17	6	3	13	8
Lisp	31	12	4	10	9	9	2
Prolog	33	37	26	13	18	14	3
Pascal	102	13	19	29	8	3	5

1.4　抗干扰编码

1.4.1　数据传输中的错误

在计算机工作过程中,数据要从一个部件传送到另外一个部件。在此传输过程中,由于元器件的不稳定或外界电磁波的干扰,会产生一些噪声波,干扰要传输的信号,产生错误。图 1.13 是一个传输过程产生差错的实例。图中第 7 位 0 被传输成为 1,第 14 位 1 被传输成为 0。

对传输差错的基本应对策略有两个:一是提高元器件的质量;二是采用抗干扰编码技

术，检测出错误。

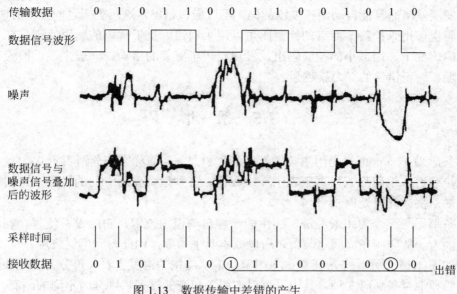

图 1.13　数据传输中差错的产生

1.4.2　奇偶校验

抗干扰码的基本思想是，按一定的规律在有用码位的基础上再附加上一些冗余码位，使编码在简单线路的配合下能发现错误、确定错误位置以至自动纠正错误。通常，一个 k 位的信息码组应加上 r 位的检验码组，组成 $n=k+z$ 位的抗干扰码字（在通信系统中称为一帧）。奇偶检验码（odd-even check）是其中最简单的一种抗干扰编码，它是一种在信息码之外再加上一位检验位，使实际传输的数据中 1 的个数总保持奇数或偶数。保持奇数的称为奇校验，保持偶数的称为偶校验。所增加的位称为冗余位，借奇偶检验线路来检测码字是否合法。

图 1.14 是采用偶校验传输 6 个数字 317062 的示例。为了简洁，每个数字用 3 位 0、1 编码。这样，在接收数据时，先进行 1 的个数是否为偶数的检测，检测出不是偶数的部分，就认定是错误。

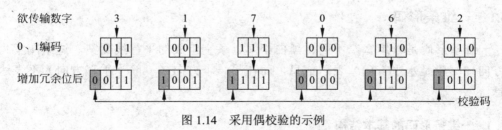

图 1.14　采用偶校验的示例

读者可能已经看到，如果同时有两位或 4 位传错，就有可能检测不出来。不过，由于现代传输技术可靠性已经很高，传输出错的概率已经很低，同时两位传错的概率就更低。

另外，还有一些冗余码技术，如循环冗余码等，这里就不介绍了。

抗干扰码可分为检错码和纠错码。检错码是指能自动发现差错的码，而纠错码是指不仅能发现差错而且能自动纠正差错的码。不过应该指出，这两类码之间并没有明显的界限。纠错码也可用来检错，而有的检错码可以用来纠错。抗干扰码的编码原则是在不增加硬件开销的情况下，用最小的检验码组，发现、纠正更多的错误。一般来说，检验码组越长，其发现、纠正错误的能力就越强。

1.5 条 形 码

条形码（barcode）是用黑条（简称条）和白条（简称空）分别表示 0、1，并按一定的规则排列而成编码形式，用于表示一组数据，特别适合使用专门的设备——阅读器快速识别扫描，供计算机处理。

条形码是迄今为止最经济、实用的一种自动识别技术。它的设备便宜、容易操作和制作，因为一般印刷在商品包装上，所以成本几乎为零，因此得到广泛应用。

如图 1.15 所示，条形码有很多类型。但从结构的维度上看，可分为一维条形码、二维条形码和混合条形码 3 种。其中又可以按照条和空的排列规则分为不同的码制。

(a) 两种一维条形码

(b) 两种二维条形码   (c) 一种混合条形码

图 1.15　不同维度的条形码

1.5.1　一维条形码

一维条形码是一组宽窄不同、黑白相间、条空组成的平行线图案。这组图案只在一个方向（一般是水平方向）表达信息，而在另一个方向（一般为垂直方向）不表达任何信息。

1. 一维条形码的基本结构

如图 1.16 所示，通常一个完整的一维条形码是由两侧空白区、数据码、起始符、校验码、终止符组成。

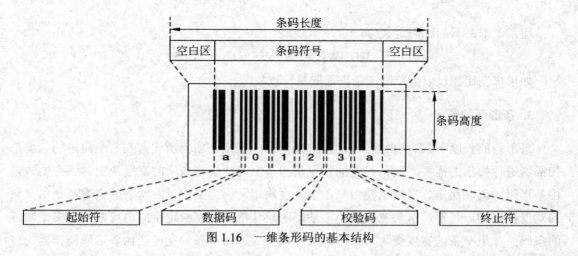

图 1.16　一维条形码的基本结构

（1）空白区。空白区也称为静空区或边缘，是位于条码两侧无任何符号及资讯的白色区域，主要用来提示扫描器准备扫描。一般说来，左右边缘都必须至少是窄条宽度（最小单元宽度）的 10 倍。如果空白区宽度不够，条码读取器就不能可靠地扫描条码数据。

（2）起始符/终止符。起始符/终止符表明数据开始和结束的字符或符号。条码的种类不同，起始符/终止符也不一样。

（3）数据码。数据码是位于前置码后面的字码，用来标识一个条码符号的具体数值，允许双向扫描。

（4）校验码。校验码用于判定扫描器读取的码值是否正确。由前面码位通过一定算法计算得到。

2. 一维条形码的组成元素

由图 1.17 可以看出，一维条形码中的条和空的宽度是不同的。实际上，一维条形码由窄条（Narrow Bar，NB）、宽条（Wide Bar，WB）、窄空（Narrow Space，NS）、宽空（Wide Space，WS）4 种元素组成。

图 1.17　EAN-13 码的一般结构

通常，窄、宽的比例定义为

$$NB : WB = NS : WS = 1 : 2 \sim 1 : 3$$

如果窄宽比超过以上范围，条码读取易导致故障。

3. 条形码的长度

条形码的长度=左右空白区的长度 + 条码区的长度。如前所述，左右空白区的长度是扫描器进行扫描的需要，而条码区的长度是由条空的数量与条空的宽度决定。条空的数量由条形码的码制决定，宽度主要由窄条的宽度决定，因为空宽以及宽条的宽度都是由窄条的宽度决定的。显然，窄条宽度很小，条码的尺寸就小，在给定空间内可以打印多个数位的条码；如果窄条的宽度变大，条码的尺寸就变大。而窄条的宽度要由条形码阅读器的可读取范围——读取深度以及条形码打印设备的打印性能决定。所以，窄条的宽度是选择条码读取器的关键。窄条宽度也称为"最小单元宽度"。最小单元宽度狭窄，要求高的读取深度和高性能的条形码打印设备。

4. 条高

条形码需要一定的高度。在打印机许可的条件下条码尽量要高。如果条码高度不够，激光将会偏离条码，导致读取困难。推荐高度为超过条码长度的15%。

商品条形码的标准尺寸是37.29mm×26.26mm，放大倍率是0.8～2.0。当印刷面积允许时，应选择1.0倍率以上的条形码，以满足识读要求。放大倍数越小的条形码，印刷精度要求越高，当印刷精度不能满足要求时，易造成条形码识读困难。

5. 通用商品条形码

目前，市场上常用的条形码主要分为两种：一种是美国、加拿大通用的UPC码；另一种是国际通用的EAN-13码，我国采用的就是EAN-13码。UPC码一般采用12位阿拉伯数字，而EAN-13码是13位阿拉伯数字。为了与国际接轨，通常UPC码前加上一个0，就能与EAN-13码通用。图1.17为EAN-13码的一般结构。

在EAN-13码的13位阿拉伯数字中，每位数字可任取0～9值，用一组7位二进制数表示。13位阿拉伯数字组成国家/地区代码（3位）、厂商代码（4位）、产品代码（5位）和校验码（1位）4部分。

1）国家/地区代码

国家/地区代码也称为前置码，用于标识国家或地区的代码，占用前3位，由国际分配。表1.6为各国家/地区代码表。

表 1.6 各国家/地区代码表

前 缀 码	编码组织所在 国家 （或地区）/ 应用领域	前 缀 码	编码组织所在 国家 （或地区）/ 应用领域
000～019，030～039，060～139	美国	484	摩尔多瓦
020～029，040～049，200～299	店内码	485	亚美尼亚
050～059	优惠券	486	格鲁吉亚
300～379	法国	487	哈萨克斯坦
380	保加利亚	488	塔吉克斯坦
383	斯洛文尼亚	489	中国香港特别行政区
385	克罗地亚	500～509	英国
387	波黑	520～521	希腊
389	黑山共和国	528	黎巴嫩
400～440	德国	529	塞浦路斯
450～459，490～499	日本	530	阿尔巴尼亚
460～469	俄罗斯	531	马其顿
470	吉尔吉斯斯坦	535	马耳他
471	中国台湾	539	爱尔兰
474	爱沙尼亚	540～549	比利时和卢森堡
475	拉脱维亚	560	葡萄牙
476	阿塞拜疆	569	冰岛
477	立陶宛	570～579	丹麦
478	乌兹别克斯坦	590	波兰
479	斯里兰卡	594	罗马尼亚
480	菲律宾	599	匈牙利
481	白俄罗斯	600～601	南非
482	乌克兰	603	加纳

前 缀 码	编码组织所在 国家（或地区）/应用领域	前 缀 码	编码组织所在 国家（或地区）/应用领域
604	塞内加尔	744	哥斯达黎加
608	巴林	745	巴拿马
609	毛里求斯	746	多米尼加
611	摩洛哥	750	墨西哥
613	阿尔及利亚	754～755	加拿大
615	尼日利亚	759	委内瑞拉
616	肯尼亚	760～769	瑞士
618	科特迪瓦	770～771	哥伦比亚
619	突尼斯	773	乌拉圭
621	叙利亚	775	秘鲁
622	埃及	777	玻利维亚
624	利比亚	778～779	阿根廷
625	约旦	780	智利
626	伊朗	784	巴拉圭
627	科威特	786	厄瓜多尔
628	沙特阿拉伯	789～790	巴西
629	阿拉伯联合酋长国	800～839	意大利
640～649	芬兰	840～849	西班牙
690～699	中国	850	古巴
700～709	挪威	858	斯洛伐克
729	以色列	859	捷克
730～739	瑞典	860	南斯拉夫
740	危地马拉	865	蒙古
741	萨尔瓦多	867	朝鲜
742	洪都拉斯	868～869	土耳其
743	尼加拉瓜	870～879	荷兰

前　缀　码	编码组织所在 国家（或地区）/应用领域	前　缀　码	编码组织所在 国家（或地区）/应用领域
880	韩国	950	GS1 总部
884	柬埔寨	951	GS1 总部（产品电子代码）
885	泰国	960～969	GS1 总部（缩短码）
888	新加坡	955	马来西亚
890	印度	958	中国澳门特别行政区
893	越南	977	连续出版物
896	巴基斯坦	978～979	图书
899	印度尼西亚	980	应收票据
900～919	奥地利	981～983	普通流通券
930～939	澳大利亚	990～999	优惠券
940～949	新西兰		

2）厂商代码

厂商代码也称为企业代码，是第 4～8 位数字，用于标识生产企业的唯一代码。一般由厂商向国家或地区编码机构申请，由国家或地区给定。

3）产品代码

产品代码也称为商品代码，是第 9～12 位数字，用于标识商品的唯一代码，一般由企业给定。

4）校验码

校验码是第 13 位数字，通过一定的算法，检验之前的 12 位数字。

下面说明如何计算校验位，采用模块 10/3。以重量为例，适用于 EAN 和 ITF。

（1）从右开始依次为码值编码。

（2）每个奇数编码值乘以 3，每个偶数编码值乘以 1。

（3）所有积相加后得一个数，然后用 10 减去和的最后一位数，得到校验位。

下面是一个具体的示例：

12	11	10	9	8	7	6	5	4	3	2	1
4	9	7	1	2	4	4	3	7	8	9
×	×	×	×	×	×	×	×	×	×	×	×
1	3	1	3	1	3	1	3	1	3	1	3

$$4 + 27 + 7 + 3 + 2 + 9 + 4 + 15 + 6 \quad + \quad 21 + 8 + 27$$

$$=133$$

$$10-3 \text{（133 的最后一位数）} =7$$

5）警戒符

警戒符分为三部分：左边的两个黑长条（中间空隙即为白条）为条码的起始符（编码为 101），中间两黑长条为中间符（编码为 01010），末尾两黑长条为终止符（编码为 101）。中间符的左边有 6 位编码，右边有 5 位编码和 1 位校验码。

6. 条形码的等级

通常用美标检测法将条形码分为 A～F 5 个质量等级，A 级为最好，D 级为最差，F 级为不合格。A 级条形码能够被很好地识读，适合只沿一条线扫描并且只扫描一次的场合。B 级条形码在识读中的表现不如 A 级，适合只沿一条线扫描但允许重复扫描的场合。C 级条形码可能需要更多次的重复扫描，通常要使用能重复扫描并有多条扫描线的设备才能获得比较好的识读效果。D 级条形码可能无法被某些设备识读，要获得好的识读效果，则要使用能重复扫描并具有多条扫描线的设备。F 级条形码是不合格品，不能使用。

7. 条形码的码制

码制指条形码条和空的排列规则。现在世界上已经出现几百种条形码。表 1.7 为几种有代表性的条形码。

表 1.7　几种有代表性的条形码

名称	EAN，UPC	ITF	CODE39	CODABAR	CODE128
符号	 4 912345 123459	 1 2 3 4 5 6	 * A B C 1 2 3 *	 A 1 2 3 4 5 6 A	 A B a b 1 2
字符种类	仅为数值（0～9）	仅为数值（0～9）	数值（0～9）；字母；符号（-、、空格、$、/、+、%）；起始符/终止符（*：星号）	数值（0～9）；符号（-、、空格、$、/、+、%）；起始符/终止符（*：星号）	全部 ASCII 码

名称	EAN, UPC	ITF	CODE39	CODABAR	CODE128
特征	以分布码为标准	在同样位数情形下,条码的大小小于其他条码	可以采用字母和符号来表明品号	可以表明字母和符号	支持所有类型的字符;允许用最小条码来表示(大于12位)
位数	13位或8位	仅为偶数位	任意位数	任意位数	任意位数
条结构	4个条尺寸;无起始符/终止符;用两个条和两个空来表明一个字符	两个条尺寸;无起始符/终止符;用5个条(或5个空)来表明一个字符	两个条尺寸;用*来代表起始符/终止符;用5个条和4个空来表明一个字符	两个条尺寸;用a到d来代表起始符/终止符;用4个条和3个空来表明一个字符	4个条尺寸;3种类型的起始符/终止符;用3个条和3个空来表明一个字符
应用	世界通用码;大多日常物品都打有此码;图书出版业	以分布码为标准	广泛用作工业用条码;汽车工业行动组(AIAG);美国电子工业协会(EIA)	血库;门到门交货服务单(日本)	开始在各个行业被用作EAN-128;物流业;食品业;医学

8. 一维条形码的优缺点

一维条形码的应用可以提高信息录入的速度,减少差错率,但是一维条形码也存在一些不足之处。

(1)数据容量较小:30个字符左右。

(2)只能包含字母和数字。

(3)条形码尺寸相对较大(空间利用率较低)。

(4)条形码遭到损坏后便不能阅读。

1.5.2　二维条形码

1. 二维条形码及其特点

二维条形码简称二维条码或二维码,是用某种特定的几何图形按一定规律在平面(二维方向上)分布的黑白相间的图形记录数据符号的信息。

二维条形码的优势主要有以下几个方面。

（1）高密度编码，信息容量大。二维条形码可容纳多达 1850 个大写字母或 2710 个数字或 1108 个字节，或 500 多个汉字，比普通条形码的信息容量约高几十倍。

（2）编码范围广。该码可以把图片、声音、文字、签字、指纹等可以数字化的信息进行编码，用条形码表示出来；可以表示多种语言文字；可以表示图像数据。

（3）容错能力强，具有纠错功能和抗损毁能力。当二维条形码因穿孔、污损等引起局部损坏时，照样可以正确得到识读，损毁面积达 50%仍可恢复信息。

（4）译码可靠性高。它比普通条形码译码错误率百万分之二要低得多，误码率不超过千万分之一。

（5）可引入加密措施。保密性、防伪性好。

（6）成本低、易制作、持久耐用、携带方便，不怕折叠，保存时间长，又可影印传真，做更多备份。

（7）条形码符号形状、尺寸大小比例可变。

（8）二维条形码可以使用激光或 CCD 阅读器识读。文件表单的资料若不愿或不能以磁盘、光盘等电子媒体储存时，可利用二维条形码来储存。

由于这些特点，使二维条码获得了更为广泛的应用。图 1.18 是几种典型的二维条形码。

图 1.18　几种典型的二维条形码

2. 二维条形码的结构

按照结构形式，二维条形码可以分为堆叠式/行排式二维条形码、矩阵式二维条形码和邮政码 3 种。

1）堆叠式/行排式二维条形码

堆叠式/行排式二维条形码又称为堆积式或层排式或线性堆叠二维码，其编码原理是建立在一维条形码的基础之上，按需要堆积成两行或多行。它在编码设计、校验原理、识读方式等方面继承了一维条形码的一些特点，识读设备与条码印刷与一维条码技术兼容。但由于行数的增加，需要对行进行判定，其译码算法与软件也不完全相同于一维条码。典型的行排式二维条形码有 PDF 417、Code 16K 等。

2）矩阵式二维条形码

矩阵式二维条形码又称为棋盘式二维条形码，它是在一个矩形空间通过黑、白像素在矩阵中的不同分布进行编码，以矩阵的形式组成；在矩阵相应元素位置上，用点（方点、圆点或其他形状）的出现表示二进制 1，用空表示二进制 0，点和空的排列组成代码。典型的矩阵式二维条形码有 QR（Quick-Response）Code、Data Matrix 和 Maxi Code 等。

3）邮政码

邮政码通过不同长度的条进行编码，主要用于邮件编码，如 BPO 4-State。

3. 二维条形码的编码格式

不同码制的二维条形码的格式是不相同的。不过，堆叠式二维条形码的编码格式还是基于一维条形码的，邮政码也可以看作是一维条形码的变种。所以要理解二维条形码的原理，主要还是在矩阵式二维条形码上。下面以使用广泛的 QR Code 版本 7 为例，介绍矩阵式二维条形码的编码格式。

QR Code 是一种矩阵式二维条形码，其编码就在图 1.19（a）所示的矩阵上进行。

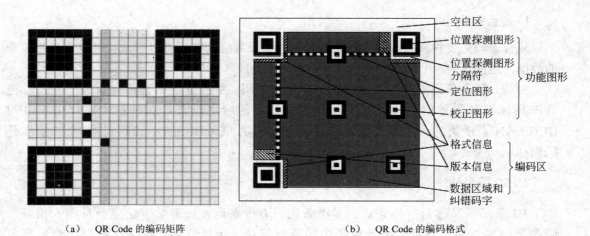

（a）　QR Code 的编码矩阵　　　　　（b）　QR Code 的编码格式

图 1.19　QR Code

图 1.19（b）为 QR Code 的组成格式。可以看出，每个 QR Code 二维条形码都是一个正方阵列，除了空白区外，可以分为功能图形和编码区两大部分。

1）功能图形

（1）位置探测图形和位置探测图形分隔符。这两种图形形成黑白间隔的矩形块，很容易被扫描器检测，进行对二维条码的定位。对每个 QR 码来说，都要有 3 个这种图形，并且位置都是固定在 3 个直角上，只是大小规格会有所差异。因为只要有 3 个这种图形，就可定位一个矩形，并可确认二维条码的大小和方向。

（2）定位图形。这些小的黑白相间的格子用于充当二维条码的坐标轴，以便定义矩阵中每个码点的位置。

（3）校正图形。矫正图形主要用于对定位图形的增强，以便进行 QR 码形状的矫正，尤其是当 QR 码印刷在不平坦的面上，或者拍照时候发生畸变等。根据尺寸的不同，矫正图形的个数也不同。

2）编码区

（1）格式信息。格式信息存在于所有的尺寸中，用于存放一些格式化数据，表示该二维码的纠错级别，分为 L、M、Q、H 四级。

（2）版本信息。版本信息即二维码的规格。QR 码符号共有 40 种规格的矩阵（一般为黑白色），从 21×21（版本 1）到 177×177（版本 40），每一版本比前一版本每边增加 4 个模块。为此，在版本 7 以上，需要预留两块 3×6 的区域存放一些版本信息。

（3）数据区域。使用黑白的二进制网格编码内容。8 个格子可以编码一个字节。

（4）纠错码字。用于修正二维码损坏带来的错误。

1.5.3 其他条形码

1. 复合条码

复合条码是一种新出现的码制类型，由两个很靠近的条码符号组成，并包含互相关联的数据。通常其中一个是线性符号而另一个是堆叠或阵列符号。

目前，复合条码的主流是 UCC.EAN 复合条码，主要满足如医药行业等需要同时包含产品标识及附加信息（如批次号、有效期）的应用场合。这些符号由一个标准的UCC.EAN 系统类的一维码（如 EAN-13 或 UPC-A 或 UCC.EAN 128）与一个二维堆叠码组成。

2. 3D 条形码

3D 条形码又称为三维条码、多维条码、万维条码，或者数字信息全息图。相对二维条形码来说的，它能表示计算机中的所有信息，包括音频、图像、视频、全世界各国文字。

3D 条形码的不足之处是容错性差，二维条码即使有破损或残缺，也不影响其信息的读取；而这里讲的 3D 条形码则不能，即使只有一个像素的破坏，或者一个像素的色彩承载色差，都会导致全部数据的丢失、无法读取。

3. 彩色条形码

顾名思义，彩色条形码就是在普通条形码的基础上，增添颜色维度，从而可以在较少的空间中储存更多的信息。现在新的彩色条形码使用 4 或 8 种颜色，并以小三角形取代传统的长方形。

彩色条形码比二维条形码优胜的地方，是它可以利用较低的分辨率来提供较高的数据容量。一方面，颜色条码不需要较高分辨率的镜头来解读，使沟通从单向变成双方面；另一方面，较低的分辨率亦令使用条形码的公司可以在条形码上加上变化，以提高读者参与的兴趣。

1.6 数 字 逻 辑

传统的逻辑学是二值逻辑学，它研究命题在"真""假"两个值中取值的规律。0、1 码只有两个码，所以特别适合用作逻辑的表达符号。通常用 1 表示"真"，用 0 表示"假"。

1.6.1 布尔代数基本法则

逻辑代数是表达语言和思维逻辑性的符号系统。逻辑代数中最基本的运算是"与""或""非"。

1. "与"运算和"与门"

从图 1.20（a）所示的电路可以看出，只有开关 A 与 B 都闭合时，X 才是高电位。这种逻辑关系称为逻辑"与"，可以表达为

$$X=A \text{ and } B \qquad \text{或} \qquad X=A \wedge B$$

实现"与"逻辑功能的电路单元称为"与门"，在电路中用图 1.20（b）所示的符号表示，其真值表见图 1.20（c）。

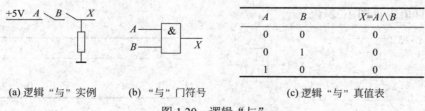

A	B	$X=A \wedge B$
0	0	0
0	1	0
1	0	0

(a) 逻辑"与"实例　　　(b) "与"门符号　　　(c) 逻辑"与"真值表

图 1.20　逻辑"与"

真值表是指由自变量的各种取值组合而成与函数值之间的对应关系表格。函数取值为 1 的项数，表明函数运算多项式中的项数。如"与"的运算多项式中只含 1 项。它反映了逻辑"与"的如下一些特点。

$$1 \wedge 1=1 \qquad 1 \wedge 0=0 \qquad 0 \wedge 1=0 \qquad 0 \wedge 0=0$$

它与"乘"相似，也称为"逻辑乘"，相应地也可以记为

$$X = A \cdot B = A \times B$$

2. "或"运算和"或门"

从图 1.21（a）所示的电路可以看出，只要开关 A 或 B 闭合，X 便是高电位。这种逻辑关系称为逻辑"或"，表示为

$$X = A \text{ or } B \qquad X = A \vee B$$

能实现"或"逻辑功能的电路单元称为"或门"，在电路中用图 1.21（b）所示的符号表示，其真值表见图 1.21（c）。

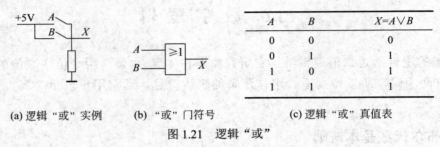

A	B	$X = A \vee B$
0	0	0
0	1	1
1	0	1
1	1	1

(a) 逻辑"或"实例　　(b) "或"门符号　　　　(c) 逻辑"或"真值表

图 1.21　逻辑"或"

由逻辑"或"的真值表可以看出，逻辑"或"有如下一些特点。

$$1 \vee 1 = 1 \qquad 1 \vee 0 = 1 \qquad 0 \vee 1 = 1 \qquad 0 \vee 0 = 0$$

这与"加"相似，也称为"逻辑加"，有时也记为

$$X = A + B$$

3. "非"运算和"非门"

从图 1.22（a）所示的电路可以看出，只有当开关 A 打开时，灯泡 X 才亮，这种逻辑关系称为逻辑"非"，可以表示为

$$X = \text{not } A$$

能实现"非"逻辑功能的电路单元称为"非门"，在电路中用图 1.22（b）所示的符号表示，其真值表见图 1.22（c）。

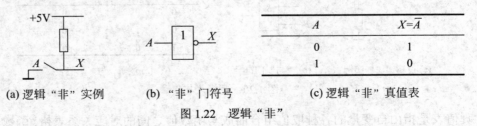

A	$X = \overline{A}$
0	1
1	0

(a) 逻辑"非"实例　　(b) "非"门符号　　　　(c) 逻辑"非"真值表

图 1.22　逻辑"非"

逻辑"非"有如下一些特点：

$$\text{not } 1 = 0 \qquad \text{not } 0 = 1$$

"非"逻辑也称为逻辑反，有时也可写成

$$X = \overline{A}$$

1.6.2 逻辑代数的基本定律

根据逻辑与、或、非 3 种基本运算法则，可推导出表 1.8 所示的 9 条逻辑代数基本定律。

表 1.8 逻辑代数基本定律

名　　称	公　　　　式	
0-1 律	$A + 0 = A$ $A + 1 = 1$	$A \cdot 0 = 0$ $A \cdot 1 = A$
互补律	$\overline{A} + A = 1$	$A \cdot \overline{A} = 0$
重叠律	$A + A = A$	$A \cdot A = A$
交换律	$A + B = B + A$	$A \cdot B = B \cdot A$
分配律	$A(B + C) = A \cdot B + A \cdot C$	$A + B \cdot C = (A + B) \cdot (A + C)$
结合律	$(A + B) + C = A + (B + C)$	$(A \cdot B) \cdot C = A \cdot (B \cdot C)$
吸收律	$A + A \cdot B = A$	$A \cdot (A + B) = A$
反演律	$\overline{A \cdot B \cdot C \cdots} = \overline{A} + \overline{B} + \overline{C} + \cdots$	$\overline{A + B + C + \cdots} = \overline{A} \cdot \overline{B} \cdot \overline{C} \cdots$
还原律	$\overline{\overline{A}} = A$	

1.6.3 组合逻辑电路

正如复杂问题的解法可以通过相应的算法规则最终化为四则运算等初等数学方法进行运算一样，任何复杂的逻辑问题，最终都可用"与""或""非"这 3 种基本逻辑运算的组合加以描述。常用的组合逻辑电路单元有"与非门""或非门""异或门""同或门"等，它们都是计算机中广泛应用的基本组合逻辑电路单元。表 1.9 列出了几种组合逻辑电路单元的符号、逻辑表达式及其真值表。

表 1.9 几种基本组合逻辑电路

名　称	符　号	逻辑表达式	真 值 表			助记语
			A	B	X	
缓冲门	$A \;\boxed{1}\; X$	$X = A$	0 1		0 1	直通
与非门	$A,\,B \;\boxed{\&}\!\circ\; X$	$X = \overline{A \cdot B} \;(= \overline{A} + \overline{B})$	0 0 1 1	0 1 0 1	1 1 1 0	有 0 则 1

名 称	符 号	逻辑表达式	真 值 表 A	B	X	助记语
或非门	A —[≥1 o]— X B	$X=\overline{A+B}\ (=\overline{A}\cdot\overline{B})$	0 0 1 1	0 1 0 1	1 0 0 0	有1则0
异或门	A —[=1]— X B	$X=A\oplus B\ (=\overline{A}\cdot B+A\cdot\overline{B})$	0 0 1 1	0 1 0 1	0 1 1 0	异则1
同或门	A —[=1 o]— X B	$X=A\odot B\ (=\overline{A}\cdot\overline{B}+A\cdot B)$	0 0 1 1	0 1 0 1	1 0 0 1	同则1

"与非门""或非门"都是先"与""或"再"非";"异或门"是输入相同则为 0,输入不同则为 1;反之,"同或门"是输入相同则为 1,输入不同则为 0。

1.7 数字系统中的信息单位与量级

1.7.1 数字系统中的信息单位

数字计算机是一种数字系统。在数字系统中,信息单位分为如下 3 个层次。

1. 位

在数字系统中,数据是由 0 和 1 构成的,它模拟了自然界的开与关、通与止、高与低、有与无、阴与阳等的一些状态和现象。位(bit,b)即一位 0、1 码,常用符号 bit 或 b 表示,它是数字系统中信息的最小单位。

2. 字节

为了便于理解和使用,常把长长的 0、1 编码串进行一节一节地划分,就像十进制阿拉伯数字被按照每 3 位划分成一节一样。不过在 0、1 编码系统中,是按照每 8 位划分成一个字节(byte,B),即 1byte = 8bit 或 1B = 8b。

字节最多的用途是作为编码的单位或存储的单位。例如,一个汉字用 2B 编码,一个存储器的大小常用 B、KB、MB、GB 等作为单位。

3. 字

在数字系统中,字(word)有两个用途:机器一次所能处理的 0、1 码位数,这个位数称为字长,表明了机器处理的精度。例如,8 位计算机一次所处理的 0、1 码只有 8 位;32

位计算机，一次所处理的 0、1 码可以有 32 位。字的另一个用途是用来表示一个具有逻辑独立意义的信息。例如，一个数据字、一个指令字等。在使用中为了方便，引入了"字节"这个单位，符号为 B（大写）。在这两个用途中，具体是指哪个，要根据上下文环境判断。

1.7.2 数字系统中的量级

如表 1.10 所示，在数字系统中，还定义了一系列以 2^{10}（1024）递进的量级单位。

表 1.10　数字系统中的重要数字量级

名　　称	K	M	G	T	P	E	Z	Y
英文称谓	kilo	mega	giga	tera	peta	exa	zeta	yotta
中文称谓	千	兆	吉	太	拍	艾	泽	尧
量级数值	2^{10}	2^{20}	2^{30}	2^{40}	2^{50}	2^{60}	2^{70}	2^{80}

习　题　1

一、选择题

1. 下列第一组中最小数是＿＿（1）＿＿，第二组中最大数是＿＿（2）＿＿。将十进制数215转换成二进制数是＿＿（3）＿＿，转换成八进制数是＿＿（4）＿＿，转换成十六进制数是＿＿（5）＿＿。将二进制数01100100转换成十进制数是＿＿（6）＿＿，转换成八进制数是＿＿（7）＿＿，转换成十六进制数是＿＿（8）＿＿。

（1）A. $(11011001)_2$　　B. $(75)_{10}$　　C. $(37)_8$　　D. $(2A7)_{16}$

（2）A. $(227)_8$　　B. $(1FF)_{16}$　　C. $(10100001)_2$　　D. $(1789)_{10}$

（3）A. $(11101011)_2$　　B. $(11101010)_2$　　C. $(11010111)_2$　　D. $(11010110)_2$

（4）A. $(327)_8$　　B. $(268.75)_8$　　C. $(352)_8$　　D. $(326)_8$

（5）A. $(137)_{16}$　　B. $(C6)_{16}$　　C. $(D7)_{16}$　　D. $(EA)_{16}$

（6）A. $(011)_{10}$　　B. $(100)_{10}$　　C. $(010)_{10}$　　D. $(99)_{10}$

（7）A. $(123)_8$　　B. $(144)_8$　　C. $(80)_8$　　D. $(800)_8$

（8）A. $(64)_{16}$　　B. $(63)_{16}$　　C. $(100)_{16}$　　D. $(0AD)_{16}$

2. 已知：$[X]_补$=11101011；$[Y]_补$=01001010，则$[X-Y]_补$=＿＿＿＿＿＿＿

A. 10100001　　B. 11011111　　C. 10100000　　D. 溢出

3. 对于二进制码 10000000，若其值为0，则它是用＿＿＿＿＿＿表示的；若其值为-128，则它是用＿＿＿＿＿表示的；若其值为-127，则它是用＿＿＿＿表示的；若其值为-0，则它是用＿＿＿＿表示的。

A. 原码　　B. 反码　　C. 补码　　D. 阶码

4. 十进制数0.7109375转换成二进制数是＿＿（1）＿＿，浮点数的阶码可用补码或移码表示，数的表示范围是＿＿（2）＿＿；在浮点表示方法中＿＿（3）＿＿是隐含的，用8位补码表示整数-126的机器码算术右移一位后的结果是＿＿（4）＿＿。

（1）A. 0.1011001　　B. 0.0100111　　C. 0.1011011　　D. 0.1010011

（2）A. 两者相同　　B. 前者大于后者　　C. 前者小于后者　　D. 前者是后者的2倍

（3）A. 位数　　B. 基数　　C. 阶码　　D. 尾数

（4）A. 10000001　　　　B. 01000001　　　　　C. 11000001　　　　D. 11000010

5. 设寄存器内容为11111111，若它等于+127，则它是一个_____。

    A. 原码　　　　　　B. 补码　　　　　　C. 反码　　　　　D. 移码

6. 在定点计算机中，下列说法中错误的是_____。

    A. 除补码外，原码和反码都不能表示-1

    B. +0的原码不等于-0的原码

    C. +0的反码不等于-0的反码

    D. 对于相同的机器字长，补码比原码和反码能多表示一个负数

7. 在规格化浮点数表示中，保持其他方面不变，将阶码部分的移码表示改为补码表示，将会使数的表示范围_____。

    A. 增大　　　　　　B. 减少　　　　　　C. 不变　　　　　D. 以上都不是

8. 在一个8位二进制整数中，有4个1、4个0。若其为补码，则表示的最小值（十进制）是_____。

    A. -120　　　　　　B. -7　　　　　　C. -112　　　　　D. -121

二、填空题

1. 进行下面的计算。

（1）$(83.356)_{10}=(\underline{\hspace{2cm}})_2=(\underline{\hspace{2cm}})_3=(\underline{\hspace{2cm}})_8=(\underline{\hspace{2cm}})_{16}$

（2）$(1101011.101)_2=(\underline{\hspace{2cm}})_{16}=(\underline{\hspace{2cm}})_{10}$

（3）$(FEDCBA)_{16}=(\underline{\hspace{2cm}})_2=(\underline{\hspace{2cm}})_{10}$

2. 在一个8位二进制的机器中，补码表示的整数范围是从_____（小）到_____（大）。这两个数在机器中的补码表示为_____（小）到_____（大）。数0的补码为_____。

3. $[-0]_{反}$表示_____。

4. 一幅图像的图像深度为16，则其最多可以有_____种颜色。

5. 8位定点补码整数所能表示的最小负数（绝对值最大负数）为_____。

6. 定点补码小数所能表示的最大负数（十进制）为_____。

7. 文字："2008年中国举办奥运会"，在计算机占用的内存储空间为_____ B。

8. 对声音信号数字化编码时，要能从采样信号中无失真地恢复原信号，采样频率应大于信号最高频率的_____倍。

9. 一条指令由_____和_____两大部分组成。

三、判断题

1. 若$[X]_{补}>[Y]_{补}$，则$|X|>|Y|$。　　　　　　　　　　　　　　　　　　　（　　）

2. 一幅图像的图像深度越高，越清晰。　　　　　　　　　　　　　　　　　　（　　）

3. 不用符号照样可以计算。　　　　　　　　　　　　　　　　　　　　　　　（　　）

4. 信息靠符号传递。　　　　　　　　　　　　　　　　　　　　　　　　　　（　　）

5. 图像离散化处理后的细腻程度决定于图像深度的高低。　　　　　　　　　　（　　）

6. 一个CPU的指令系统也称为该CPU的机器语言。　　　　　　　　　　　　（　　）

7. 一个完整的汉字系统包括外码、内码和字模库三大部分。　　　　　　　　　（　　）

8. 将位图放大后，分辨率不会改变。　　　　　　　　　　　　　　　　　　　（　　）

9. 差错校验码只能发现错误，不能纠正错误。　　　　　　　　　　　　　　　（　　）

四、综合题

1. 一幅图像的颜色深度为64，该图像最多可以具有的颜色数目是多少？

2. 如何提高数字声音的真实性？

3. 对于汉字输入码可以从如下3个方面评价：

（1）击键数的多少。

（2）重复率的多少。

（3）掌握的难易程度。

自己能不能考虑一种汉字的输入码？

4. 从下面几个方面比较图形与图像：

（1）存储空间小。

（2）放大、缩小后失真。

（3）表现力强。

（4）编辑、修改容易。

5. 计算机存储器为什么要分级存储？

6. 一个CPU最大寻址空间为256MB（$1M=2^{20}=1024\times1024$），可以执行156种指令。请按2地址结构设计该CPU的指令格式。

7. 你认为0、1码有什么缺陷？你有什么弥补方案？

8. 好的抗干扰码有哪些特征？

9. 搜集有关信息特征的资料，写一个综述。

10. 搜集有关信息含义的资料，写一个综述。

11. 组织关于信息概念的课外辩论会，分正、反两方进行，每方3~5人。可以参考下面的命题进行。

（1）信息有物质性。

（2）信息的传递性是必需的。

（3）信息也会增加系统的不确定性，因而Shannon的结论不正确。

（4）信息具有不灭性。

（5）随着计算机网络的发展，人们获取信息的成本越来越低。

（6）信息是人思维的结果。

参考文献 1

[1] 张基温. 大学计算机——计算思维导论[M]. 北京：清华大学出版社，2017.

[2] 胡阳，李长铎. 莱布尼茨二进制与伏羲八卦图[M]. 上海：上海人民出版社，2006.

[3] 张基温. 计算机组成原理教程[M]. 7 版. 北京：清华大学出版社，2017.

第 2 章　计算自动化与智能化思维

人类制造工具，用来扩展和延伸自身的机能，减轻自己的劳动强度，提高自己的劳动效率。但是这种扩展和延伸的愿望是无止境的。几千年的探索历程，已经勾画出一条"简单工具—复杂工具—自动工具—智能工具"的发展轨迹。

计算工具是扩展和延伸人的智力的工具，它的发展也是沿着这条轨迹前进的。

2.1　计算工具的进步

2.1.1　程序控制工具的原型——算盘

算盘距今已经有 2600 多年的历史，是人类历史上最早的一种计算工具，也是中华古文明的结晶。如图 2.1 所示，算盘结构极其简单，制作非常容易，但是它却能用于快速常规计算。

图 2.1　算盘

分析算盘的结构，可以看出，算盘中的算珠只不过是其"五升十进"系统中的实物符号，但是为什么这么一种简单的工具就可以快速地进行多种常用的计算呢？

关键在于口诀，它是用算盘进行各种操作的一套规则。例如，朱世杰所著《算学启蒙》（1299 年）卷上的"归除歌诀"为："一归如一进，见一进成十。二一添作五，逢二进成十。三一三十一，三二六十二，逢三进成十。四一二十二，四二添作五，四三七十二，逢四进成十。五归添一倍，逢五进成十。六一下加四，六二三十二，……九归随身下，逢九进成十"。这些口诀是拨珠的依据，它们可以简化计算过程，便于传播，是人类计算工具史上最早的用于计算的专门语言——算盘程序设计语言。图 2.2 为

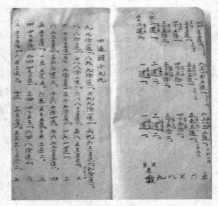

图 2.2　珠算口诀书

一本珠算口诀书。用这种语言可以描述任何常用计算的操作过程，是人类历史上最早的程序设计语言。例如，用算盘计算42+39的口诀程序如下：

三下五去二（十位上：要加3，应在上档下来一个珠——5，再去掉2）；

九去一进一（个位上：要加9，应先去掉一个1，再向前位进1）。

也就是说，口诀程序扩展了算盘的功能，赋予算盘这种物理器件以灵魂。使用这样的工具的过程，需要两个阶段。

（1）设计程序——用口诀语言描述口诀程序。

（2）执行程序——按照口诀程序操作计算工具完成解题过程。

算盘在人类文明史中的贡献巨大。2013年12月4日，联合国教科文组织将具有2600多年历史的珠算正式列入人类非物质文化遗产名录。

有人曾经将算盘计算与计算机计算进行过比较，结果不相上下：用计算机计算和用算盘计算，都需要先编写程序，但计算机程序可以被存储在计算机内，在程序执行阶段不再需要人的干预；而算盘的程序执行要靠人脑中的程序控制人手拨动算珠，整个计算过程离不了人的干预。而且使用算盘的过程往往是一个人边编程边操作，脑力与体力劳动的强度都很大。

2.1.2 提花机与 Babbage 计算模型

1. 中国古代的提花机

任何织物都是用经线（纵向线）和纬线（横向线）编织而成。编织时若交替地、均匀地将经线一根一根地"提"起，让滑梭牵引着纬线通过，就不会织出花纹；若在某些位置不均匀地提起某些经线，让滑梭牵引着纬线通过，就可以织出花纹来。但是要按预先设计好的图案确定在哪个位置提起哪条经线。这是一件极为费心、极为烦琐的工作。如何让机器自己知道该在何处提线，而不需要人去死记呢？最先解决了这个难题的是西汉年间纺织工匠陈宝光的妻子。据史书记载，她发明了一种称为"花本"的装置，用来控制提花机经线起落。图2.3为初刊于1637年宋应星所著的《天工开物》中所画的一幅提花机的示意图。图中高耸于织机上部的部分称为"花楼"，其主要由丝线结成的花本组成。织造时，由两人配合操作，一人坐在花楼之上（古时称为挽花工），口唱手拉，按提花纹样逐一提综开口，另一人（古时称为织花工）脚踏地综，投梭打纬。

花本实际上就是进行提花操作的程序。采用花本的提花机就是用花本控制提花机的提花操作。但是与算盘的程序控制有如下不同。

（1）算盘的程序保存在人脑中，而提花机的程序保存在花本中，即程序成为机器的一部分。简单地说，算盘是外程序的，而提花机是内程序的。

（2）算盘的程序是现编现执行，而花本中的程序是预先编好，存储在花本中的。

（3）算盘与提花机，都是程序控制机器的工作。但是，对算盘的控制是由操作者自己按照程序的解释进行的；对提花机的程序控制不是由织工识别与控制的，而是由挽花工人工识别并控制织工的。

也就是说，提花机把原来由一人承担的程序编制、程序存储、程序控制和程序执行，分为程序编制人、花板、挽花工和织工 4 部分。这种分工是社会发展的需要，也是技术进步的动力。据史书记载，西汉年间的纺织工匠已能熟练掌握提花机技术，在配置了 120 根经线的情况下，平均 60 天即可织成一匹花布，大大提高了工作效率。

2. Jacquard 提花机

提花机是中国人的伟大发明，后来沿着丝绸之路传到欧洲。1725 年，法国纺织机械师 Bouchon 对提花机进一步改进，用"打孔纸带"代替花本，设计了一种新式提花机。打孔纸带上有按照编制程序打出的一排排小孔（图 2.4 中的①所示），并把它压在编织针上（图 2.4 中的②所示）。启动机器后，正对着小孔的编织针能穿过去钩起一根经线，于是编织针就能自动按照预先设计的图案去挑选经线，织出花纹。这一思想在 70 多年后（大约在 1801 年），由另一位法国机械师 Jacquard（1752—1834）实现，完成了"自动提花编织机"的设计制作。这种提花机也被称为 Jacquard 提花机。它把织图案的程序存储在了穿孔金属卡片上，然后用这张纸带控制经线，织出图案。Jacquard 的一大杰作就是用黑白丝线织成的自画像，为此使用了大约 1 万张卡片。

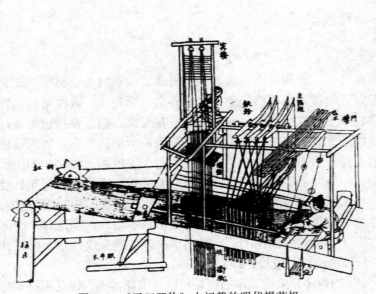

图 2.3 《天工开物》中记载的明代提花机

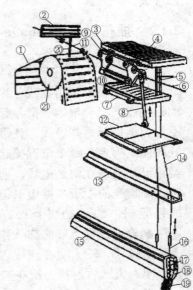

图 2.4 Bouchon 打孔纸带提花机的原理

穿孔卡片提花机在花本提花机的基础上，不仅实现了程序的存储，还实现了程序的自动识别，把程序控制机器技术向前推进了一大步，但是，它们都还没有做到完全自动化。

3. Babbage 计算模型

1812 年，英国年轻学者巴贝奇（Babbage，1792—1871，见图 2.5）正在踌躇满志地思考如何用机器计算代替耗费了大量人力财力还错误百出的《数学用表》时，在法国举办的一个纺织机械展览引起他的极大兴趣。在那里，他仔细观察了 Jacquard 提花机，并从中得到灵感，开始制作一台"差分机"。所谓"差分"，是把函数表的复杂算式转化为差分运算，用简单的加法代替平方运算。他耗费了整整十年光阴，于 1822 年完成了第一台差分机（Analytical Engine，见图 2.6）。差分机已经闪烁出了程序控制的灵光——它能够按照设计者的旨意，自动处理不同函数的计算过程。此后，巴贝奇接着投入一台更大差分机的制作。1834 年，巴贝奇又构想了一种新型的分析机。

图 2.5　巴贝奇

图 2.6　1822 年研制成的差分机

巴贝奇按照工场的模式来构建这台分析机，并将工场分为 6 个部分。

（1）仓库（store）。由齿轮阵列组成，每个齿轮可存储 10 个数，齿轮组成的阵列总共能够存储 1000 个 50 位数。

（2）作坊（mill）——"运算室"。其基本原理与帕斯卡的转轮相似，用齿轮间的啮合、旋转、平移等方式进行数字运算。为了加快运算速度，他改进了进位装置，使得 50 位数加50 位数的运算可完成于一次转轮之中。图 2.7 为巴贝奇的设计草图。

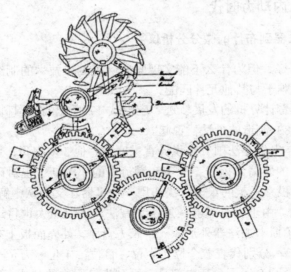

图 2.7　巴贝奇的设计草图

（3）第 3 部分巴贝奇没有为它具体命名，是一些穿孔卡片。这些穿孔卡片可以为作坊输入程序和数据。具体地说，他以穿孔卡片中的有孔和无孔来控制运算操作的顺序，并考虑把某一步运算的中间结果也用有孔或无孔表示，以便决定下一步的操作。例如，某步计算达到某个预期，就执行加，否则执行减。用今天的术语，它就是一个控制机构。

（4）印刷厂，用于将计算结果印刷出来。

（5）在"仓库"和"作坊"之间有一种不断往返运输数据的部件。

（6）动力：用蒸汽机为内动力，驱动大量的齿轮机构运转。

研究巴贝奇的设计，人们惊奇地发现，巴贝奇的设计已经初步具备现代计算机的基本结构：存储器（仓库）、运算器（作坊）、控制器（穿孔卡片及其阅读设备）、输入输出设备（卡片穿孔设备、印刷厂）和总线（运输数据部件）。这种结构可以让计算机记住程序并按照程序的规定控制计算机的运算和输入输出。现代计算机也正是按照这样的方式进行工作的。所以，国际计算机界公认巴贝奇为当之无愧的计算机之父。

遗憾的是，这个项目进行了 20 年，花费了 3 万英镑（政府的 1.7 万英镑，其余是自己的家族遗产）的巨款后，才完成了预计的 25 000 个部件中的不到一半，这足以使已经使具有顽强追求理想奋而不顾身的巴贝奇精疲力竭，不得不中止当时的研制。这台分析机虽然没有制造出来，但是为后人留下了两份极其珍贵的遗产。一份是他提出的自动机条件：

（1）内动力——驱动机器的非人力动力。

（2）内存储——在机器内部记忆程序和有关数据。

（3）自控制——机器要能自己识别程序，并根据程序控制操作。

（4）自配套——自动机要具有进行输入、输出、记忆、运算的功能部件。

另一份珍贵的遗产是他的失败给出的经验教训：在当时的制造水平条件下，用穿孔卡片控制蒸汽机驱动的齿轮运动是极其困难的。

2.1.3　计算机进入内动力时代

1. 从帕斯卡加法器到布什的微分分析仪

巴贝奇的蓝图虽好，但为什么不能实现呢？除了制作技术的制约外，还有一个关键因素是他设想的蒸汽机难于与其他元件匹配。

从内动力的角度看计算机的发展轨迹，应当从 17 世纪的法国科学家帕斯卡（Pascal，1623—1662，见图 2.8）制造的加法器说起。

帕斯卡于 1623 年出生在法国一位税务官家庭中。他 3 岁丧母，由父亲抚养长大，所以从小就对父亲有很深的感情。处于工业革命潮流中的小帕斯卡也对研究充满激情。他目睹着年迈父亲每天计算税率税款的艰辛，决心用一种机器让父亲从中解脱。19 岁那年，他发明了一台机械计算机。由于它只能够做加法和减法，所以后人也将这种机器称为帕斯卡加法器，如图 2.9 所示帕斯卡加法器外形像一个长方盒子，外壳面板上有 6 个显示数字的小窗口和对应的 6 个轮子，分别代表着个位、十位、百位、千位、万位、十万位。用铁笔拨动转轮以输入数字。如图 2.9 所示，其内部是一系列齿轮组成的装置。当齿轮朝 9 转动时，棘爪便逐渐升高；一旦齿轮转到 0，棘爪就"咔嚓"一声跌落下来，推动十位数的齿轮前进一档，实现"逢十进一"。

图 2.8 帕斯卡

图 2.9 帕斯卡加法器的内部

帕斯卡加法器与先前计算工具的不同之处是它有了内动力，不过它的内动力非常简单，就是使用了钟表中的发条。尽管如此，这也是一个非常了不起的进步。为了纪念帕斯卡的贡献，1971 年人们将一种计算机程序设计语言用他的名字命名，这就是在计算机语言史上占有重要地位的 PASCAL 语言。

帕斯卡逝世不久，德国伟大的数学家莱布尼茨（Leibnitz，1646—1716，见图 2.10）发现一篇帕斯卡亲自撰写的关于加法器的论文，激起他强烈的发明欲望。他利用乘是加的重复、除是减的重复的原理，在帕斯卡加法器的基础上，于 1674 年制造成功了能进行加、减、乘、除运算的计算机（见图 2.11）。这台机器被后人称为乘法器。遗憾的是，起初的莱布尼茨乘法器没有内动力。不过它却奠定了以后风靡世界的手摇计算机的基础。

图 2.10 莱布尼茨

图 2.11 莱布尼茨乘法器

从计算机的发展史可以看到，在帕斯卡加法器之后的大约 300 年间，虽然还出现了一些其他计算工具，但是它们都是人工计算工具。内动力计算机的发展处于停顿状态。原因非常简单，就是因为没有一种合适的、与之匹配的动力。这也是巴贝奇的差分机所以未能制造成功的一个原因。尽管今天的"蒸汽朋克"文化可以用维多利亚式奇幻勾画出一个蒸汽带动计算机，但蒸汽何处而来并没有提及。这对于 200 年前的巴贝奇来说，要把用煤炭或木头作为燃料的蒸汽机与由一大堆齿轮组成的分析机连接起来进行驱动与控制，也非一件易事。

2. 计算元件进入电气时代

人类对于电所产生的物理现象的关注由来已久。早在 3000 多年前的殷商时期，甲骨文中就有了"雷"与"电"的形声字，如图 2.12 所示。西周初期，在青铜器上就已经出现加雨字偏旁的"电"字。中国古代人对雷和电这两种现象都进行了忠实记载，如《南齐书·五行志》中记载："十月庚戌，电光，有顷雷鸣，久而止。"关于摩擦起电现象的记载，也有很多。例如，西晋时期的张华（232—300）

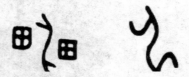

图 2.12　甲骨文中的"雷"与"电"

在《博物志》中记载："今人梳头，脱著衣时，有随梳，解结有光者，亦有咤声。"齐梁时的陶弘景（456—536）则进一步发现，用布摩擦琥珀较用手摩擦琥珀能提高"琥珀拾芥"的能力。

值得注意的是，古代人在长期观察雷电现象中，已经看出导体和绝缘体的差别。南朝时，有一次雷电袭击寺庙，"电火烧塔下佛面，而窗户不异"（《南齐书·五行志》）。佛面是金属粉刷的，当高能量雷电通过时自然被融化，而窗户或者未被雨淋湿（干燥的木头是绝缘体），或者不在雷电通路上，故此仍完好无损。沈括曾描述了这样一件事：有一次雷电打入一平民家，该家有一漆木盆，内藏金银诸器，"其漆器银扣者，银悉熔流在地，漆器不曾焦灼"；有一宝刀在刀鞘中熔为汁，皮制刀鞘却不曾损坏（《梦溪笔谈》卷二十《神奇篇》）。根据前人的大量记载，明代方以智总结道："雷火所及，金石销熔，而漆器不坏。""金石"指金属物体，它和潮湿的木头、石块、人体和动物体都是导体；漆、皮革、干木、琥珀、玳瑁、丝绸都是绝缘体。这些比富兰克林 1752 年的风筝实验，发现电流早了一千多年。但是，对电的进一步研究是在欧洲展开的。

蒲力斯特里与库仑（1736—1806）发现了静态电荷间的作用力与距离成反平方的定律，奠定了静电的基本定律。1800 年，意大利的伏特用铜片和锡片浸于食盐水中，并接上导线，制成了第一个电池。1831 年英国的法拉第利用磁场效应的变化，展示了感应电流的产生。这些研究，将人类带进了电气时代。

电作为计算机的动力所带来的影响是巨大的。它不仅赋予计算机以真正的内动力，还带来计算机运动形式的变化，进而影响计算机的工作原理和结构，使计算机的发展呈现出前所未有的活力。

1931 年，美国麻省理工学院教授范内瓦·布什（Vannevar Bush，1890—1974）用电动机驱动机械轴承和齿轮，制作成功了一台称为"微分分析仪"的电动机械式计算机。图 2.13 为布什与他的微分分析仪。从此，停顿了近 300 年的内动力计算机发展进程又开始启动。

1937 年 11 月，美国贝尔实验室的研究员乔治·斯蒂比兹（1904—1995）用继电器组成了计算装置——Model-K。几乎同时，德国发明家朱斯（1910—1995）也进行着计算机的研制。1938 年他研制成功 Z-1 型机械计算机，1941 年又用一些电话公司废弃的继电器研制成功一台电磁式计算机 Z-2。图 2.14 为朱斯和他的继电器式计算机。这些电磁式计算机的研制成功，革了齿轮传动的命，使计算机的运算形式由旋转运动变为继电器开闭运动，元件的运动幅度大大缩小。

图 2.13　布什与他的微分分析仪

图 2.14　朱斯和他的继电器式计算机

3. 计算元件进入电子时代

1879 年 10 月 21 日，爱迪生（Edison，1847 年 2 月 11 日—1931 年 10 月 18 日，见图 2.15）发明了电灯。在发明电灯的过程中，爱迪生发现某种物质（其实就是电子）会透过金属板，会从电池的负极腾空"跳"到正极，此发现激起他更大的实验动机，此现象称为"爱迪生效应"。这也是科学家首次质疑电流流动的方向，以及自由电子在空间中流动的现象。1884 年，英国工程师佛莱明出访美国时拜会了爱迪生，共同讨论了电发光的问题，对利用爱迪生效应产生了极大兴趣，并从中得到启发，于 1904 年发明了真空二极管。

1906 年，美国人德福雷斯特在二极管的两极之间加入一块网状金属，通过给网状金属施以不同的电压，可以控制电子的流量大小，这样的二极管被称为真空管或者三极管。图 2.16 为电子管的外形。

图 2.15　爱迪生

图 2.16　电子管

20 世纪 30 年代，保加利亚裔的阿塔纳索夫在爱荷华州立大学物理系任副教授，他在为学生讲授如何求解线性偏微分方程组时，不得不面对繁杂的计算。为了改变这一要消耗大量时间的枯燥工作状况，阿塔纳索夫从 1935 年开始探索运用数字电子技术进行计算工作的可能性，经过两年反复研究试验，思路越来越清晰，设计也大体上想清楚了。1937 年，他找到当时正在物理系读硕士学位的研究生克利福德·贝里作为帮手，开始进入制作阶段。

1939 年，两个人终于造出来了一台完整的样机，如图 2.17 所示。人们把这台样机称为 ABC，代表的是包含他们两人名字的计算机（Atanasoff-Berry Computer）。

图 2.17　第一台真空管计算机 ABC

这台计算机是电子与电器的结合，电路系统中装有 300 个电子真空管执行数字计算与逻辑运算，机器使用电容器来进行数值存储，数据输入采用打孔读卡方法，还采用了二进位制。所以，ABC 的设计中已经包含了现代计算机中 4 个最重要的基本概念（见第 2.2 节），从这个角度来说它是一台真正现代意义上的电子计算机。

电子技术的应用，标志着计算机工作时的宏观运动变为电子的微观运动，开启了计算机发展的新纪元。

1943 年是第二次世界大战的关键时期。为了能够快速地计算弹导的飞行轨道，美国陆军部启动了一个 ENIAC（Electronic Numerical Integrator And Computer）项目，由宾夕法尼亚大学的约翰·莫克利（John Mauchly）和工程师普雷斯伯·埃克特（J.Presper Eckert）承担。于 1946 年 2 月 14 日试制成功。这台计算机总共安装了 17 468 只电子管，7200 个二极管，七万多个电阻，一万多只电容器和 6000 只继电器，电路的焊接点多达 50 万个，机器被安装在一排 2.75m 高的金属柜里，占地面积为 170m^2 左右，总质量达到 30t，其运算速度达到每秒钟 5000 次加法，在 0.003s 内做完两个 10 位数乘法。

从帕斯卡加法器到 ENIAC，蹚开了一条计算机内动力之路，但是它们还不能自动实现计算过程。就拿被美国国防部引以为豪的 ENIAC 来说，虽然采用了当时最先进的真空管技术，但计算过程仍然还是要由人进行控制：使用 ENIAC 电子技术，数据要从面板（见图 2.18）上输入；不同的运算要通过改接线路实现（见图 2.19），一个只要几秒钟的运算，改接线路常常要花几小时，甚至几天。人们把这种改接线路的工作称为 ENIAC 编程。

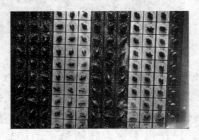

图 2.18　ENIAC 输入数据的面板

图 2.19　改接 ENIAC 线路的情形

4. 计算元件进入微电子时代

1834 年，法拉第（1791—1867）奇怪地发现硫化银的电阻会随温度而下降。

1874 年，布劳恩（1850—1918）发现金属与硫化物的接触面上会出现单向导电现象。1876 年，亚当斯和代依发现硒的表面会发生电动势。

1931 年，英国的威尔逊建立了固态半导体量子力学模型理论。

1945 年夏天，贝尔实验室决定成立由 7 人组成的固体物理研究小组。组长是威廉•萧克莱（William Shockley, 1910—1989）。这个小组经过无数次探索，于 1947 年 11 月 17 日，小组成员、理论物理学家约翰•巴丁和实验能手沃特•布莱登（Walter Brattain 1902—1987）在硅表面滴上水滴，用涂了蜡的钨丝与硅接触，再加上 1V 的电压，发现流经接点的电流增加了。不过还没有达到足够大的功率发射效果。1947 年 12 月 16 日，布莱登用一块三角形塑胶，在塑胶角上贴上金箔，然后用刀片切开一条细缝，形成了两个距离很近的电极，其中，加正电压的称为射极，负电压的称为集电极，塑胶下方接触的锗晶体就是基极，并制成了第一个点接触晶体管。一个月后，萧克莱提出了使用 P-N 结来制作面接型晶体管的方法。1955 年，贝尔实验室研制出世界上第一台全晶体管计算机 TRADIC（见图 2.20），它使用了 800 只晶体管，功率仅 100W。从此，计算机进入了微电子时代。

晶体管可以代替真空管实现整流、检波和放大，而且比真空管体积小、寿命长、发热少、耗电小。IBM 公司宣布，从 1956 年 10 月 1 日起，将不再设计使用真空管的机器，所有的计算机和打卡机都要实现晶体管化。在晶体管发明中的贡献，使萧克莱、布莱登和巴丁荣获了 1956 年的诺贝尔物理奖。图 2.21 为晶体管的三位发明人。

图 2.20　全晶体管计算机 TRADIC　　　　图 2.21　发明晶体管的三位科学家

人类的欲望是无穷的。晶体管出现后，人们又投入到还在努力进一步缩小晶体管体积的追求中。如图 2.22 所示，原先晶体管是被焊接在印刷电路板上的。对于复杂的系统，需要更大量的晶体管和其他元器件。焊接的工作量十分庞大艰巨，而且常常会出现虚焊。在一块晶片上制造多个电子元件的想法是自然的。把多个元器件制作在一块半导体晶体上所形成的电路，就称为集成电路（Scale Integration，SI）。1958 年 9 月 12 日，杰克·基尔比成功地在一块不超过 $4mm^2$ 的锗片上，集成了 20 余个元件（晶体管、电阻和电容），通过热焊将它们用极细的导线互连起来，诞生了世界上第一块"集成"的固体电路，首度证明了在一块半导体晶片上可以集成不同的元件。

1964 年 4 月 7 日，在 IBM 公司成立 50 周年之际，由年仅 40 岁的吉恩·阿姆达尔担任主设计师，历时 4 年研发的 IBM 360 计算机（见图 2.23）问世，标志着集成电路计算机的全面登场。同年，美国 CDC6600 计算机投入使用，运算速度达每秒 300 万次。从此，计算机进入集成电路时代。

图 2.22 印刷电路板上的元器件   图 2.23 IBM 360 计算机

1970 年，美国 IBM 公司采用大规模集成电路的大型计算机 370 系列投放市场，标志着计算机进入大规模集成电路时代，同时也开始分化成通用大型机、巨型机、小型机、微型机、单片机等。

从电气元件到不断微型化的电子元件，不仅缩小了计算机的体积，提高了计算机的运算速度和存储容量，更重要的是把电能与这些元件更为有机地结合在一起，实现了计算机的完全内动力化。

2.2 Neumann 计算机组成

2.2.1 Neumann 计算模型

冯·诺依曼（John Von Neumann，1903—1957）是一位美籍匈牙利科学家。他一直关注着 ENIAC 的研制过程，并对 ENIAC 的设计提出过建议。针对 ENIAC 的不足，1945 年 3 月，他在共同讨论的基础上提出了存储程序通用电子计算机方案——电子离散自动计算机（Electronic Discrete Variable Automatic Computer，EDVAC）。1952 年 1 月，这台电子计算机 EDVAC

（见图 2.24）问世。

1954 年 6 月，Neumann 进一步总结了 EDVAC 的设计心得，归纳了前人关于计算机的有关理论，发表了《电子计算装置逻辑结构初探》的报告。在报告中提出如下思想。

图 2.24 John Von Neumann
和他的 EDVAC

（1）计算机系统要由运算器、控制器、存储器、输入设备、输出设备 5 部分组成，以运算器为核心，由控制器对系统进行集中控制。

（2）采用二进制表示数据和指令。十进制不但电路复杂，而且要制造具有 10 个不同稳定状态的物理器件不那么容易。而电子元器件都容易做到两个稳定状态。

（3）存储器单元用于存放数据和指令，并线性编址，按地址访问单元。

（4）指令由操作码和地址码两部分组成，操作码给出操作的性质和类型，地址码给出要操作数据的地址。

（5）指令在存储器内按照执行顺序存放。计算机工作时，就可以依次取出指令执行，直到程序结束。

Neumann 的这些思想，成为以后设计电子数字计算机的基本理论根据。人们通常将上述 5 条称为 Neumann 原理，将按照这种原理工作的计算机体系称为 Neumann 体系。不过，这些理论还是巴贝奇奠定的，Neumann 则是从理论上进行了解释和提升，并添加了基于电子元件的二进制约束。

根据 Neumann 模型，计算机应由运算器、控制器、存储器、输入设备、输出设备 5 部分组成。其中，运算器在控制器的控制下执行算术与逻辑运算，输入输出设备在控制器的控制下执行输入输出操作。所以，影响计算机工作过程的主要是存储器和控制器。

2.2.2 计算机存储器

存储器是计算机中用于存储数据和程序的部件。

1. 计算机存储器分类

1）按介质的物理性质分类

广义上讲，在一定条件下，物质性质的改变，就是对过程条件的记忆，如果这些物理性质可检测并且与其相应过程条件之间有确定的一一对应关系，则可用作记忆元件。基于二进制逻辑的 Neumann 电子计算机所要求的记忆元件应当有两个明确定义的物理状态，以分别表示两个基本逻辑值，且这两个状态可以被检测并转换成电信号。信息的存取速度取决于测量与改变元件的记忆状态所需的时间。能满足这一要求的物质有如下一些。

（1）机械存储器。如有孔无孔、有坑无坑，可以用光电管或激光检测并转换成电信号。

（2）电气（电子）存储器。如开关的开闭、电容器极板之间有无电容、电压的正负以及双稳态触发器的状态变换等，都可以用电信号检测。

（3）磁存储器。如磁化的方向，可以用电磁感应检测。

（4）光存储器。利用光斑的有无存储数据。

此外，还有化学的和生物的存储器等。

目前，计算机中使用的记忆元件是电子的和磁性的。这些存储元件有一个重要的特性，就像磁带一样，存进之后，无论怎样使用（读），内容都不会消失；但只要存进（写入）新的内容，旧的内容就不复存在。这个特性称为"取之不尽，新来旧去"。

2）按记忆性能分类

（1）非永久记忆的存储器。也称为有源存储器，指断电后数据即消失的存储器，许多半导体存储器只能在有电环境才能保存其中的数据。

（2）永久记忆性存储器。也称为无源存储器，指断电后仍能保存数据的存储器，如磁盘、光盘、U盘等。

3）按访问单元间的位置关系分类

（1）顺序访问存储器。只能按某种顺序来存取，存取时间和存储单元的物理位置有关。例如，磁带只能顺序地进行读写。

（2）随机访问存储器。这里的"随机"指任何存储单元的内容都能被直接存取，且存取时间和存储单元的物理位置无关。例如，磁盘可以读写任何磁道中任何一个扇区的数据。

4）按读写限制分类

（1）只读存储器。存储的内容是固定不变的，只能在线读出、不能在线写入的存储器，写入只能在特殊环境中进行。例如，光盘等。

（2）随机读写存储器。这里的"随机"指既可以在线写（存）又可以在线读（取），既能读出又能写入的存储器。例如，半导体存储器、磁盘、U盘等。

5）按存储器在计算机系统中所起的作用分类

（1）主存储器。也称为内存，用于存放计算机运行期间的大量程序和数据，存取速度较快，存储容量有限。

（2）高速缓冲存储器Cache。可以用于CPU直接匹配的速度高速存取指令和数据的存储器。

（3）辅助存储器。也称为外存，作为主存储器的外援存放系统程序和大型数据文件及数据库，存储容量大，成本低。

2. 按照地址进行存取与主存储器结构

计算机的主存储器就像中药铺中的药盒——称为存储单元，密密麻麻地排在一起，要往里放数据或指令或从中取出数据或指令的方法是预先编号，按照号码进行。这些号码就称为存储单元的地址——在机器中用补码表示。如图 2.25 所示，数据的存储是按地址进行的。

用一个地址编码指定一个存储单元的过程是通过地址译码器进行的。如图 2.26 所示，对于一个 n 位的地址码，可以寻址的范围是 2^n 个单元，即一种从 2^n 中选 1 的逻辑电路。地址译码器的作用就是将一个地址码转换成一个对应单元的驱动信号，以便对该单元进行读写。这种地址译码器采用一维译码结构，译码方式称为单译码或线选法，一般用于小容量存储器。

图 2.25　存储单元及其地址

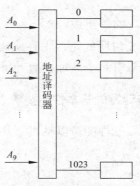

图 2.26　一维地址译码器

在大容量的存储器中，通常采用二维地址译码结构（也称为双译码或重合法）。如图 2.27 所示，二维地址译码结构使用两个译码器，分别在 X（行）和 Y（列）两个方向进行地址译码。这样可以节省驱动电路和地址线。例如，地址宽度为 10，采用一维译码方式时字线数为 2^{10} 条，需要 1024 个驱动电路；采用二维译码结构时，字线总数变为 $2 \times 2^5 = 64$ 条，需要 64 个驱动电路。

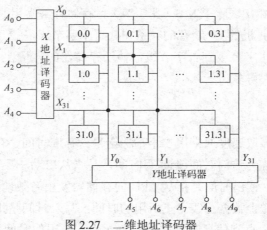

图 2.27　二维地址译码器

3. 主存储器的基本组成

如图 2.28 所示，主存储器主要由存储体、地址译码驱动电路、驱动电路、读写电路和

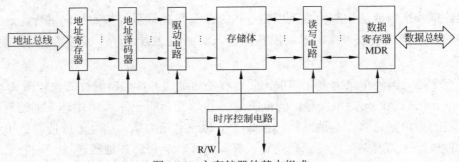

图 2.28　主存储器的基本组成

时序控制电路等组成。

还需要说明的是，主存储器的编址方式有两种：或是面向字节的或是面向字的。前者每一个字节有一个地址，后者每一个字有一个地址。

4. 存储器的基本性能要求

存储器的性能可以从以下几个方面描述。

1）每位成本

每位成本即折合到每一位的存储器造价，是存储器的主要经济指标。

2）容量

计算机存储器的容量是计算机存储信息的能力。一个存储器的容量常用有多少个存储单元、每个单元有多少位表示。如存储容量为 4M×8，则表示能存储 4×1024×1024 个 8 位字长的二进制数码。另外也可以用能存储多少字节（每字节为 8 位二进制代码）表示，故前例也可称容量为 4MB。除了 MB（兆字节），存储容量常用的单位还有 KB、GB、TB、PB 等。目前，微型计算机的 L1 缓存的容量在几百千字节级，L2 缓存的容量一般在兆字节级，主存的容量在百兆字节级到吉字节级，辅助存储器的容量在几十到几百吉字节级。大型计算机的容量更要大得多。

3）存取速度

计算机存储器的存取速度通常用 3 个指标衡量：存取时间、存取周期和存储器带宽。

（1）存取时间又称为访问时间或读/写时间，是指从启动一次存储器操作到完成该操作所经历的时间。例如，读出时间是指从 CPU 向存储器发出有效地址和读命令开始，直到将被选单元的内容读出送上数据总线为止所用的时间；写入时间是指从 CPU 向存储器发出有效地址和写命令开始，直到信息写入被选中单元为止所用的时间。内存的存取时间通常用 ns（纳秒）表示。在一般情况下，超高速存储器的存取时间约为 20ns，高速存储器的存取时间约为几十纳秒，中速存储器的存取时间约为 100～250ns，低速存储器的存取时间约为 300ns。

（2）存取周期是指连续对存储器进行存取时，完成一次存取所需要的时间。通常存取周期会大于存取时间，因为一次存取操作后，需要一定的稳定时间，才能进行下一次存取操作。

（3）存储器带宽是指存储器在单位时间内读出/写入的字节数。若存储周期为 t_m，每次读/写 n 个字节，则其带宽 $B_m=n/t_m$。

4）信息的可靠保存性、非易失性和可更换性

存储器存储信息的物理过程是有一定条件的。例如，半导体存储器只在有电源的条件下存储信息；电荷存储型存储器中的信息会随着电荷的泄漏而消失等，它们都称为有源存储器。磁盘、磁带中的信息保存不需电源，称为无源存储器，但它会因磁、热、机械力等磁场作用受到破坏。理想的存储器是既能方便地读写又具有非易失性的存储器。

5. 分级存储

存储器的主要指标是成本、速度和容量。当然谁都希望花很少的钱，在一台计算机中配置容量很大（单元多）、速度很快的存储器。但是，速度快的存储器价格就高，对经济实力的要求就高。为此，计算机的存储器实行分级存储的方式：把要反复使用的内容放在速度最高、容量较小的存储器中，把马上不用但不久就要使用的内容放在速度次高、容量次大的存储器中，……，把最不常用的内容放在容量极大但速度不高的存储器中。合理地在不同级别的存储器之间进行存储内容的调换，就解决了速度、容量和成本之间的矛盾。就像学生在书包中装的是马上上课要用的书籍，家里书架上放的是一个阶段要用的书籍，还要用书店或图书馆作为后盾一样。

目前的计算机存储器一般分为 3 级：辅助存储器（也称为外存，如光盘、磁盘、U 盘等）、主存储器（也称为内存）和高速缓冲寄存器（Cache，简称缓存）。它们之间的关系如图 2.29 所示。辅助存储器作为主存储器的后援；主存储器可以与运算器和控制器（合起来称为 CPU）通信，也可以作为 Cache 的后援；Cache 存储 CPU 最常使用的信息。一个程序执行前，程序和它要执行的数据都存放在辅助存储器中。程序开始执行，程序会被调入内存，对于大型程序要一段一段地调入内存执行。程序在执行过程中，数据按照程序的需要被调入内存。为了提高程序执行的速度，还要不断把 CPU 当前要使用的程序段和数据部分调入高速缓存执行。

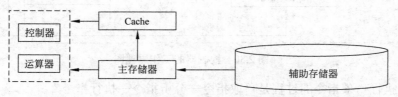

图 2.29　主存储器、辅助存储器和 Cache 及其之间的关系

2.2.3　计算机控制器

1. 控制器的功能

如前所述，控制器是计算机的中枢神经，可以对整个计算机的工作过程进行控制。这里，其控制功能主要体现在如下 3 个方面。

1）定序

组成程序的指令必须按照一定的顺序被执行，不能乱套。就像做菜、开会一样，必须按照一定顺序进行。否则做的菜就无法吃，会议开不好。

2）定时

电子计算机是一种复杂的机器，由众多的元件、部件组成，不同的信号经过的路径也不同。为了让这些元件、部件能协调工作，系统必须有一个统一的时间标准——时钟和节拍，就像乐队的每位演奏者都必须按照指挥节拍演奏一样。计算机中的时钟和节拍是由振荡器提供的。振荡器的工作频率称为时钟频率。显然，时钟频率越高，计算机的工作节拍越快。

定序与定时合起来称为定时序。

3）发送操作控制信号

控制器应能按指令规定的内容，在规定的节拍向有关部件发出操作控制信号。

2. 控制器的组成与工作过程

控制器的功能由指令部件（指令寄存器、地址处理部件、指令译码部件、指令计数器）、时序部件和操作控制部件（操作控制逻辑）共同实现。控制器的工作原理图如图 2.30 所示。

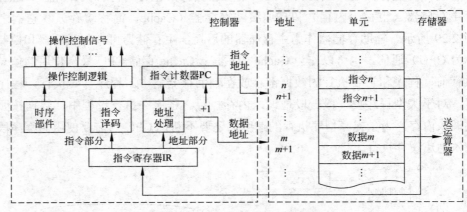

图 2.30　控制器的工作原理图

控制器执行一条指令的过程是"取指令—分析指令—执行指令"。

1）取指令

控制器的程序计数器 PC（Program Counter）中存放当前指令的地址（如 n）。执行一条指令的第一步就是把该地址送到存储器的地址驱动器（图中没有画出），按地址取出指令，送指令寄存器 IR（Instruction Register）中。同时，PC 自动加 1，准备取下一条指令。

2）分析指令

一条指令由两部分组成：一部分称为操作码 OP（Operation Code），指出该指令要进行什么操作；另一部分称为数据地址码，用于指出要对存放在哪个地址中的数据进行操作（如 m）。在分析指令阶段，要将数据地址码送到存储器中取出需要的操作数到运算器，同时把 OP 送到指令译码部件，翻译成要对哪些部件进行哪些操作的信号，再通过操作控制逻辑，将指定的信号（和时序信号）送到指定的部件。

3）执行指令

将有关操作控制信号，按照时序安排发送到相关部件，使有关部件在规定的节拍中完成规定的操作。

3. 一条程序的执行过程

下面介绍一个假想程序的执行过程。这是一个求 $x+|y|$ 的程序。

1）为程序分配存储单元

根据存储器的使用情况，给程序和数据分配合适的存储单元。本例假定程序从 2000 单元开始存储，数据存于 2010 单元、2011 单元，结果存于 2012 单元，具体安排如表 2.1 所示。

表 2.1　本例假想的内存存储情形

单 元 地 址	单 元 内 容	注　释
2000	MOV A,(2010)	; 取 2010 单元中的数据到寄存器 A
2001	MOV B,(2011)	; 取 2011 单元中的数据到寄存器 B
2002	JP (B) < 0, 2005	; 若 (B)<0,转 2005 单元，否则执行下条
2003	ADD A, B	; 将 A 与 B 中内容相加后送 A
2004	JP + 2	; 跳两个单元，即转 2006 单元
2005	SUB A, B	; 将 A 与 B 中内容相减后送 A
2006	MOV(2012), A	; 存 A 中内容到 2012 单元
2007	OUT(2012)	; 输出 2012 单元内容
2008	HALT	; 停机
2010	x	
2011	y	

其中，A 和 B 是运算器中的两个数据寄存器，用于临时保存数据。

2）程序执行过程

① 启动程序，即向程序计数器（PC）中送入程序首地址 2000。

② 按照 PC 指示的 2000，从存储器的 2000 单元取出第一条指令"MOV A, (2010)"，送至指令寄存器 IR，同时 PC 加 1（得 2001），准备取下条指令。

指令"MOV A, (2010)"要求把 2010 单元中的数据（x）送到寄存器 A（CPU 内部暂存数据的元件）。

③ 按照 PC 指示的 2001，从存储器的 2001 单元取出指令"MOV B, (2011)"，送至指令寄存器 IR，同时 PC 加 1（得 2002），准备取下条指令。

指令"MOV A, (2011)"要求把 2011 单元中的数据（y）送到寄存器 B（CPU 内部的另一个暂存数据的元件）。

④ 按照 PC 指示的 2002，从存储器的 2002 单元取出指令"JP (B) < 0, 2005"，送至指令寄存器 IR，同时 PC 加 1（得 2003），准备取下条指令。

指令"JP (B) < 0, 2005"首先进行判断寄存器 B 中的数据是否小于 0：若是，就跳到 2005，即将存储地址 2005 送往 PC。

执行 2005 单元中的指令"SUB A, B"，把寄存器 B 中数据的负值（实际为 y 的绝对值）加到寄存器 A 中，执行 $x+(-y)$ 的操作，并把结果存在寄存器 A 中。同时 PC 加 1（得 2006），准备取下条指令。

⑤ 若寄存器 B 中的值为正，就不跳转，执行 2003 中的"ADD A, B"，即把寄存器 A 和寄存器 B 中的数据相加，得 $x+y$，送入 A 中。同时 PC 加 1（得到 2004），准备取下条指令。

接着执行 2004 中的指令 JP + 2，要求跳过两个单元，即把 PC 中的内容再加 2，得到 2006，准备取出 2006 中的指令。

执行上述运算后，寄存器 A 中存放的是寄存器 A 与寄存器 B 的绝对值的和 $x+|y|$，并且 PC 内容为 2006。

⑥ 执行 2006 中的指令"MOV(2012), A"，把寄存器 A 中的内容（$x+|y|$）送到 2012 单元。同时 PC 加 1（得 2007），准备取下条指令。

⑦ 执行 2007 中的指令"OUT(2012)"，把 2012 中保存着的数据（$x+y$）输出。同时 PC 加 1（得 2008），准备取下条指令。

⑧ 执行 2008 中的指令 HALT，该程序执行结束。

2.2.4　总线

1. 总线的概念

计算机是一种复杂的电子设备，由许多部件组成。早期的计算机没有站在全局的角度统一考虑如何解决部件之间的连接问题，造成部件之间连接的复杂性。随着计算机的发展，部件不断增加，为了减少部件连接的复杂性，在发展接口技术的同时开始考虑建立多个部件间的公用信息通道——总线（bus）。采用总线连接计算机的各个子系统，使得系统变得非常明晰。图 2.31 为一种最简单的计算机总线结构图。它用一条总线连接了所有设备。这种总线称为单总线。在图中画出了 3 束总线，表明每一组总线都是由 3 种总线组成，分别用于传输不同的信号。

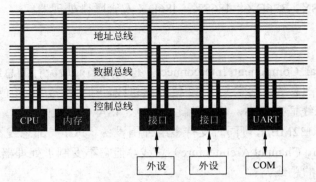

图 2.31　最简单的计算机总线结构

（1）数据总线（Data Bus，DB）：传输数据。
（2）地址总线（Address Bus，AB）：传输内存存储单元地址。
（3）控制总线（Control Bus，CB）：传输控制信号。

2．常用系统总线

系统总线是用于连接计算机主机内部各功能部件（如 CPU、内存等）的总线，又称为内总线或板级总线。或者说，计算机内的各部件是用系统总线连接成一个完整的系统的。下面介绍几种常用的系统总线。

1）ISA 总线

ISA（Industrial Standard Architecture）总线标准是 IBM 公司 1984 年为推出 PC/AT 机而建立的系统总线标准，所以也称为 AT 总线。它是对 XT 总线的扩展，以适应 8/16 位数据总线要求。它在 80286 至 80486 时代应用非常广泛，以至于奔腾机中还保留有 ISA 总线插槽。ISA 总线有 98 只引脚。

2）EISA 总线

EISA 总线是 1988 年由 Compaq 等 9 家公司联合推出的总线标准。它是在 ISA 总线的基础上使用双层插座，在原来 ISA 总线的 98 条信号线上又增加了 98 条信号线，也就是在两条 ISA 信号线之间添加一条 EISA 信号线。在实用中，EISA 总线完全兼容 ISA 总线信号。

3）VESA 总线

VESA（Video Electronics Standard Association）总线是 1992 年由 60 家附件卡制造商联合推出的一种局部总线，简称为 VL 总线（VESA Local Bus）。它的推出为微机系统总线体系结构的革新奠定了基础。该总线系统考虑到 CPU 与主存和 Cache 的直接相连，通常把这部分总线称为 CPU 总线或主总线，其他设备通过 VL 总线与 CPU 总线相连，所以 VL 总线被称为局部总线。它定义了 32 位数据线，且可通过扩展槽扩展到 64 位，使用 33MHz 时钟频率，最大传输速率达 132MB/s，可与 CPU 同步工作。VL 总线是一种高速、高效的局部总线，可支持 386SX、386DX、486SX、486DX 及奔腾微处理器。

4）PCI 总线

PCI（Peripheral Component Interconnect）总线是当前最流行的总线之一，它是由 Intel 公司推出的一种局部总线。它定义了 32 位数据总线，且可扩展为 64 位。PCI 总线主板插槽的体积比原 ISA 总线插槽还小，其功能比 VESA、ISA 有极大的改善，支持突发读写操作，最大传输速率可达 132MB/s，可同时支持多组外围设备。PCI 局部总线不能兼容现有的 ISA、EISA、MCA（Micro Channel Architecture）总线，但它不受制于处理器，是基于奔腾等新一代微处理器而发展的总线。

3. 常用 I/O 总线

I/O 总线用于连接 I/O 设备。下面介绍几种常用的 I/O 总线。

1）ATA/IDE

1984 年，IBM 公司在其开发的 IBM PC（IBM Personal Computer）的基础上，推出了 IBM 高级技术（Advanced Technology，AT）。其中的磁盘接口，采用了 ATA（AT Attachment，AT 嵌入式接口）技术。其基本思路是将以前硬盘控制器与"盘体"分离改为直接结合，以减少硬盘接口的电缆数目与长度，使数据传输的可靠性得以增强，也使硬盘制造起来变得更容易，因为硬盘生产厂商不需要再担心自己的硬盘是否与其他厂商生产的控制器兼容。在电子学界，把这种技术称为集成驱动电子电路（Integrated Device Electronics，IDE）。后来人们把这种技术规范称为 ATA 或 IDE。图 2.32 为 ATA 总线的连接示意图。

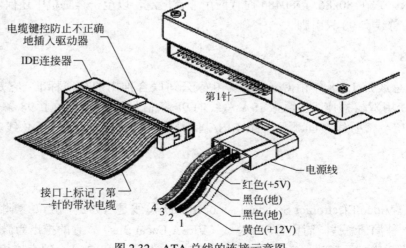

图 2.32　ATA 总线的连接示意图

ATA 发展至今经过多次修改和升级，新一代的接口都建立在前一代标准之上，并保持向后兼容性。到目前为止，一共推出 7 个版本：ATA-1、ATA-2、ATA-3、ATA-4、ATA-5、ATA-6、ATA-7。每个版本都对以前的版本向后兼容。

2）SATA 总线

ATA 总线在传输数据时采用的是并行方式，总线位宽为 16b，所以也称 PATA（Parallel ATA）。随着 CPU 技术的高速发展，对外部总线带宽的要求也越来越高。想要提高总线的带宽，有两种方法：增加数据线的根数或增加时钟频率。增加数据线的根数，势必会增加系统硬件的复杂度，使系统的可靠性下降。而时钟频率的提高，并行总线的串扰和同步问题会越来越突出，使总线不能正常工作。所以 PATA 总线的终极速率最终止步在 133MB/s。在此背景下，Intel、IBM、DELL、ADT、Maxtor 和 Seagate 等几家公司共同推出新的硬盘接口总线 SATA（Serial ATA，串行 ATA）。它将 PATA 总线的并行传输方式改为串行传输方式，规避了并行总线在高速下的串扰和同步问题。图 2.33 为 SATA 接口实体外观。

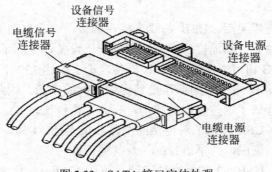

图 2.33　SATA 接口实体外观

3）SCSI 总线

1986 年，美国国家标准局（ANSI）在原 SASI（美国 Shugart 公司的 Shugart Associates System Interface）接口基础上，经过功能扩充和协议标准化，制定出小型计算机系统接口（Small Computer System Interface，SCSI）标准。它最初主要为管理磁盘而设计，但很快就应用于 CD-ROM 驱动器、扫描仪和打印机等的连接，成为服务器和图形工作站中被广泛采用的新宠。

图 2.34 是 SCSI 系统结构示意图。图中多个适配器（接口）与设备控制器通过 SCSI 总线实现数据信息通信。这些连接在 SCSI 总线上的适配器和设备控制器称为 SCSI 设备。应当注意，SCSI 具有与设备和主机无关的高级命令系统；SCSI 设备都是有智能的总线成员，它们之间无主次之分，只有启动设备和目标设备之分，这是它与外设的区别。控制器与外设之间的总线是设备级总线。

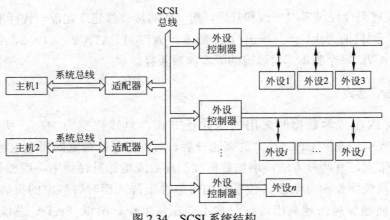

图 2.34　SCSI 系统结构

4）USB 总线

通用串行总线（Universal Serial Bus，USB）是由 Compaq、Digital、IBM、Intel、Microsoft、NEC 和 Nothern Telecom 7 家公司共同开发的。

USB 具有如下特点。

（1）使用方便，连接灵活。USB 总线支持热插拔，它有自动的设备检测能力，设备插入之后，操作系统软件会自动地检测、安装和配置该设备，免除了增减设备时必须关闭 PC 的麻烦。并且一个 USB 口可以连接的 USB 设备理论上多达 127 个。

（2）独立供电。USB 电源能向低压设备提供 5V 的电源，因此新的设备就不需要专门的交流电源了，从而降低了这些设备的成本，提高了性价比。

（3）支持多媒体，USB 提供了对电话的两路数据支持。USB 可支持异步以及等时数据传输，使电话可与 PC 集成，共享语音邮件及其他特性。

（4）速度足够快。USB 1.1 的最高传输速率可达 12Mb/s，比 RS-232 串口快了整整 100 倍，比并口也快了十多倍。USB 2.0 的最高传输速率提高到 480Mb/s 以上，USB 3.0 的最高传输速率提高到 5Gb/s 以上。

（5）USB 设备通信速率的自适应性，它可以根据主板的设定自动在如下 3 种模式中选择一种：

HS（High-Speed，高速，480Mb/s）；

FS（Full-Speed，全速，12Mb/s）；

LS（Low-Speed，低速，1.5Mb/s）。

（6）低功耗。

（7）具有较好的抗干扰性。

（8）适合近距离传输。标准规定最长传输距离为 5m。但是，它允许串行连接，这样，5 级串接就可以达到 30m。

1995 年 11 月，USB 0.9 规范正式提出，1998 年发布 USB 1.1，2004 年 4 月推出 USB 2.0，2008 年 11 月推出 USB 3.0。表 2.2 为 USB 1.1、USB 2.0 以及 USB 3.0、USB 3.1 的主要特性比较。

表 2.2　USB 1.1、USB 2.0 以及 USB 3.0 的主要性能

USB 版本	推出时间	信号线数	最大传输速率	速率称号	电力支持
USB 1.0	1996 年 1 月	4	1.5Mb/s(192KB/s)	低速(Low-Speed)	5V/500mA
USB 1.1	1998 年 9 月	4	12Mb/s(1.5MB/s)	全速(Full-Speed)	5V/500mA
USB 2.0	2000 年 4 月	4	480Mb/s(60MB/s)	高速(High-Speed)	5V/500mA
USB 3.0	2008 年 11 月	9	5Gb/s(640MB/s)	超速(Super-Speed)	5V/900mA
USB 3.1	2013 年 12 月	9	10Gb/s(1280MB/s)	暂未定义	20V/5A

表 2.3 为 USB 2.0 常用接插头之间的配对情况。

表 2.3　USB 2.0 常用接插头之间的配对情况

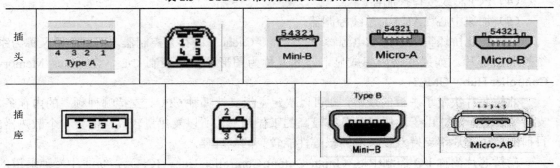

2.2.5　主板

1. 主板及其基本结构

主板又称为主机板（mainboard）、系统板（systemboard）和母板（motherboard），是安装在微型计算机机箱内的一块电路板，通常为矩形，上面安装了组成计算机的主要电路系统和集成电路，一般有 BIOS 芯片、I/O 控制芯片、键盘和面板控制的开关接口、指示灯插接件、扩充插槽、主板及插卡的直流电源供电接插件等元件。

主板的组成和布局，决定了计算机的体系结构，直接影响了计算机的性能。所以，主板是微型计算机最基本的也是最重要的部件之一。此外，主板提供的扩展槽（大都有 6~8个），体现了开放式结构的理念，可以供外围设备控制卡（适配器）插接以及更换，为计算机相应子系统的局部升级提供了很大的灵活性。

图 2.35 为一个典型的微型计算机主板简化逻辑结构图。可以看出，主板的关键组成部分是北桥（North Bridge）芯片和南桥（South Bridge）芯片。南北桥的划分，形成了主板的两大战区，也体现了主板的管理思想：将高速设备与中低速设备分别管理。

北桥芯片主要负责高速通道的控制，是主板的最重要的芯片，主要连接了 CPU、高速总线和内存通道，人们习惯称为主桥（Host Bridge），也简称为内存控制中枢（Memory Controller Hub，MCH）。此外还连接图形通道，所以也简称图形与内存控制中枢（Graphics and Memory Controller Hub，GMCH）。它集成了高速总线控制器，包括如下。

（1）系统前端总线（北桥到处理器之间的总线）控制器。

图 2.35　一个典型的微型计算机主板简化逻辑结构

（2）存储器总线（北桥到内存之间的总线）控制器。

（3）AGP 总线（北桥到 AGP 之间的总线）控制器。

（4）PCI 总线接口控制器。

（5）加速中心（AHA）总线控制器。

此外，北桥还集成了高端电源管理控制器、Cache（缓存）控制器，所以北桥又称为系统控制器芯片。如果北桥内集成显卡，其又称为图形存储器控制中心（Graphics Memory Controller Hub，GMCH）。

北桥芯片决定了主板的规格，即可以决定主板支持哪种 CPU、支持哪种频率的内存条、支持哪种显示器。由于北桥芯片具有较高的工作频率，所以发热量较高，需要一个散热器。目前的北桥芯片都支持双核甚至 4 核等性能较高的处理器。

南桥芯片简称 I/O 控制中枢（Input Output Controller Hub，ICH），负责中慢速通道的控制，主要是对 I/O 通道的控制，包括 USB 总线、串行 ATA 接口（连接硬盘、光盘）、PCIe 总线（连接声卡、RAID 卡、网卡等）和键盘控制器、实时时钟控制器和高级电源管理等。

南北桥之间用高带宽的南北桥总线连接，以便随时进行数据传输。

2. 主板组成

主板是一块印刷电路板（Printed Circuit Board，PCB），在上面布置着一组芯片、一些扩展槽、一些对外接口。只要插上有关部件，就可以组成一台微型计算机。图 2.36 为一张实际的主板图片，图中标出了有关部件的布置安插情况。下面分别介绍。

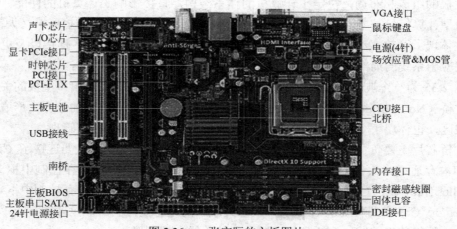

图 2.36　一张实际的主板图片

1）PCB

PCB 可分为单层、双层、4 层乃至更多层，层是指印刷有电路部分的层面数量。一般双层 PCB 就是 PCB 正反两面都印刷有电路，而 4 层则是在正反两面之间还夹有另外 2 层电路。更多的有 6 层或者 8 层。

由于计算机系统的电路繁多，要在有限面积的 PCB 上印刷大量的电路并且为了避免电磁的串扰，起码要使信号层和电源层分离，所以必须使用多层 PCB 设计。低档主板多为 4 层，好的主板采用 6 层甚至 8 层。如图 2.37 所示，4 层 PCB 板分为主信号层、接地层、电源层、辅助信号层。将两个信号层放在电源层和接地层的两侧，不但可以防止相互之间的干扰，又便于对信号线做出修正。6 层 PCB 比 4 层 PCB 多了一个电源层和一个内部信号层。层次越多，制作工艺越复杂，成本越高。

图 2.37　PCB 的基板层次结构

2）插槽

插槽包括 CPU 插槽、内存插槽和总线插槽等。

（1）CPU 插槽。图 2.38 为主板上的三款主流 CPU 插座。

(a) LGA775 插座　　　　　(b) LGA1366 插座　　　　　(c) AM2/ AM3 插座

图 2.38　三款主流 CPU 插座

（2）内存插槽。目前流行的内存条有 DDR SDRAM、DDR2 SDRAM 和 DDR3 SDRAM，相应的内存插槽也有 3 种，如图 2.39 所示。

图 2.39　主板上的内存插槽实例

（3）总线插槽。总线插槽有 AGP 插槽、PCI Express 插槽、PCI 插槽、CNR 插槽等，如图 2.40 所示。

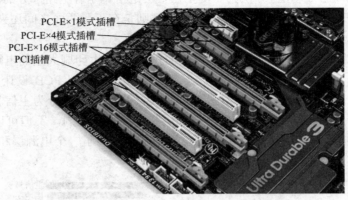

图 2.40　主板上的总线插槽实例

（4）前端总线与后端总线。前端总线（Front Side Bus，FSB）位于对系统速度影响最大的 CPU 和内存、CPU 和图形接口之间，负责中央处理器和北桥芯片间的数据传递。某些带有 L2 和 L3 缓存（Cache）的计算机，通过后端总线（Back Side Bus）实现这些缓存和中央处理器的连接，此总线的数据传输速率总是高于前端总线。

3）芯片组

芯片是计算机的基本支持元件。其中，主体芯片组是北桥和南桥。此外，主板上还有下列一些重要芯片。

（1）基本输入输出系统（Basic Input/Output System，BIOS）芯片是一块方块状的存储器，里面存有与该主板搭配的基本输入输出系统程序。能够让主板识别各种硬件，还可以设置引导系统的设备，调整 CPU 外频等。如图 2.41 所示，BIOS 芯片一般与纽扣电池紧靠。

（2）RAID 控制芯片相当于一块 RAID 卡的作用，可支持多个硬盘组成各种 RAID 模式。目前主板上集成的 RAID 控制芯片主要有两种：HPT372 RAID 控制芯片和 Promise RAID 控制芯片。

（3）此外还有音效芯片、网络芯片（集成网卡）、I/O 及硬件监控芯片（CPU 风扇运转监控及机箱风扇监控等）、IEEE 1394 控制芯片、时钟发生器等。

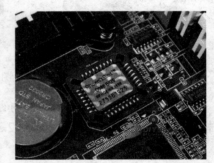

图 2.41　BIOS 芯片与纽扣电池

4）设备接口

主板上一般有如下一些设备接口：硬盘接口、软驱接口、COM 接口（串口）、PS/2 接口（用于连接键盘和鼠标。一般情况下，鼠标的接口为绿色、键盘的接口为紫色）、USB 接口、LPT 接口（并口，一般用来连接打印机或扫描仪）、MIDI 接口、SATA 接口、电源接口等。图 2.42 为主板上的接口插座实例。

图 2.42　主板上的接口插座

5）供电模块

供电模块就是为主板各个接口、部件供电的元器件的集合，作用就是为硬件提供稳定的直流电流，它和主板的稳定性息息相关。主板中南北桥芯片组需要的电压主要有 3～5 种，包括 3.3V 电压、2.5V 电压、1.8V 电压、1.5V 电压等。由于芯片组需要的工作电压较多，所以主板一般都设计有专门的供电电路，包括北桥供电、南桥供电、CPU 供电、内存供电、显卡供电等。3.3V 电压由开关电源直接提供，其他电压需要转换后提供。

供电模块需要解决的一个重要问题是频率、容量与发热之间的矛盾。为此，南北桥供电都有散热装置。散热的好坏直接影响主板的使用效果和寿命。各个制造商都在散热器的设计上各显神通。图 2.43 给出了两款不同的散热器。

（a）大面积散热片　　　　　　　　　　　　　（b）管式散热器

图 2.43　两款不同的散热器

图 2.43（a）为 Intel 的一款大面积散热片，由于采用被动方式散热，杜绝了噪音。图 2.43（b）为华硕管式散热器。

6）电气元件

电气元件是电路上不可或缺的部分，它们包括各种电阻、电容、电位器、晶振等。这些电气元件分布在主板的各个位置。

7）主板驱动

主板驱动是指使计算机识别主板上硬件的驱动程序。主板驱动主要包括芯片组驱动、集成显卡驱动、集成网卡驱动、集成声卡驱动、USB 2.0 驱动（XP 系统已含）。

主板驱动有的是集成在系统盘上的，自带光盘，放入光驱即可安装。

8）跳线与 DIP

跳线（jumper）是一种两端（通常）带有插头的电缆附件，用它可以调整设备上不同电信号端之间的连接，达到改变设备的工作方式的目的。例如，硬盘在出厂时的默认设置是作为主盘，当只安装一个硬盘时是不需要改动的；但当安装多个硬盘时，就需要对硬盘跳线重新设置了。

跳线通常由两个部分组成：一部分是固定在主板、硬盘等设备上的，由两根或两根以上金属跳针组成，如图 2.44 所示；另一部分是跳线帽，这是一个可以活动的部件，如图 2.45 所示，外层是绝缘塑料，内层是导电材料，可以插在跳线针上面，将两根跳线针连接起来。

图 2.44　位于主板上的金属跳针

图 2.45　用于不同设备的跳线帽

2.3　Neumann 体系改进

Neumann 体系实现了计算的自动化。但是，人们对于其性能提高的努力并没有止步。其中的一个关注点在体系结构方面。

2.3.1　从以运算器为中心到以存储器为中心

早期的计算机是以运算器为中心的，如图 2.46 所示，有如下特点。

（1）输入的数据要经过运算器送到存储器。

（2）在程序执行过程中，运算器要不断地与存储器交换数据。

（3）出现中间结果和得到最终结果，要由运算器将它们送到输出设备。

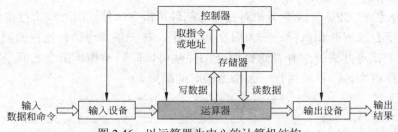

图 2.46　以运算器为中心的计算机结构

所以运算器是最忙碌的部件，而其他部件都可以轮番处于空闲状态。由于不管高速部件，还是低速部件，都要直接由运算器一起工作，使得运算器（也就是 CPU）这样的宝贵资源无法把好钢用在刀刃上，而其他部件不能得到充分利用。随着计算机应用的深入和外部设备的发展，内存与外存等外部设备之间的信息交换日益频繁，使得矛盾日益突出。为了改变这种状况，现在的计算机都采用了以存储器为中心的结构。如图 2.47 所示，在以存储器为中心的结构中，CPU 与输入输出设备并行工作，并共享存储器，运算器可以"集中精力"进行运算，使其效率大大提高。

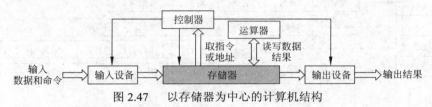

图 2.47　以存储器为中心的计算机结构

在实现以存储为中心的结构的过程中，形成分时操作系统、中断控制技术、DAM 控制技术和各种总线技术等。

运算器和存储器都是计算机的高速设备，不管是以哪个为中心，都是高速部件为低速部件所共享。但是，从以运算器为中心到以存储器为中心，实现的是以忙设备为中心到较闲设备为中心，从总体上均衡了不同部件的负荷，有利于进一步挖掘高速设备的利用率。

2.3.2　从串行结构到并行结构

1. 指令的执行从串行到并行与共享

如图 2.48 所示，早期的计算机在同一时间段内处理器只能进行一个指令的作业；一条指令的作业完成后，才能开始另外一条指令的作业，即指令只能一条一条地串行执行。

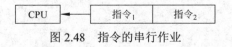

图 2.48　指令的串行作业

串行作业方式的优点是控制简单，由于下条指令的地址在前指令解释过程的末尾形成，因此不论是由指令指针加 1 方式，还是由转移指令把地址送到指令指针形成下条指令地址，由当前指令转入下条指令的时序关系都是相同的。顺序作业方式的缺点是速度慢，因为当前操作完成前，下一步操作不能开始。另外机器各部件的利用率也不高，如取指周期内运算器和指令执行部件空闲。

后来，人们把 CPU 分成两个相对独立的部件：指令部件（IU）和执行部件（EU），它们分别负责指令的解释和执行，则如图 2.49 所示，在一条指令执行过程的同时，指令部件可以取下一条指令并进行解释，这样两个部件就可以同时操作，指令之间呈现重叠执行形式。对于计算机来说，平均执行一条指令的时间缩短。

图 2.49　指令的一次重叠

后来，CPU 被分成更多个相对独立的部件，一条指令就被解释为多个子过程，不同的部件将分别对微指令流中不同的子过程进行操作，于是就形成流水作业方式。流水线是 CPU 实现高速作业的关键性技术。它如同将一条生产流水线分成多个工序，各工序可以同时工作，但加工的是不同的零件。显然，工序分得越多，同时加工的零件就越多。图 2.50 为将 CPU 分为 4 个独立部分——AU、EU、IU、BU 时的指令流水作业情况。

BU		取指$_1$	取指$_2$	取指$_3$	取指$_4$	取指$_5$	
IU		译码$_1$	译码$_2$	译码$_3$	译码$_4$	译码$_5$	
EU			执行$_1$	执行$_2$	执行$_3$	执行$_4$	执行$_5$
AU			执行$_1$	执行$_2$	执行$_3$	执行$_4$	执行$_5$

图 2.50　指令的流水作业

采用指令流水线，能使各操作部件同时对不同的指令进行加工，提高了机器的工作效率。从另一方面讲，当处理器可以分解为 m 个部件时，便可以每隔 $1/m$ 个指令周期解释一条指令，加快了程序的执行速度。注意，这里说的是"加快了程序的执行速度"，而不是"加快了指令的解释速度"，因为就一条指令而言，其解释速度并没有加快。

2. 处理器级并行与共享

处理器级的并行性开发是指在一台机器中使用多个 CPU 并行地进行计算。处理器的并行性和指令级的并行性开发的主要目的是在硬件条件（集成度、速度等）的限制下，从结构上加以改进，提高系统的运行速度。不过，指令级的并行性开发是从处理器内部的结构入手，但它的效果一般为在 5～10 倍以内。要想成十倍、成百倍地提高处理速度，就要使用处理器级的并行性技术，即建造有多台处理器或多台计算机组成的计算机系统。

1）SMP

对称多处理结构（Symmetric Multi-Processing，SMP）是指在一个计算机上汇集了一组处理器（多 CPU）。如图 2.51 所示，这种计算机的各 CPU 之间共享内存子系统以及总线结构。在这种技术的支持下，一个服务器系统可以同时运行多个处理器，并共享内存和其他的主机资源。

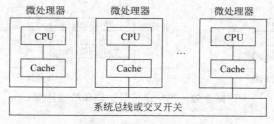

图 2.51　SMP 结构

2）MPP

与 SMP 相对应的标准是大规模并行处理系统（Massively Parallel Processing，MPP），这样的系统是由许多松耦合处理单元组成的，要注意的是，这里指的是处理单元 PU 而不是处理器 CPU。每个 PU 都有自己私有的资源，如总线、内存、硬盘等。在每个单元内都有操作系统和管理数据库的实例副本。这种结构最大的特点在于不共享资源。

3）CMP

在多 CPU 的概念出现后不久，1996 年斯坦福大学提出一个新的概念——CMP（Chip Multi-Processors，单芯片多处理器，简称多核 CPU），它可以将大规模并行处理器中的 SMP（对称多处理器）集成到同一芯片内，各个处理器并行执行不同的进程。

与 CMP 比较，SMT 处理器结构的灵活性比较突出。但是，当半导体工艺进入 0.18μm 以后，线延时已经超过了门延迟，要求微处理器的设计通过划分许多规模更小、局部性更好的基本单元结构来进行。相比之下，由于 CMP 结构已经被划分成多个处理器核来设计，每个核都比较简单，有利于优化设计，因此更有发展前途。

2000 年，IBM、HP、SUN 公司成功地推出了拥有双内核的 HP PA8800 和 IBM Power4 处理器。

2005 年 4 月，Intel 公司推出了第一款供个人使用的双核处理器。

2006 年年底，Intel 公司推出第一款四核极致版 CPU:QX6700（Quad eXtreme 6700）。

2006 年年底，Intel 公司推出第一款四核非极致版 CPU:Q6600（Intel Core 2 Quad 6600）。

2007 年 5 月，Intel 公司推出第二款四核极致版 CPU:QX6800（Quad eXtreme 6800）。

2.3.3　哈佛模型与拟态计算机

1. 哈佛模型

冯·诺依曼结构也称为普林斯顿结构，是一种将程序指令存储器和数据存储器合并在一起的存储器结构。程序指令存储地址和数据存储地址指向同一个存储器的不同物理位置，所以程序指令和数据的宽度相同。

哈佛结构是针对冯·诺依曼结构提出的一种改进结构，其基本特点是将程序指令和数据分开存储，即程序存储器和数据存储器是两个独立的存储器，每个存储器独立编址、独立访问。图 2.52 给出了两种结构的比较。

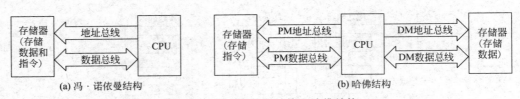

图 2.52　冯·诺依曼结构和哈佛结构

2. 拟态计算机

机器的结构对于计算机的效率具有极大影响。或者说，不同的体系结构在不同的工作情况下具有不同的效率，甚至不同的体系结构在执行不同的指令时具有不同的效率。如果一台计算机能根据所执行的任务以及指令变换自己的体系结构，使得在执行每一项任务以及在执行每一条指令时都处于最高效率状态，则计算机的运行速度将会大大提高。

目前所用一般的计算机"结构固定不变、靠软件编程计算"。2013 年 9 月 21 日，中国工程院院士邬江兴教授主持的"新概念高效能计算机体系结构及系统研究开发"项目在中国上海通过专家组验收，意味着由中国科学家首先提出的拟态计算机技术成为现实，可能为高性能计算机的发展开辟新方向。所谓"拟态"，就是结构动态可变，酷似生活在东南亚海域的拟态章鱼，该章鱼为了适应环境可以模拟至少 15 种动物。拟态计算机可通过改变自身结构提高效能，测试表明，拟态计算机典型应用的能效，比一般计算机可提升十几倍到上百倍。图 2.53 为邬江兴教授以及他提供测试的拟态计算机样机。

（a）邬江兴教授　　　　　　　　　　　（b）拟态计算机样机

图 2.53　邬江兴教授和他的拟态计算机样机

2.4　计算机系统

2.4.1　计算机的自我管理

人们原来认为，按照 Neumann 模型建立的计算机，只要把程序输入，就可以自动工作了。但是，问题并没有这么简单。随着计算机技术的发展、要处理的问题规模不断增大和计算机结构越来越复杂，计算机的管理问题逐渐成为一个瓶颈。例如：

（1）要为程序中的指令和数据分配存储单元。如果程序很小，分配存储单元的工作量不算大。如果程序比较大，有几百、几千、几万、几十万行程序，还有大量数据，地址分配的工作量就非常大了。

（2）在计算机运行过程中，要在主存和外存之间交换信息，把这些工作都写到每个应用程序中，不仅使程序设计变得复杂还增大了存储的冗余。

（3）程序中要输出结果或中间结果，还要输入一些数据。当一个计算机配备有不同的设备时，必须考虑担任输入输出的是哪台设备？当不同设备的操作方式不同时，还要考虑如何根据不同设备设计不同的程序。把这些都放到应用程序中，会使应用程序极为复杂。

（4）为充分利用计算机的资源，提高计算机的利用率，需要一台计算机同时执行多个任务，如同时进行多个 Word 文件的操作，或在听歌曲的同时写一个 Word 文件等。在这种情形下，如何对不同的任务（程序）进行调度呢？同时在只有一个 CPU、一套存储系统等系统资源的情形下，应该如何进行这些资源的管理和分配，是计算机系统管理的重要问题。

（5）计算机是给人使用的，人们如何才能方便地给计算机发布命令让计算机工作呢？而计算机在工作过程中，会出现一些意想不到的情形，这时如何向使用者提供呢？

诸如此类的问题，都称为计算机的管理问题。显然，用人工进行管理是非常麻烦的，效率非常低下。于是，人们设计了一些用来管理计算机的程序。这些程序称为操作系统（Operating System，OS）。有了操作系统，计算机才能方便、高效地进行工作。

2.4.2　操作系统的功能结构

操作系统已经成为现代计算机的重要组成部分，它建立在硬件的基础上，一方面管理、分配、回收系统资源，进行有关资源的协调，组织和扩充硬件功能；另一方面构成用户通常使用的功能，为系统功能提供用户友好的界面。具体说，操作系统在下列方面发挥硬件难以替代的作用。

（1）作业管理。

（2）提供用户界面。

（3）功能扩展。

（4）资源管理。

1．作业管理

作业（job）就是用户请求计算机系统完成的一个计算任务，它由用户程序、数据以及控制命令（作业控制说明书或作业控制块）组成。每个作业一般可以分成若干顺序处理和加工的步骤——作业步。在操作系统中，负责所有作业从提交到完成期间的组织、管理和调度的程序称为作业管理程序（job manager），它负责为用户建立作业，组织调用系统资源执行，并在任务完成后撤销它。

计算机的操作系统就是从作业管理开始的。真空管时代的计算机根本没有操作系统，计算机的工作处于手工操作阶段。那时，用户要直接用机器语言编写程序，接着将程序用打孔机打在纸带或卡片上（有孔、无孔分别代表 1 和 0），再将纸带或卡片装入光电输入设备，启动输入设备将程序输入计算机，然后通过控制台启动程序运行，计算结束，用打字机打出结果后，最后要卸下纸带、卡片。显然这种人工干预与计算机的运算速度太不相称。尤其是到了晶体管时代，问题更为突出。为了解决这一矛盾，人们开发了监督程序，由程序依次完成原来要由人工进行的一系列工作。1956 年通用公司为大型机 IBM 704 开发的 GM-NAA I/O，就是一个用于作业的批处理管理的软件，号称世上第一个操作系统。

这样，用户上机前，须向计算机递交程序、数据和一个作业说明书。不过主要是进行联机批处理作业。

后来，人们进一步发现，这种联机批处理方式的作业管理需要 CPU 的完全参与，把宝贵的 CPU 用来进行这些简单的工作实在划不来。于是人们又制造了卫星机，专门用于输入输出，使 CPU 得以解放，能全力投入解题工作。这种作业方式称为脱机批处理。

进入集成电路时代后，人们开始考虑要让一台计算机执行多道程序，为多个用户服务，作业管理的任务更加艰巨，作业管理程序愈显得重要。

作业管理的主要任务有如下一些。

（1）按类型组织、控制作业的运行，解决作业的输入输出问题。

（2）了解并申请系统资源。

（3）跟踪、监控、调试并记录系统的工作状态。

（4）为用户或程序员提供程序运行中的服务和帮助。

2. 提供用户界面

操作系统是用户与计算机硬件之间的接口，它与作业管理密切相关。

用户工作界面是为用户创建一个工作环境。早期的计算机给予人的是有孔、无孔的纸带或卡片工作环境，后来发展到字符和命令工作环境，再后来是图形界面和多媒体环境，将来是虚拟现实环境。它与设备机器管理密切相关。它的发展是越来越使人简便易用、舒适喜爱。

3. 功能扩展

通过操作系统中的有关程序，使有关部件功能得以扩展。具体如下所示。

（1）从操作系统的整体上来看，它的存在就是硬件资源的扩充、功能的增强，使小的硬件资源可以完成与大的硬件资源同样的工作。现代计算机体系结构的研究表明，在最小的物理条件下，硬件与软件具有同样的功能，它们可以互相替代。

（2）系统调用就是机器的指令系统的扩充，也是 CPU 功能的扩充。

（3）计算机的内存都是有限的。但是它在外存的支持下，通过存储管理软件的调度，内存与外存之间不断交换信息，小的内存可以作为大的内存使用。

（4）通过假脱机（spool）技术，用共享设备来模拟独占设备的操作。

（5）在多任务操作系统中，可以运行一个程序的多个副本（打开一个程序的多个窗口），将一个程序当作多个同样的程序使用。为此引入了进程（process）的概念：一个进程是程序的一次执行。

显然，操作系统的添加，可以在不增加计算机硬件的基础上，增加计算机的功能，形成一个更"大"的计算机系统，甚至可以把一台计算机当作多台计算机使用。这种非物理地实现计算机功能的扩大，称为计算机的虚拟（virtual）化。

4. 资源管理

现代计算机都配备有许多的硬设备和软设备，它们以及保存在计算机内部的数据统称为计算机系统的资源。按照功能，可以将这些资源划分为处理机、存储器、外部设备和信息（程序和数据）等。操作系统的作用是有效地发挥这些资源的效能，解决用户间因竞争资源而产生的冲突，防止死锁发生。

2.4.3 现代计算机系统结构

图 2.54 为添加了操作系统之后的计算机系统结构。可以看出，每一个部件功能的实现，都要辅以一个相应的管理程序。从整体上看，一个计算机系统由两大部分组成：硬件和对其进行管理的操作系统。操作系统的存在，扩大了计算机系统的功能，好像增加了一些功能部件一样。但是它并不是物理的，仅仅是一些程序模块。相对于构成计算机的物理部件，将之称为计算机系统的软件，而把构成计算机的物理部件称为硬件。

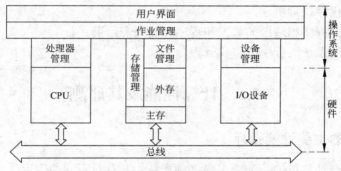

图 2.54　添加了操作系统的计算机系统结构

图 2.55 为组成一个完整计算机系统的软硬件模块列表。可以看出，计算机系统由硬件和软件两大部分组成。计算机系统的软件使计算机的功能有了很大的扩充。这是计算机技术发展的结果。

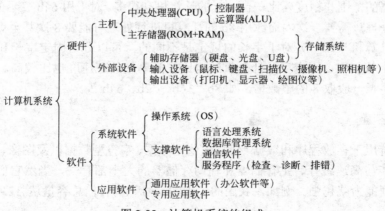

图 2.55　计算机系统的组成

2.4.4 自动计算理论的再讨论

前面讨论了冯·诺依曼等提出的自动计算机理论。但是，按照这些理论计算机就能自动工作，而不要人的干预吗？从现在的情况看，是不能够的。

（1）没有考虑内动力对于自动工作的影响。

（2）仅适用于电子或电气作为工作元件的计算机，对于其他元件的计算机不一定适用。

（3）这些理论的提出，是计算机还处于非常简单的初期，计算机工作过程的管理问题还没有凸显。按照这些理论制造的计算机还不能算全自动计算机，其工作过程的管理还离不开人的干预，只不过由于问题非常简单，管理工作也非常简单。当计算机随着所处理问题的规模不断增大，计算机存储容量不扩大时，计算机工作过程的管理工作量急剧膨胀，管理工作的难度急剧变复杂，成为自动计算机不可或缺的重要因素。

根据上述分析，可以得出关于自动计算机必备的如下功能。

（1）具有适合工作元件的内动力。

（2）具有内程序执行机制。

（3）具有与内程序相适应的数据和程序存储与表示形式。

（4）可以实现系统运行中的自我管理。

2.5　计算性能及其评测

2.5.1　计算机的主要性能指标

全面衡量一台计算机的性能要考虑多种指标。并且对不同的用途，所侧重的方面不同。下面从一般应用的角度，介绍几种主要的性能指标。

1. 机器字长

计算机的字长影响计算的精度，也影响运算的速度。例如，一台 64b（位）的计算机所能表示的数据的范围和精度要比一台 16b 的计算机高得多。对于用 64b 表示的数据值在 64b 的计算机中处理只需要一次，而改用 8b 的计算机进行处理可能要 8 次甚至更多。

不同的计算机（CPU）对于字长的规定是不同的，可以分为固定字长和可变字长两大类。与变长字长相比，固定字长计算机结构比较简单，处理速度也比较高。在固定字长的计算机中，字长一般取 8 的整数倍，如 8b、16b、32b、64b 等。

2. 存储容量

存储系统用于存放程序和数据（包括数值型数据、字符型数据以及图像、声音数据等）。计算机的性能与高速缓存、主存储器和辅助存储器的大小都有关，当然它们的容量越大，计算机的处理能力就越强。例如，我国的"天河二号"的存储总容量达 12.4PB，内存容量达 1.4PB。

3. 运算速度

运算速度是衡量计算机性能的一项重要指标，也是评价计算机性能的一项综合性指标。由于影响计算机运算速度的因素很多，所以在不同的时期以及在不同的情况下，人们提出了几种不同的衡量计算机运算速度的指标。

1）时钟频率与核数

主频也称为时钟频率，单位是 MHz 或 GHz，它是 CPU 工作节拍快慢的基本数据。CPU 的时钟频率越高，CPU 的工作节奏越快，运算速度自然越高。所以在单核时代，人们往往用 CPU 的主频来判断计算机的运算速度。

由于集成电路的线宽不断接近极限，CPU 主频的增长不得不放慢脚步，而且各家的主频基本上水平不相上下，人们把注意力转向核数上。

2）指令的执行速度

但是，核数与时钟频率也不能完全代表运算速度，因为还有一些其他因素会对运算速度产生很大影响，例如体系结构等。所以，用非单一机器因素的指令的执行速度来度量计算机运算速度，就是一种比较客观的方法。

（1）CPI 和 IPC。CPI（Cycles Per Instruction）即平均执行一条指令需要的时钟周期数。如前所述，一条指令往往需要多个时钟周期。但是，这是指早期的计算机而言的。那时，CPU 执行完一条指令，才能取下一条指令分析执行。现代计算机多采用重叠与流水工作方式，一个时钟周期内可以执行多条指令，CPI 改用 IPC（Instructions Per Cycle，每个时钟周期执行的指令数）描述。显然

$$IPC = 1 / CPI$$

（2）MIPS。CPI 或 IPC 没有考虑主机的时钟频率。以此为基础再加上对于主机频率等因素，人们考虑用 MIPS（Million Instructions Per Second，每秒百万次指令）作为计算机运算速度的衡量标准。MIPS 定义为

$$MIPS = \frac{I_N}{T_{CPU} \times 10^6} = \frac{f_c}{CPI \times 10^6}$$

其中，I_N 为程序中的指令条数，T_{CPU} 为程序的执行时间，f_c 表示时钟频率，CPI 为每条指令执行所需时钟周期数（Cycles Per Instruction）。

例 2.1 已知 Pentium Ⅱ 处理机的 CPI=0.5，试计算 Pentium Ⅱ 450 处理机的运算速度。

解：由于 Pentium Ⅱ 450 处理机 f_c=450MHz，因此可求出

$$MIPS_{Pentium\,Ⅱ\,450} = \frac{f_c}{CPI \times 10^6} = \frac{450 \times 10^6}{0.5 \times 10^6} = 900MIPS$$

即 Pentium Ⅱ 450 处理机的运算速度为 900MIPS。

显然，主频越高，运算速度就越快。所以，微型计算机一般采用主频来描述运算速度，例如，Pentium 133 的主频为 133MHz，Pentium Ⅲ/800 的主频为 800MHz，Pentium 4 1.5G 的主频为 1.5GHz。

3）吉普森法

实际上，不同的指令所需要的执行时间是不相同的。在用指令执行的速度来衡量计算机的运行速度采用哪些指令作为标准是一个需要解决的问题。

一种简单的方法是把指令系统中每种指令的执行时间加在一起求平均值。但是，不同的指令在程序中出现的频率是不相同的。例如，有的指令虽然执行时间长，出现的频率却极低，对于其运算的影响并不大。所以，一种更有效的方法是考虑不同指令的出现频率，对指令执行时间进行加权平均，这就是吉普森法。吉普森法用下面的公式描述一个指令集的总执行时间：

$$T_M = \sum_{i=1}^{n} f_i t_i$$

其中，f_i 为第 i 种指令的出现频率，t_i 为第 i 种指令的执行时间。

4）CPU 性能的基准测试

用指令的执行时间来衡量计算机的运算速度，对于多处理器系统来说，有一定不足。因为在多处理机系统中，多个 CPU 可以并行地执行指令。考虑计算机主要用于执行计算，人们开始用一种标准计算的执行速度来评价计算机的运算速度。这种标准的计算程序称为基准测试（BenchMark Test，BMT）程序。基准测试分为整数计算能力基准测试和浮点计算能力基准测试。

（1）整数计算能力基准测试。整数计算能力基准测试是适合于标量机的测试，最早使用的是 Reinhold P. Weicker 在 1984 年开发的测试程序 Dhrystone，它以当时一款经典计算机 VAX 11/780 作为基准来评价 CPU 的性能，计量单位采用 DMIPS（Dhrystone Million Instructions executed Per Second）/MHz，计算方法是：1DMIPS/MHz=1757×实际指令执行速度/MHz。因为当时 VAX 11/780 的指令执行速度是 1757 条/秒。例如，某机器的 DMIPS 为 1.25，则当它的时钟频率为 50MHz 时，实际的指令执行速度为 1.25×1757×50= 109 812.5（MIPS）。

但是，Dhrystone 反映的是系统整体的性能，与操作系统和存储器的配置很有关系，作为评价 CPU 的指标不尽合理。于是嵌入式微处理器协会（Embedded Microprocessor Benchmark Consortium，EEMBC）于 2009 年另行开发了一个 CoreMark 的程序来测试 CPU 核心性能。其计量单位为 CoreMark/MHz。现在的 CPU 天梯图基本都采用 CoreMark。

（2）浮点计算能力基准测试。浮点计算能力测试比较适用于向量机性能的测试，采用的基准测试程序是 Whetstone，测试计量单位为每秒百万次浮点运算（Million Floating Point Operations Per Second，MFLOPS）。例如，主频在 2.5～3.5GHz 之间的 CPU，对应的浮点运算速度是每秒两亿五千万次到三亿五千万次之间。

现在超级计算机的计算速度已经达到 P 级（千万亿次），计量单位升级为 TFLOPS。表 2.4 为国际 TOP 500 组织 2013 年 6 月 17 日公布最新全球超级计算机 500 强榜中速度处于前 5 名的排队情况。

表 2.4　2013 年 6 月 17 日世界超级计算机速度的前 5 名排队

排名	安装场所	系统开发者	处理器核数	Rmax (TFLOPS)	Rpeak (TFLOPS)
1	National Super Computer Center in Guangzhou China	Tianhe-2 (MilkyWay-2) - TH-IVB-FEP Cluster, Intel Xeon E5-2692 12C 2.200GHz, TH Express-2, Intel Xeon Phi 31S1P 中国国防科技大学	3 120 000	33 862.7	54 902.4
2	DOE/SC/Oak Ridge National Laboratory United States	Titan- Cray XK7 , Opteron 6274 16C 2.2GHz, Cray Gemini interconnect, NVIDIA K20x 制造商：克雷公司 所属：美国能源部Oak Ridge国家实验室	560 640	17 590.0	27 112.5
3	DOE/NNSA/LLNL United States	Sequoia- BlueGene/Q, Power BQC 16C 1.60 GHz, Custom 制造商：IBM 所属：美国能源部、美国国家核安全管理局	1 572 864	17 173.2	20 132.7
4	RIKEN Advanced Institute for Computational Science (AICS) Japan	K computer, SPARC64 VIIIfx 2.0GHz, Tofu interconnect 制造商：富士通 所属：日本计算科学研究机构	705 024	10 510.0	11 280.4
5	DOE/SC/Argonne National Laboratory United States	Mira- BlueGene/Q, Power BQC 16C 1.60GHz, Custom 制造商：IBM 所属：美国能源部/ SC /Argonne国家实验室	786 432	8 586.6	10 066.3

在"天河二号"连续 3 年 6 度称雄"全球超级计算机 500 强榜单"后，2016 年 6 月 20 日在法兰克福召开的"2016 年国际超级计算机大会"上宣布了第 47 届全球顶级超级计算机 TOP 500 榜。如表 2.5 所示，在这个排行榜中，中国继续稳坐头把交椅，不过不再是"天河二号"，而是中国的另一款系统——神威·太湖之光，"天河二号"屈居第二。

表 2.5　2016 年 6 月公布的 TOP 500 名单中的前十名

排名	名称	国家/地区	安装场所	安装年份	开发者	处理器核数	Rmax (TFLOPS)	Rpeak (TFLOPS)	功率/kW
1	神威·太湖之光	中国	国家超级计算无锡中心	2016	国家并行计算机工程技术研究中心	10 649 600	93 014.6	125 435.9	15 371
2	天河二号	中国	国家超级计算广州中心	2013	国防科技大学	3 120 000	33 862.70	54 902.40	17 808.0
3	泰坦	美国	橡树岭国家实验室	2012	克雷公司	560 640	17 590.00	27 112.50	8209.00
4	红杉	美国	劳伦斯利弗摩尔国家实验室	2011	国际商业机器公司	1 572 864	17 173.20	20 132.70	7890.00
5	京	日本	理化学研究所	2011	富士通	705 024	10 510.00	11 280.40	12 660.0
6	米拉	美国	阿贡国家实验室	2012	国际商业机器公司	786 432	8586.60	10 066.33	3945.0
7	Trinity	美国	洛斯阿拉莫斯国家实验室	2015	克雷公司	301 056	8100.90	11 078.9	4230
8	Piz Daint	瑞士	瑞士国家超级计算中心	2013	克雷公司	115 984	6271.00	7788.90	2325.0
9	Hazel Hen	德国	斯徒加高效能运算中心	2015	克雷公司	185 088	5640	7404	3620
10	沙欣 II	沙特阿拉伯	阿卜杜拉国王科技大学	2015	克雷公司	196 608	5537.0	7235.2	2834

"神威·太湖之光"的浮点运算速度不仅比第二名"天河二号"快出近两倍，其效率也提高 3 倍。更重要的是，与"天河二号"使用英特尔芯片不同，"神威·太湖之光"使用的是中国自主知识产权的芯片。

值得一提的是，除了中国"芯"自主能力的提升外，中国超级计算机不断增多也成为一个"趋势"。最新榜单数据显示，中国超算上榜总数量有史以来首次超过美国，名列第一。从上榜总数看，中国从上一期的 109 台猛增至现在的 167 台，成为全球名列第一的高性能计算机用户。从公司角度看，美国惠普公司生产的超级计算机依然最多，为 127 台；其次是中国联想，从上一期的 25 台大幅上升至 84 台。

4. 带宽均衡性

计算机的工作过程就是信息流（数据流和指令流）在有关部件中流通的过程。所以，计算机最重要的性能指标——运算速度，也常用带宽衡量——数据流的最大速度和指令的最大吞吐量。

按照"木桶"原理，整体的性能取决于最差环节的性能。在组成计算机的众多部件中，每一种部件都有可能成为影响带宽的环节，例如：

（1）存储器的存取周期。

（2）处理器的指令吞吐量。

（3）外部设备的处理速度。

（4）接口（计算机与外部设备的通信口）的转接速度。

（5）总线的带宽。

为了提高系统的整体性能，不仅要考虑元器件的性能，更要注意系统体系结构所造成的吞吐量和"瓶颈"环节对性能的影响。

5. 可靠性、可用性和 RASIS 特性

可靠性和可用性用下面的指标评价。

平均故障间隔（Mean Time Between Failure，MTBF）指可维修产品的相邻两次故障之间的平均工作时间，单位为小时。它反映了产品的时间质量，是体现产品在规定时间内保持功能的一种能力。MTBF 越长表示可靠性越高，正确工作能力越强。计算机产品的 MTBF 一般不低于 4000 小时，磁盘阵列产品 MTBF 一般不能低于 50 000 小时。

平均恢复时间（Mean Time To Restoration，MTTR）指从出现故障到系统恢复所需的时间。它包括确认失效发生所必需的时间和维护所需要的时间，也包含获得配件的时间、维修团队的响应时间、记录所有任务的时间，以及将设备重新投入使用的时间。MTTR 越短表示易恢复性越好，系统的可用性就好。

平均无故障时间（Mean Time To Failure，MTTF）也称为平均失效前时间，即系统平均正常运行的时间。系统的可靠性越高，平均无故障时间越长。显然有

$$MTBF = MTTF + MTTR$$

由于 MTTR $\ll$ MTTF，所以 MTBF 近似等于 MTTF。

可靠性（Reliability）和可用性（Availability），加上可维护性（Servicebility）、完整性（Integrality）和安全性（Security）统称为 RASIS。它们是衡量一个计算机系统的 5 大性能指标。

6. 效能和用户友好性

效能与计算机系统的配置有关，包括计算机系统的汉字处理能力、网络功能、外部设备的配置、系统的可扩充能力、系统软件的配置情况等。

用户友好性指计算机可以提供适合人体工程学原理、使用起来舒适的界面。例如，显示器的分辨率、色彩的真实性、画面的大小；键盘的角度、键的位置；鼠标的形状；界面是字符界面、图形界面，还是多媒体界面；计算机使用过程的交互性、简便性等，都是影响友好性的重要指标。

7. 环保性

环保性是指对人或对环境的污染大小，如辐射、噪声、耗电量、废弃物的可处理性等。效能主要指计算机的能源效率，它是环保性的一部分。目前，对于 CPU 的效能已经提出两个指标：每指令耗能（Energy Per Instruction，EPI）和每瓦效能的概念。EPI 越高，CPU 的能源效率就越差。表 2.6 为 Intel 公司在一份研究中报告中对其生产的一些 CPU 进行 EPI 对比的情况。

表 2.6　Intel 公司的一些 CPU 的 EPI 对比

CPU 名称	相对性能	相对功率	等效 EPI/nJ
i486	1	1	10
Pentium	2	2.7	14
Pentium Pro	3.6	9	24
Pentium 4（Willanmete）	6	23	38
Pentium 4（Cedamill）	7.9	38	48
Pentium M（Dothan）	5.4	7	15
Core Duo（Yonah）	7.7	8	11

注：表中的等效 EPI/nJ 为折算为 65nm 工艺、电压 1.33V 的数据。

8. 性能价格比

性能指的是综合性能，包括硬件、软件的各种性能。价格指整个系统的价格，包括硬件和软件的价格。性能价格比越高越好。

2.5.2　天梯图

简单地说，天梯图就是一种性能排行榜，按性能从高到低进行排列。图 2.56 是一张 2017 年 4 月的桌面级 CPU 天梯图，排在最上面的是性能最高的 CPU。

通常，天梯图分为高端、主流、入门和古董 4 级。图中列出了 Intel 和 AMD 两个系列，每个系列又分为 3 代。可以看出，每个系列、每一代 CPU 都有高性能、中性能和低性能的。

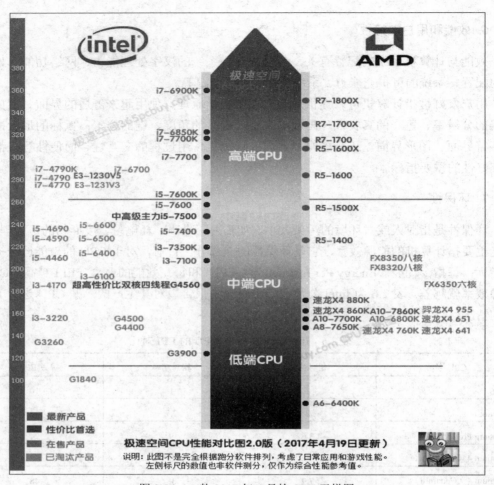

图 2.56　一款 2017 年 4 月的 CPU 天梯图

天梯图形形色色，有简有繁，画法有所不同，级别的划分也不相同。有的列出每一代的产品中有代表性的经典工艺的年份，有的列出当时的价格，还有的对功耗等进行了比较。关于这些，就不一一赘述了。

2.6　计算智能化

2.6.1　人工智能

1. 人工智能学科的诞生

20 世纪 40 年代中期，由于计算机在复杂计算中显示出的威力，引发了科学界关于机器能不能具有思维的讨论。1947 年，著名的数学家、计算机科学艾伦·麦席森·图灵（Alan Mathison Turing，1912—1954，见图 2.57），在一次计算机学术会议上做了题为"智能机器"的报告，论述了他关于机器思维的设想。1956 年，他又发表了一篇《计算机器与智能》的论文，从行为主义的角度对机器智能进行了论述。

图 2.57　图灵

　　进入 20 世纪 50 年代，随着计算机开始进入数据处理领域，机器智能的问题又一次成为科技界的热门话题。1956 年夏季，数学家和计算机专家麦卡锡（John McCarthy，1927—2011）与数学家和神经学家明斯基（Marvin Lee Minsky，1927—2016）、IBM 公司信息中心主任罗彻斯特（Nathaniel Rochester，1919—2001）、贝尔实验室信息部数学家和信息学家香农（Claude Elwood Shannon，1916—2001）等共同发起组织，邀请 IBM 公司的莫尔（More）和塞缪尔（Samuel）、美国麻省理工学院的塞尔夫里奇（Selfridge）和所罗蒙夫（Solomonff）、兰德公司的纽厄尔（Newell）和卡内基梅隆大学的西蒙（Simon）共 10 人，在达特茅斯大学（Dartmouth College）举办了一个长达 2 个月的人工智能夏季研讨会。这批有远见卓识的年轻科学家聚在一起，共同研究和探讨用机器模拟智能的一系列有关问题，首次提出了"人工智能（Artificial Intelligence，AI）"这一术语。"人工智能"这门新兴学科由此正式诞生。1997 年 5 月，IBM 公司研制的深蓝（Deep Blue）计算机战胜了国际象棋大师卡斯帕洛夫便是人工智能技术的一个完美表现。图 2.58 为 1956 年夏出席达特茅斯会议的部分代表于 2006 年在共同纪念人工智能学科诞生 50 周年会议期间的合影。

图 2.58　（从左至右）莫尔、麦卡锡、明斯基、塞尔夫里奇、所罗蒙夫

出席纪念人工智能学科 50 周年会议期间的合影

2. 人工智能的定义

人工智能作为一门科学的前沿和交叉学科，像许多新兴学科一样，人工智能至今尚无统一的定义。要给人工智能下个准确的定义是困难的。因为，现代社会分工不断细化，术有专攻，思路各异，要面面俱到，让所有的人都接受、都认可，是非常困难的。但就"人工"来说，到底哪种行业最好，就很难统一。至于说到"智能"，就问题多多了。这涉及对于智能的理解，特别是对于诸如意识、自我、思维（包括无意识的思维）等的认识和理解。最后再把"人工"与"智能"两者结合，问题就更加复杂了。所以，不同的人可以给出不同的定义。下面是几种有代表性的人工智能定义。

麦卡锡教授在 1956 年给出的定义是：人工智能就是要让机器的行为看起来就像是人所表现出来的智能行为一样。

尼尔逊教授给出的定义是：人工智能是关于知识的学科——怎样表示知识以及怎样获得知识并使用知识的科学。

美国麻省理工学院的温斯顿教授给出的定义是：人工智能就是研究如何使计算机去做过去只有人才能做的智能工作。

这些说法反映了人工智能学科的基本思想和基本内容，即人工智能是研究人类智能活动的规律，构造具有一定智能的人工系统，研究如何让计算机去完成以往需要人的智力才能胜任的工作，也就是研究如何应用计算机的软硬件来模拟人类某些智能行为的基本理论、方法和技术。

3. 人工智能研究的基本方向

不同学派的人，出于不同的兴趣，在不同的环境和知识背景下，进行着不同目的的研究，形成了丰富的人工智能研究内容。下面介绍一些吸引了较多眼球的基本研究方向。

1）问题求解：搜索与推理

搜索是为了从已知状态达到某一目的状态而在某一状态空间中进行的推理和计算过程。这种状态空间还往往是在变化的。棋类游戏过程就是典型的状态过程。人工智能的研究表明，许多问题（包括智力问题、工程技术问题和管理学问题）的求解，都可以描述成对某种图和空间的搜索。所以，搜索是人工智能最基本的研究内容。正因为这样，1997 年 5 月 11 日，IBM 公司研发的 Deep Blue 以 3.5∶2.5 战胜了卡斯帕洛夫，才引起全世界的巨大关注，被看成是人工智能的一块重要的里程碑。

问题求解研究中的另一个重大成果是 1976 年 7 月，美国的阿佩尔等人合作解决了长达 124 年之久的难题——四色定理。他们用三台大型计算机，花去 1200 小时 CPU 时间，并对中间结果进行人为反复修改 500 多处。四色定理的成功证明曾轰动计算机界。

地图四色定理最先是由一位叫古德里的英国大学生提出来的。1852 年，毕业于伦敦大学的古德里来到一家科研单位担任地图着色工作时，发现每幅地图都可以只用 4 种颜色着色。这个现象能不能从数学上加以严格证明呢？他和他正在读大学的弟弟决心试一试，但是稿纸已经堆了一大沓，研究工作却是没有任何进展。

1852 年 10 月 23 日，他的弟弟就这个问题的证明请教了他的老师、著名数学家摩尔根，摩尔根也没有能找到解决这个问题的途径，于是写信向自己的好友、著名数学家哈密顿爵士请教，但直到 1865 年哈密顿逝世为止，问题也没有能够解决。

1872 年，英国当时最著名的数学家凯利正式向伦敦数学学会提出了这个问题，于是四色猜想成了世界数学界关注的问题，世界上许多一流的数学家都纷纷参加了四色猜想的大会战。此后的一百多年间，一直被作为一个没有证明的数学猜想问题。

它的求解需要复杂的逻辑推理。推理是由一个或几个已知的判断推出一个新的判断的思维形式。四色问题之所以在一百多年间没有得到解决，说明人的逻辑推理能力还不能胜任极其复杂的逻辑推理，而这个问题被计算机完成了。

搜索与推理是智能的两大重要特征，都是人工智能研究持续进行的两个重要内容。不过，对于不同的问题，搜索的方法与推理的方法是不相同的。

2）知识获取：学习与表示

如前所述，搜索与推理是智能的两种表现。这两种表现的后面都是由知识所支持。著名的英国文艺复兴时期散文家、哲学家弗朗西斯·培根（Francis Bacon，1561—1626，见图 2.59）有一句名言："知识就是力量"，即知识是智能的基础和源泉。先看搜索，搜索需要先建立搜索空间的模型，这需要有关领域的知识。推理也是如此。由于推理是由一个或几个已知的判断（前提）推出新判断（结论）的过程。任何一个推理都包含已知判断、新的判断和一定的推理形式。作为推理的已知判断称为前提，根据前提推出新的判断称为结论。前提与结论的关系是理由与推断、原因与结果的关系。这些关系的确定，也需要一定的领域知识。所以，进行问题求解，必须先获取有关知识。

图 2.59　弗朗西斯·培根

早期的知识获取是外化的。大家知道，IF-THEN-ELSE，是程序的基本结构之一，也是程序最原始的推理方式和基本的智能。因为判断本身是需要知识的。20世纪60年代开始兴起的专家系统（Expert System）把这种智能运用到了极致。其代表性的成果是1965年爱德华·费根鲍姆（1936—，见图2.60）等人开发的世界上第一个名为Dendral的专家系统。后来，专家系统被广泛应用。在我国有著名的关幼波中医专家系统。

图2.60　爱德华·弗根鲍姆

专家系统通常由人机交互界面、知识库、推理机、解释器、综合数据库、知识获取等部分构成。

知识库用来存放专家提供的知识。专家系统的问题求解过程是通过知识库中的知识来模拟专家的思维方式的，所以，知识库是专家系统质量是否优越的关键所在，即知识库中知识的质量和数量决定着专家系统的质量水平。一般来说，专家系统中的知识库与专家系统程序是相互独立的，用户可以通过改变、完善知识库中的知识内容来提高专家系统的性能。

在专家系统中运用得较为普遍的知识是产生式规则。产生式规则以IF…THEN…的形式出现；IF后面跟的是条件（前件），THEN后面的是结论（后件），条件与结论均可以通过逻辑运算AND、OR、NOT进行复合。在这里，产生式规则的理解非常简单：如果前提条件得到满足，就产生相应的动作或结论。

简单地说，这个时期的专家系统是把专家的知识经过人的归纳、提炼，表示成产生式规则。这样的系统不会进一步发展，其应用能力受限于专家的水平和总结者的能力。人们也从这里悟出一条计算机进一步智能化的道路——机器必须自己会学习，才会有真正的智能。所以许多人的研究转向了机器学习，以实现知识的外化获取到主动的内化获取。

3）感知、交流与互动

人工智能研究日益受到重视的另一个分支是智能机器人学。智能机器人的研究与早期的机器人研究相比，涉及领域更为广泛和深入。早期的机器人研究主要涉及力学、机械和动作控制，如机器人手臂的最佳移动以及机器人目标的动作序列的规划等。智能机器人的研究包括对操作机器人装置程序的研究，包括机器人体系结构、机构、控制、智能、视觉、触觉、听觉、机器人装配、恶劣环境下的机器人以及机器人语言等。通过这些以感知、交流和互动为核心的研究，将使机器人更具有"人味儿"。下面介绍其中影响较大的几个支流。

（1）自然语言处理。自然语言处理（Natural Language Processing，NLP）的研究有两个

基本目标：一是让机器人能听懂或看懂人的语言，以便与人互动；二是实现句子从一种语言翻译为另一种语言。

（2）模式识别。"模式"（Pattern）一词的本意是指完美无缺的、供模仿的一些标本。模式识别就是指识别出给定物体所模仿的标本。计算机硬件的迅速发展，计算机应用领域的不断开拓，急切地要求计算机能更有效地感知诸如声音、文字、图像、温度、震动等信息资料，模式识别便得到迅速发展。人工智能所研究的模式识别是指用计算机代替人类或帮助人类感知模式，是对人类感知外界功能的模拟，研究的是计算机模式识别系统，也就是使一个计算机系统具有模拟人类通过感官接受外界信息、识别和理解周围环境的感知能力。

随着模式识别研究的深入，从中分离出一个重要的分支——机器感知。机器感知就是机器（包括计算机）能够像人一样通过"感觉器官"（如摄像头、麦克风以及其他传感器）获取外界信息，并根据已经"积累"的知识，进行判断，推断出需要执行的操作，例如根据"积累"的知识推断出人们的动机和情感，预测出他们的行为，采取自己操作，实现互动和交流。

4）自我进化

在同样的条件下，不同的人对于同一事物的认识也会有不同。例如，同一篇文章，不同的人看完会有不同的认识。这说明智能是带有不可预知性的，智能认知系统通过学习、拓展得到知识，计算机提取表达是用概率性、定性、一定程度的确定性来描述，智能信息是有误差性、灵活性、模糊性、相对确定性的。现在的非智能系统使用的是绝对精确的逻辑体系，执行的是按照预定环境设计的程序，缺少创造性和随机应变性，不能自己修改自己。这样的系统还算不上真正的智能系统。

为了判断一个系统是否为真正的智能系统，1950 年，图灵发表了一篇划时代的论文，文中从行为主义的角度提出了著名的图灵测试（Turing Testing）：一个人在不接触对方的情况下，通过一种特殊的方式，和对方进行一系列的问答，如果在相当长时间内，他无法根据这些问题判断对方是人还是计算机，那么，就可以认为这个计算机具有同人相当的智力。

图灵采用"问"与"答"模式，如图 2.61 所示，在 3 个相隔离的空间内，提问者通过控制打

图 2.61　图灵测试

字机与两个测试对象会话，其中一个是人，另一个是机器。观察者不断提出各种问题，经过相当长时间的提问后，来辨别回答者中哪个是人，哪个是机器。

2014 年 6 月 8 日，一台名为尤金·古斯特曼的计算机（实际不是计算机，而是一个聊天程序）成功让人类相信它是一个 13 岁的男孩，成为有史以来首台通过图灵测试的计算机。

这被认为是人工智能发展的一个里程碑事件。

所以，真正的人工智能系统（或者说是强人工智能系统）应当是能自我学习、自我控制、自我进化（此进化内涵更接近拉马克式自体进化，而非达尔文式代际进化）的系统。或者说，人工智能是由自感受、自处理、自反馈的系统集成，是一个实现自进化的循环信息系统，而不仅仅是感受。

2.6.2　智能计算机

随着计算机应用的广泛与深入，软件的规模和复杂度越来越大，软件系统的开发成本、可靠性、可维护性越来越难以控制。解决"软件危机"的出路，除了从改进软件的开发方面寻找出路之外，还可以从尽量减少人的干预入手，把人工智能技术与软件工程结合起来，逐步实现程序设计自动化。而更进一步的设想是开发具有智能的计算机，使其具有学习功能、联想功能和解决非确定性问题的能力。1981 年 10 月，日本率先宣布了一个研制智能计算机计划，在智能计算机的开发方面抢先了一步。尽管这项预定"为期 0 年"的研究计划，经过几年也没有达到预期的目标，但却为人们积累了有价值的经验和教训。

1. 智能计算机应具备的性能和特点

一个人具有解决某个问题的能力，首先是因为他具有与这个问题相关的知识。同样，如果一个系统能够回答某个领域的问题集，并且能解决问题，则这个系统就具有这个领域的智能。目前，对智能计算机有各种不同的理解和解释，但较为普遍的看法，是智能计算机应具备如下功能。

（1）Neumann 计算机的解题能力主要取决于程序的能力，而智能计算机的解题能力主要取决于知识。所以，它应当是以知识库为中心的系统，它的基本部件是知识库。它与传统计算机最大的不同之处在于，要变"程序存储"为"知识存储"，为此还要解决知识的表示问题。

（2）知识是一个不断积累的过程，这个过程称为知识获取。所以，智能计算机应当有知识获取，即学习功能。

（3）问题的求解过程是知识的应用过程，是根据已有知识对问题进行理解和推理的过程，所以，理解与推理是智能计算机的核心部件。

2. 智能计算机系统结构

智能计算机的开发，必须解决知识获取、知识表示、知识库的建立、推理机制等问题及其实现方式。智能计算机系统结构如图 2.62 所示。它可看成一个功能分布式的、技术上以 VLSI 技术为基础并包含诸如数据流计算的新结构。根据其应用场合的不同而有不同的构成方式。如果以它为一个基本单元，则还可以构成局部网或广域计算机网络，形成一个大规模的分布式处理系统。

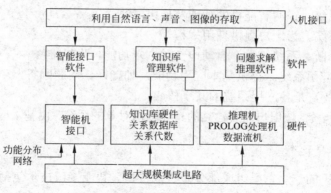

图 2.62　智能计算机系统结构

1）智能计算机的硬件组成

智能计算机系统按其应用形态提供从小型到大型各种规模的结构，但一般都有以下 3 个基本结构。

（1）问题解决与推理计算机（相当于中央处理机）。

（2）知识数据库管理计算机（相当于带虚拟存储机构的主存和文件系统）。

（3）智能接口计算机（相当于过去的输入输出通道和输入输出设备）。

这 3 部分将成为任一智能计算机系统不可分割的组成部分，智能计算机系统由这 3 个部分按大致相同的比例配置而成。

2）智能计算机软件系统组成

（1）基本知识库。知识库分为 3 种类型。

① 一般知识库。包含日常使用的基本词汇、基本类型、基本子结构规则、各种词典、有关自然语言的其他知识，以及自然语言的理解。

② 系统知识库。包含计算机本身的各种规则以及有关说明（如处理机、操作系统、语言手册等）。

③ 应用知识库。包含各种应用领域的特殊知识。

（2）基础软件系统。基础软件由 3 部分组成。

① 智能接口系统。提供智能接口所需知识，完成各项功能。

② 问题求解推理系统。提供知识库推理机，便于推理机求解问题。

③ 知识库管理系统。提供知识给知识库，并支持知识库管理。

（3）智能系统化支援系统。向用户提供知识，支援用户进行各种系统的设计，从而减轻人的脑力劳动。它有 3 个支援系统。

① 用于处理程序的智能程序设计系统。

② 用于处理知识库的设计系统。

③ 用于处理计算机结构的智能设计系统。

（4）智能使用系统。为用户提供各种规程，帮助用户构造应用系统。它包含 4 种软件。

① 传递系统。将程序式数据库从现有机器中传输到目标机中去。

② 教学系统。说明智能机的功能及使用方法。

③ 咨询系统。为用户提供使用规程。

④ 故障诊断、系统维护。自动检查和恢复功能，指导维修。

（5）基本应用系统。提供基本应用功能，如翻译、问题回答、声音应用、图像/图形应用、问题求解等，是各应用系统的共享核心。

（6）应用系统。按用户需要建立的具体应用对象的系统，由基本应用系统提供共享资源。

3）智能接口技术

智能计算机的一个重要组成部分是智能接口。智能接口技术包括视觉系统、听觉系统、自然语言理解等研究领域。

（1）视觉系统。用于模拟人的视觉功能。

（2）听觉系统。自然听觉是人类通信的常用工具。其核心是语声信号处理，包括词的端点识别、词的识别、语义分析等部分。它们分别用到系统建立的"语义字典"和"语言规则和背景知识库"。

（3）自然语言理解。自然语言理解可以使用户能够用普通的语言与计算机相互通信，使计算机的应用、操作更为方便。如果能达到下面的 4 条标准，该计算机系统就具备了自然语言理解的能力。

① 能成功地回答语言材料中的有关问题。

② 能从大量材料中提取摘要。

③ 能用系统自身的语言复述这些材料。

④ 能从一种语言转译到另一种语言。

2.6.3　人工神经元网络

人们之所以把电子计算机称为电脑，是因为它模拟了人脑的部分功能。这种模拟称为功能模拟——它用存储器和处理器模拟了人的记忆和逻辑思考的能力。但是，它们还远达不到人脑的智力水平。于是人们另辟蹊径，想从结构模拟的角度打开一条新的道路，这就是人工神经网络的研究和开发。

人工神经元的研究起源于脑神经元学说。19 世纪末，在生物、生理学领域，Waldeger 等人创建了神经元学说。人们认识到复杂的神经系统是由数目繁多的神经元组合而成。大脑皮层包括有 100 亿个以上的神经元，每立方毫米约有数万个，它们互相连接形成神经网络，通过感觉器官和神经接受来自身体内外的各种信息，传递至中枢神经系统内，经过对信息的分析和综合，再通过运动神经发出控制信息，以此来实现机体与内外环境的联系，协调全身的各种机能活动。

1. 人脑神经元原理

神经元也和其他类型的细胞一样，包括有细胞膜、细胞质和细胞核。但是神经细胞的形态比较特殊，如图 2.63 所示，它由一个细胞体（soma）、一些树突（dendrite）和一根可以很长的轴突（axon）组成。神经细胞体是一个星状球形物，里面有一个核（nucleus）。

树突由细胞体向各个方向长出，本身可有分支，是用来接收信号的。轴突也有许多分支。轴突通过分支的末梢（terminal）和其他神经细胞的树突相接触，形成突触（synapse），神经细胞通过轴突和突触把产生的刺激信号送到其他的神经细胞。

图 2.64 为神经元的简化模型。它表明神经元是一个多输入/单输出的非线性元件。其中，u_i 为神经元的内部状态，x_i 为输入信号，w_{ij} 表示每个输入的灵敏度，w_{0i} 为阈值（一个外部输入信号，在某些情况下，可以控制神经元 u_i，使它保持在某一状态），$f(\cdot)$ 为响应函数，y_i 为其输出。

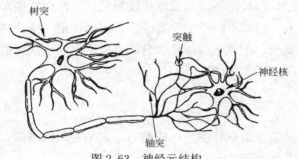 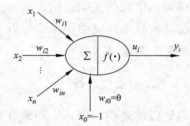

图 2.63　神经元结构　　　　　　　　　图 2.64　神经元模型

刺激在神经系统里并非毫无规律地广播式传播。通常某条通道对某类刺激传播的速度比较快，而且神经细胞每传播一次这类刺激，这类刺激便在这个神经细胞里留下了痕迹，就好像很多动物会在走过的路上留下分泌物。后续的这类刺激在大多数情况下会从这条通道经过，通过这条通道相同的处理后输出。此外，突触的信息传递是可变的，随着神经刺激传递方式的变化，其传递作用可增强或减弱。所以，细胞之间的连接是柔性的，称为结构可塑性。通过神经元的可塑性，使人脑具有学习、记忆和认识等智能。

2. 神经网络的信息处理特点

人的大脑是一个神秘而复杂的世界，其思维过程实质上是一种信息处理过程。这个过程发生在神经网络中。每个细胞约有 $10^3 \sim 10^4$ 个突触。正是由于数量巨大的连接，使得大脑具备难以置信的能力。经过长期的探索，人们基本总结出了大脑信息处理的如下一些特点。

1）信息处理的并行性、信息存储的分布性、信息处理单元的互连性、结构的可塑性

神经网络中的每个神经元都可以根据接收到的信息进行独立的运算和处理，并输出结果，同一层中的各个神经元的输出结果可被同时计算下来，然后传输给下一层做进一步处理，这体现了神经网络并行运算的特点，这一特点使网络具有非常强的实时性。虽然单个神经元的结构极其简单，功能有限，但是大量神经元构成的网络系统所能实现的行为是极其丰富多彩的。

在神经网络中，信息分布地存储在不同位置，神经网络是用大量神经元之间的连接及对各连接权值的分布来表示特定的信息，从而使网络在局部网络受损或输入信号因各种原

因发生部分畸变时，仍然能够保证网络的正确输出，提高网络的容错性和鲁棒性。

2）高度的非线性、良好的容错性和计算的非精度性

神经元的广泛互连与并行工作必然使整个网络呈现出高度的非线性特点。而分布存储的结构特点会使网络在两个方面表现出良好的容错性。

（1）由于信息的分布式存储，当网络中部分神经元损坏时不会对系统的整体性能造成影响，这就像人脑海中每天都有神经细胞正常死亡而不会影响大脑的功能一样。

（2）当输入模糊、残缺或变形的信息时，神经网络能通过联想恢复记忆，从而实现对不完整输入信息的正确识别，这一点就像人可以对不规范的手写字进行正确识别一样。神经网络能够处理连续的模拟信号以及不精确的、不完全的模糊信息，所以给出的是次优的逼近解而非精确解。

3）高度的自适应性

自适应性是指一个系统能够改变自身性能以适应环境变化的能力，它是神经网络的一个重要特性，包括自学习、自组织和泛化能力三层含义。

（1）神经网络的自学习是指当外界环境发生变化时，经过一段时间的训练或感知，神经网络能够通过自动调整网络结构参数，使得对于给定输入能产生期望的输出，训练是神经网络学习的途径，所以人们经常将学习与训练两个词混用。

（2）神经系统能在外部刺激下按一定规则调整神经元之间的突触连接，逐渐构建神经网络，这一构建过程称为网络的自组织（或称为重构）。神经网络的自组织能力与自适应性相关，自适应性是通过自组织实现的。

（3）泛化能力指对没有训练过的样本，有很好的预测能力和控制能力。特别是，当存在一些有噪声的样本，网络具备很好的预测能力。

3. 人工神经网络

人工神经网络（Artificial Neural Networks，ANN）是一种模仿神经网络，进行分布式并行信息处理的系统。

1）人工神经网络的层次结构

组成人工神经网络的元素常常被聚集成线性排列，即所谓的"层"。一个神经网络必须有输入层和输出层。图 2.65（a）为一个两层的网络结构，又称其为感知器（perceptron）。在功能较强的网络中，常常是带有隐藏层的，如图 2.65（b）所示。权 w_{ij} 是变量，为产生一个确定的输出应动态地调整它们。动态地修改权值是允许一个神经网络记忆信息，使之适应环境的学习过程。每个网络具体使用多少个神经元和层次，视具体应用而定，也依赖于模拟神经网络的计算资源。

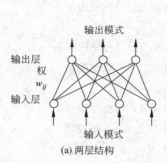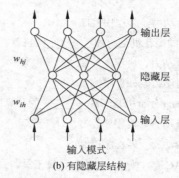

(a) 两层结构　　　　　　　　　　　(b) 有隐藏层结构

图 2.65　人工神经网络模型

2）人工神经网络的工作过程

神经网络的工作过程主要由两个阶段组成：一个阶段是工作期，此时各连接权值固定地计算单元的状态变化，以求达到稳定状态；另一阶段是学习期（自适应期或设计期），此时各计算单元状态不变，各连接权值可修改（通过学习样本或其他方法）。前一阶段较快，各单元的状态也称为短期记忆（STM）；后一阶段慢得多，权及连接方式也称为长期记忆（LTM）。

3）机器学习

神经网络的适应性是通过学习实现的。根据环境的变化，对权值进行调整，改善系统的行为。Hebb 认为学习过程最终发生在神经元之间的突触部位，突触的联系强度随着突触前后神经元的活动而变化。在此基础上，人们提出了各种学习规则和算法，以适应不同网络模型的需要。有效的学习算法，使得人工神经网络能够通过连接权值的调整，构造客观世界的内在表示，形成具有特色的信息处理方法，信息存储和处理体现在网络的连接中。

根据学习环境的不同，神经网络的学习方式可分为监督学习和非监督学习。

（1）监督学习。将训练样本的数据加到网络输入端，同时将相应的期望输出与网络输出相比较，得到误差信号，以此控制权值连接强度的调整，经多次训练后收敛到一个确定的权值。当样本情况发生变化时，经学习可以修改权值以适应新的环境。使用监督学习的神经网络模型有反传网络、感知器等。

（2）非监督学习。事先不给定标准样本，直接将网络置于环境之中，学习阶段与工作阶段成为一体。此时，学习规律的变化服从连接权值的演变方程。竞争学习规则是一个更复杂的非监督学习的例子，它是根据已建立的聚类进行权值调整。自组织映射、适应谐振理论网络等都是与竞争学习有关的典型模型。

习　题　2

一、选择题

1. 算盘是一种_____的计算工具。

    A. 外动力、内程序控制　　　　　　　　B. 内动力、内程序控制

  C. 内动力、外程序控制   D. 外动力、外程序控制

2. 中国的提花机是一种_____的机器。

  A. 外动力、内程序控制   B. 内动力、内程序控制

  C. 内动力、外程序控制   D. 外动力、外程序控制

3. Babbage分析机是一种_____的计算工具。

  A. 外动力、内程序控制   B. 内动力、内程序控制

  C. 内动力、外程序控制   D. 外动力、外程序控制

4. ENIAC是一种_____的计算工具。

  A. 外动力、内程序控制   B. 内动力、内程序控制

  C. 内动力、外程序控制   D. 外动力、外程序控制

5. EDVAC是一种_____的计算工具。

  A. 外动力、内程序控制   B. 内动力、内程序控制

  C. 内动力、外程序控制   D. 外动力、外程序控制

6. 用于连接计算机主机内部各功能部件（如CPU、内存等）的总线称为_____总线。

  A. PCI   B. 系统   C. I/O   D. USB

7. 主板上的南桥芯片连接的部件是_____。

  A. CPU、图形通道、高速总线和内存通道 B. USB总线、显示器、硬盘和光盘

  C. CPU、显示器、硬盘和光盘   D. 内存、硬盘和光盘

二、填空题

1. 存储器的主要指标是_____、_____和_____。

2. 控制器的主要功能是_____、_____和_____。

3. 指令的执行过程依次为_____、_____和_____。

4. 主板上的北桥芯片主要负责_____通道的控制。

5. 在操作系统中，负责所有作业从提交到完成期间的组织、管理和调度的程序称为_____。

6. 目前世界运行的巨型计算机中，排在第一位的是_____的_____系统。

三、判断题

1. 主板上的北桥芯片主要负责低速通道的控制。   （ ）

2. 操作系统的用户界面是输入输出设备与计算机硬件之间的接口。   （ ）

3. CPU 是运算器、控制器和存储器的集成。   （ ）

4. 微型计算机的主板集成了 CPU、存储器、电源和各种接口。   （ ）

5. 用一种标准计算的执行速度来评价计算机的运算速度称为 CPU 性能的基准测试。（ ）

6. 天梯图就是一种性能排行榜，按性能从高到低进行排列。   （ ）

四、综合题

1. 为什么Neumann提出计算机内部要使用二进制？

2. Neumann体系中的数据与程序一同存储有什么好处？

3. 试述一台计算机执行程序的过程。

4. 总线在计算机内有什么作用？

5. 试述评价计算机性能的指标和方法。

6. 简述未来计算机元器件的发展趋势。

7. 简述计算机体系结构的发展趋势。

8. 查找资料，写一篇关于中国微电子业发展和现状的文章。

参考文献 2

[1] 张基温. 计算机组成原理教程[M]. 7 版. 北京：清华大学出版社，2017.

[2] 詹姆斯·格雷科. 信息简史[M]. 高博 等，译. 北京：人民邮电出版社，2013.

[3] 从史前到现在：三百八十年计算机编年史[N]. http://digi.tech.qq.com/a/20070104/000162.htm.

[4] 计算机发展历史上的诸多第一[N]. http://www.qqerp.com/it/200407/it_1268.html.

[5] 计算机发展史[N]. http://www.hrbgnb.com/gezuwangye/weiji/sss/source/source1.htm.

[6] 张基温. 大学生信息素养知识教程[M]. 南京：南京大学出版社，2007.

[7] 电子学与计算机大事年表[N]. www.baicle.com:8080/cp/resource/articles/.

[8] 晶体管 60 周年发展史[N]. searchserver.techtarget.com.cn/server_attach.

[9] 固体物理学发展简史[N]. http://wljy163.5151j.cn/Article/.

[10] 半导体业发展史[N]. http://www.elecn.net/IC/9/IC2020060215566_1.html.

第3章　工程化问题求解思维

程序（program）是关于问题求解（problem solving）的描述，也是关于问题求解模型的（直接或间接）可执行描述。从问题给定的初始条件或状态出发，经过分析，找到求解模型，并用可以执行的形式描述出来，就是程序开发。所以，程序开发具有 3 个要素：模型、表现和方法。

建立模型，就是对问题进行分析、抽象，忽略对求解没有影响或影响甚微的枝节，将其纳入可以求解的框架之中。表现就是用一种机器可以直接或间接理解、执行的语言进行描述。经过长期摸索，人们已经找到了这两个方面的结合点，总结出两种有效的程序设计方法：面向过程的程序设计（Procedure Oriented Programming，POP）和面向对象的程序设计（Object Oriented Programming，OOP）。

程序作为问题求解的基本形式，一直在不断发展与完善之中。其最主要的里程碑是 20 世纪 60 年代引入的工程化机制，即把一套系统化、规范化、责任化、工具化、可度量化引入到程序开发中。如今这些已经成计算思维的重要内容。

3.1　面向过程的程序开发

面向过程的模型把问题求解看作对于数据施加一系列操作的过程。所以，面向过程的程序描述的核心内容是：数据与操作过程。本节以目前应用最为广泛的 C 语言为蓝本介绍面向过程程序开发的有关概念和基本方法。

3.1.1　数据类型

1. 数据类型及其基本类型

数据是世界万物的性能和状态的抽象描述。世界万物是复杂多样的，并且是多变的。因此，数据也是复杂的、多样的、多变的。而不同的数据在存储、表示、操作上都有所不同。这就为计算造成极大的困难，甚至让计算无法进行。

分类是一种重要的科学方法，它能使复杂问题简单化。为此，高级程序设计语言要对数据进行分类，以便规范与简化数据的处理过程。一般说来，高级程序设计语言都提供有如下 4 大基本类数据类型。

（1）整数类型：取值为整数的类型，典型符号是 int。

（2）浮点类型：取值可以带小数的类型，典型符号是 float 和 double。

（3）布尔类型：取值为 True 或 False。

（4）容器类型：包括元组、列表、字符串、字典和集合。有的语言只有字符串。

注意：有的书中把浮点类型称为"实数类型"，这是不准确的。因为，实数包括有理数和无理数。这两个概念都是针对十进制数而言的，而计算机内部都是以二进制形式存储的。

2. 数据类型的规范化特征

一般说来，数据类型可以提供如下一些规范化的特征。

1）规范的存储空间

表 3.1 为在不同字长的计算机中实现 C99 规定的标准整数类型的一般长度。对于浮点类型也有相应的存储空间。这样，只要确定了一个数据的类型，计算机就知道该用多大的存储空间进行存储。

表 3.1　在不同字长的计算机中实现 C99 规定的标准整数类型的一般长度　　（单位：b）

类　　型	16 位计算机	32 位计算机	64 位计算机
char	8	8	8
unsigned char	8	8	8
short int	16	16	16
unsigned short int	16	16	16
int	16	32	32
unsigned int	16	32	32
long int	32	32	64
unsigned long int	32	32	64
long long int	—	—	64
unsigned long long int	—	—	64

2）规范的存储方式

在 C 语言中，整数用定点形式存储，带小数的数据用浮点形式存储。目前，多数计算机内的浮点类型采用 IEEE 754 格式（参见表 3.2）。

表 3.2　3 种浮点类型的 IEEE 特征

宽度/b	数据类型	机内表示（二进制位数）			取值范围（绝对值）	十进制精度/b
		阶码	尾数	符号		
32	float	8	23	1	0，$1.175\,49 \times 10^{-38} \sim 3.40 \times 10^{38}$	6
64	double	11	52	1	0，$2.225 \times 10^{-308} \sim 1.797 \times 10^{308}$	15
79	long double	15	63	1	0，$1.2 \times 10^{-4932} \sim 1.2 \times 10^{4932}$	19

3）不同的可能值集合

3 种浮点类型的取值范围参见表 3.2。表 3.3 为不同长度整数的最小取值范围。

表 3.3　不同长度整数的最小取值范围

数据长度/b	取值范围	
	Signed（有符号）	Unsigned（无符号）
8	-127 ~ 127	0 ~ 255
16	-32 767 ~ 32 767	0 ~ 65 535
32	-2 147 483 647 ~ 2 147 483 647	0 ~ 4 294 967 295
64	-9 223 372 036 854 775 807 ~ 9 223 372 036 854 775 807	0 ~ 2^{64}-1（18 446 744 073 709 551 615）

4）规范的书写格式

不同类型的数据常量在程序中的书写形式有所不同。例如，int 类型的不可以带小数点，而 float 和 double 类型可以采用科学计数法（如把 12.34567 写成 1234567e-5）。

5）规范的可施加操作集合

类型与可以施加的操作种类相关联。例如，对于整数类型数据可以施加操作符*（乘）、/（除）、%（模）、+、-等操作，但对 float 和 double 类型数据不可施加%操作。

6）规范所容纳的值的数目

按照数据对象可以容纳的值的数目，可以将数据类型分为标量数据类型（只容纳一个值）和容器类型（可以容纳多个值）。构造数据类型还可以按照数据之间的关系进行区分。

因此，使用数据时，首先要为它们定义数据段类型。这样，以后使用这些数据时，编译器将会据此对于数据进行合法性检查和规范的操作。

3.1.2　标识符及其声明

1. 标识符规则

在程序中需要对数据等实体进行命名，这些名字就称为标识符（identifier）。不同的程序设计语言有不同的标识符规则。C 语言要求标识符遵守下列规则。

（1）在 C99 之前，要求标识符只能是由大小写字母、数字和下画线组成的序列，但不能以数字开头。例如，下列是合法的 C 标识符：

a　　A　　Ab　　_Ax　　_aX　　A_x　　abcd　operand1　results

下列是不合法的 C 标识符：

5_A（数字打头）　A-3（含非法字符）

但是，C99 允许标识符由通用字符名（universal-character-name）以及其他编译器所允许的字符组成。

（2）C 语言区别同一字母的大小写，如 abc 与 abC 被看作不同的标识符。

（3）标识符不能使用对于系统有特殊意义的名字。这些对系统有特殊意义的名字称为关键字。下列为 C 语言关键字，其中粗体的是 ANSI C99 增加的。

auto	break	case	char	const	continue		default	do
double	else	enum	extern	float	for		goto	if
inline	int	long	register	**restrict**	restrict		return	short
signed	sizeof	static	struct	switch	typedef		union	unsigned
void	volatile	while	**_Bool**	**_Complex**	**_Imaginary**			

（4）C99 对于标识符的长度没有限制，但要求编译器至少记住前 63 个字符（C89 为 31 个），要求链接器能至少处理前 31 个字符且区分字母大小写（C89 为 6 个且不区分字母大小写）。

2. 声明

前面讲过，不同的数据类型决定了该数据在存储、取值、操作、表示等方面的特征。当为一个数据命名后，这个名字就会与对应的数据实体相联系，并附有该数据的类型所具有的特征。声明的一个用途就是定义标识符。例如：

```
int i1,i2;
```

这个声明就定义了两个 int 类型的数据名 i1 和 i2。这样，编译器就会为这两个名字分配存储空间，并且在以后用到这两个名字时，都会进行安全性检查，而且把这两个名字与对应的两个存储空间——实体联系起来。但是，有些语言（如 Python）不需要声明，就可直接引用。

3.1.3 表达式

表达式是程序中关于数据值的表示。在 C 语言中，表达式有 3 种形式：字面量（常量）、数据实体（变量）和含有操作符的表达式。有些程序设计语言还允许使用别名——引用（reference）。

1. 字面量

字面量（literal）是表达式值的直接表示。它们没有独立的存储空间。字面量也属于特定类型，其类型也可以由书写形式直接标明或推断出。例如：

2147483645：由其值可知，在 32 位系统中，是一个 int 类型的整数常量（integer）。

3L：由其后缀 L 知道，它是一个 long int 类型整数常量。

3.1415f：由其后缀 f 知道，它是一个 float 类型浮点常量（floating）。

3.1415：由没有后缀 f 知道，它是一个 double 类型浮点常量。

'5' 和 'a'：由单撇知道，它们是两个 char 类型字符常量（charactor）。

"I am a student."：由双撇知道，它是一个字符串字面量（string literal）。

常量在程序中以直接方式引用，例如：

```
number1 = 30;
number2 = number1 + 20;
```

2. 数据实体

数据实体（object）也称为数据对象，是拥有一块独立存储区域的数据。要使用这种表达式的值，需要访问其所在的内存空间。C 语言允许用如下几种方式访问数据实体。

1）用名字访问数据实体——变量

（1）变量及其声明。

可以用名字访问的数据实体通常被称为变量（variable），或者说变量是被命名的数据实体。一个变量在使用之前需要对其声明（定义），以向编译器注册一个名字及其属性，供操作时进行合法性检查。变量有许多属性，数据类型是其中最重要的属性，其他以后逐步介绍。变量被声明后，编译器就会按照指出的属性，为其分配一个适合的存储空间。下面是几个变量的声明：

```
int i;                  //定义一个 int 类型变量 i
float f;                //定义一个 float 类型变量 f
double d;               //定义一个 double 类型变量 d
char c;                 //定义一个 char 类型变量 c
```

变量的基本特点是可以用名字对其代表的存储空间进行读（取）写（存）操作。在使用时，因其使用的场合不同而具有不同的含义，它有时被当作一个存储空间，有时被当作一个值。例如，对变量进行读操作（如输出）时，被当作一个值；而对变量进行写（要把一个值送到变量）时，被当作一个存储空间。

（2）变量的赋值操作。

向变量送一个值，称为赋值，使用赋值操作符（=）进行。赋值是改变变量值的操作。例如：

```
int i, j;               //定义 i 和 j
i = 8;                  //给 i 赋值 8
j = 5;                  //给 j 赋值 5
i = i + 3;              //给 i 赋予 i 的原值并加 3
```

（3）变量的初始化。

C 语言允许在声明一个变量的同时，可以给其一个初始值，称为变量的初始化。例如：

```
int i = 3;              //定义一个 int 类型变量 i，并为其赋初值 3
float f = 1.234;        //定义一个 float 类型变量 f，并为其赋初值 1.234
double d = 1.23456;     //定义一个 double 类型变量 d，并为其赋初值 1.23456
char c = 'a';           //定义一个 char 类型变量 c，并为其赋初值 'a'
```

在 C 语言程序中，变量的初始化不是必须的。若声明一个变量后，如果没有给它一个值，则它的值到底是什么，是不可预知的。这样，如果不慎使用了这个变量，就会得到不可预知的结果，在某些情况下，还可能因涉及敏感数据而使系统运行出现问题。

（4）变量的"固化"。

用名字访问一个存储空间，有一个特例：当定义时用 const 修饰后，就成为一个符号常量，也称为常变量或常量。常量只可读、不可写——不可进行赋值操作。例如：

```
const double PI = 3.1415926;
PI = 1.23;                        //错误，不可赋值
```

2）用指针（pointer）访问数据实体

（1）指针的概念。

程序中使用的任何一个数据实体都存储在内存的特定位置上，这个位置用地址表示。指针变量简称指针，是存储数据实体地址的变量，它提供了使用内存地址访问数据实体的一种形式。

指针变量也有类型。指针的类型就是它所指向的数据实体的数据类型。或者说，一个指针只能指向一种特定的类型。所以说，指针有两个基本属性。

① 所指向的数据实体的类型为指针的基类型。

② 所指向的数据实体的地址为指针的值。

（2）指针的声明与初始化。

指针的声明就要标明其所指向的数据类型，并在数据类型与指针变量名之间加一个*，以表明它是指针。例如：

```
int *pi;                          //定义一个指向 int 类型的指针
double *pd;                       //定义一个指向 double 类型的指针
char *pc;                         //定义一个指向 char 类型的指针
```

指针用地址初始化。如果已知一个数据实体的地址当然很好，不过在程序设计时并不知道这个数据实体的地址，因为在不同的计算机中，数据实体的地址是不相同的。所以，常常用&（取地址操作符）对变量计算来获得实体的地址。在定义指针时，也常用这个操作符来计算一个变量的地址，例如：

```
int i = 3;                        //定义一个 int 类型的变量 i
int *pi = &i;                     //用变量 i 的地址初始化 int 类型的指针 pi
```

这样，指针 pi 就初始化为指向变量 i。

（3）指针的递引用。

定义一个指针后，就可以用其间接访问其所指向的变量。在指针名前加一个*，就表示对指针进行间接操作，称为指针的引用。例如，用*pi 就可以访问指针 pi 所指向的存储空间，即*pi 与 i 等价。

（4）由于指针太灵活，容易失控，所以目前一些流行语言如 Java、C＃、Python 等都已弃之不用。

3）用引用（reference）访问数据实体

在 C++等语言中，引入了别名机制，可以为常量和常量起一个别名，分别称为右值引用和左值引用。

4）Python 的数据对象与变量

如前所述，赋值是改变变量值的操作。这样常常会引发副作用。针对这一问题，Python 把数据对象分为可变与不可变两类，并且把变量定义为指向数据实体的引用，而不再是数据对象的名字。这样变量的赋值就成为变量所指向数据对象的改变，从而消除了赋值的副作用。此外，变量还不需要声明。

3. 含有操作符的表达式

含有操作符的表达式是操作符与表达式的合法组合，即这类表达式的值是通过一定的操作得到的，如 number1 + 3、number + number2 等。这个定义是递归的，即组合可以是多层次的，如 number = number + number2 等。这时，一个重要的问题是当表达式中有两个及其以上的操作符时，哪个操作符具有操作的优先权。

3.1.4 操作符与表达式的求值规则

要了解这种含有操作符表达式的性质，必须了解相关操作符的性质。

1. C 语言的操作符

为了彰显高效、灵活的特色，C 语言提供了极其丰富的操作符。这些操作符可以用不同的方法进行分类。例如：

（1）不同的操作符需要的操作数不同。按照操作数的数量，操作符可以分为如下 3 种。

① 一元（单目）操作符，即只有一个操作数，如+（正）、-（负）等。

② 二元（双目）操作符，即具有两个操作数，如+（加）、-（减）、*（乘）、/（除）等。

③ 三元（三目）操作符以后介绍。

（2）按照操作功能，操作符可以分为算术操作符（+（正）、-（负）、+（加）、-（减）、*（乘）、/（除）等）、赋值操作符（=）、关系操作符（>=、>、==、!=、<、<=）、逻辑操作符等。其种类繁多，以后会逐步介绍。

2. 几种最常用的操作符及其表达式

1）赋值操作符与赋值表达式

在计算机程序设计语言中，表达式与值之间是一种绑定。赋值操作是改变值与表达式的绑定的操作。

代码 3.1 交换两个变量的值的代码段。

```
// 变量 a、b、temp 是 3 个相同类型的变量,且变量 a、b 已经有确定的值
temp = a;                        //语句1
a = b;                           //语句2
b = temp;
```

说明：

（1）在 C 语言中，"="被称为赋值操作符（assignment operator）。例如，表达式 temp = a 操作是将 a 的值的副本传送给变量 temp。所谓传送副本，是指赋值并不改变赋值操作符右

表达式的值，只改变其左边的表达式的值。假设 a 原来的值为 3，b 原来的值是 5，则执行代码 3.1 中的 3 个表达式的情况如下。

① 执行"temp = a;"，将 a 的副本 3 送到变量 temp 中，即 temp 变为 3，a 仍为 3。

② 执行"a = b;"，将 b 的副本 5 送到变量 a，即 a 变为 5，b 仍为 5。

③ 执行"b = temp;"，将 temp 的副本 3 送到变量 b，即 b 变为 3，temp 仍为 3。

这样就实现了变量 a 与变量 b 的值的交换，temp 只充当了一个中介。

（2）注意，不能把"="当作等号。例如，表达式 a = a + 1，把"="理解成等号是没有意义的，而作为赋值操作，是把 a 的值加 1 后，再赋值给 a。

（3）当有多个赋值操作相邻时，应当按照从右向左的顺序进行操作。例如，程序段

```
int a,b,c;
a = b = c = 5;
```

执行时，先将 5 赋值给 c，再将表达式 c = 5 的值 5 赋值给变量 b，最后将 b = （c = 5）的值 5 赋值给变量 a，整个表达式的值为 5。

2）算术操作符与算术表达式

算术运算是数学中最古老、最基础和最初等的部分。表 3.4 是 C 语言提供的用于支持算术运算的 7 种操作符。人们常把它们统称为算术操作符。

表 3.4 C 语言提供的用于支持算术运算的 7 个操作符

符 号	+	-	*	/	%	+	-
意 义	正号	负号	乘	除	求余	加	减
操作数个数	1	1	2	2	2	2	2
操作数类型	数值数据	数值数据	数值数据	数值数据	整型	数值数据	数值数据

说明：

（1）求余运算是计算两个整数相除所得到的余数，如表达式 10%7 的值为 3。

（2）C99 规定，除运算计算两个整数相除时得到的商是向 0 舍入，如表达式-9/7 的值为-1（在 C89 中可能为-1，也可能为-2），9/7 的值为 1，2/3 的值为 0，因此表达式 2/3 * 10000000000 的值也是 0。所以，使用整数相除时要格外小心。

（3）C99 规定，两个整数进行 % 运算，值的符号与被除数相同。

（4）使用/和%时，若右操作数为 0 时，会得到难以预料的结果。

3）正负号表达式

在 C 语言中，一元正号（+）和一元负号（-）都是操作符，这一点与普通数学中的概念有所不同。例如，写+5 与写 5，在普通数学中认为等价，而在 C 语言中它们的概念有所不同：5 表示一个字面值，而+5 是一个对常量 5 进行取正操作的含有操作符的表达式。同理，-5 也不是一个常量，是一个对常量 5 进行取负操作的含有操作符的表达式。

4）判等操作符和关系操作符

C 语言提供两种判等操作符（equality operators）：==（相等）、!=（不等）；4 种关系操作符（relational operators）：>（大于）、>=（大于等于）、<（小于）、<=（小于等于）。它们都是二元操作符，用来描述两个数据值之间关系为内容的命题。而命题有"真"（true）和"假"（false）两种结果。C 语言用 0 表示"假"（false），用非 0 表示"真"（true），即判等表达式和关系表达式的值是 int 类型。例如，3 > 2、5-3 == 2 等，结果为 1；而 3 > 5、5-3 == 6 等，结果为 0。C99 定义了一个取值为 1 或 0 的 _Bool 类型，如果在源文件中包含了头文件 stdbool.h，则可以使用 true 和 false 分别代表 1 和 0。

注意：>=、<=、==、!= 这 4 个关系操作符都由两个字符组成，在使用时，不可在两个字符之间留空格。

3. 操作符的优先级与结合性

在一个含有多个操作符的表达式中，哪个操作符先与操作对象相结合，主要由操作符的优先级和结合性决定。表 3.5 为 C 语言中几个常用操作符的优先级别与结合性。

表 3.5　C 语言中几个常用操作符的优先级别与结合性

优 先 级	名　称	符　号	结 合 性
1	分组	（）	从左向右
2	一元符号	+、-	从右向左
4	乘除号	*、/	从左向右
5	加减号	+、-	从左向右
7	关系	<、>、<=、>=	从左向右
8	判等	==、!=	从左向右
15	赋值	=	从右向左

1）操作符的优先级别（precedence）

每一个操作符都有一个优先级别。例如，前面介绍的算术操作符和赋值操作符的优先级别从高到低依次是单目+、单目-，*、/、%，双目+、双目-，=。

当一个表达式中含有多个操作符时，优先级高的操作符具有与操作对象结合的优先权。例如，表达式 a = a + -b，执行的顺序是-b,a + (-b),a = (a + (-b))。

2）结合性（associativity）

当一个表达式中两个相邻的操作符优先级相同时，按照结合性决定与操作数结合的先后。C 语言中的操作符具有如下两种结合性。

（1）左结合（left associative）。两个优先级相同的操作符相邻时，左边的操作符优先与操作对象结合。算术操作符就是左结合的，所以 2/3*1000 的含义是(2/3)*1000，其值为 0。

（2）右结合（right associative）。两个优先级相同的操作符相邻时，右边的操作符优先与操作对象结合。赋值操作符就是右结合的，所以表达式 a = b = c = d = 5 执行的顺序是：

d = 5 这个表达式的值为 5，c = (d = 5)这个表达式的值为 5，b =（c =（d = 5））这个表达式的值为 5，a =（b =（c =（d = 5）））这个表达式的值为 5，并且在这个过程中也依次将 d、c、b、a 的值改变为 5。

3.1.5　语句及其流程控制

1. 语句概述

语句（statement）是组成程序的主体成分。它携带了要 CPU 执行的相关指令，是组成程序实际操作的基本组件。

在 C 语言程序中，语句以分号结束，但以分号结束的还有声明。C 语言不把声明当作语句，而 C++ 把声明当作语句。

概括地说，程序语句可以分为 3 种主要类型。

1）表达式语句

前面介绍了一些表达式，但是并非写一个表达式，计算机便可以执行它，进行求值操作，而只有其被作为语句的合法成分，CPU 才可以执行它。

一般说来，在一个合法表达式之后，加上一个分号，就成为一个合法的表达式语句。例如：

```
int i1 = 0, i2 = 3;          //这是一个声明
i1 = i1 + i2;                //这是一个表达式语句
```

注意：在一个常量或一个变量后面加一个分号，也是一个合法的表达式语句，但是这样的语句没有任何作用，是无意义的语句。

2）流程控制语句

一般说来，程序中的语句是按照书写的顺序执行的，例如，代码 3.1 中的 3 个语句。但是，有些语句可以让语句流程改变。用于改变语句执行顺序的语句称为控制语句。流程控制语句主要分为选择控制和重复控制，是本节介绍的重点。

3）函数调用与返回语句

函数调用和返回语句是两类特殊的语句，它们既有求值的作用，也有改变程序流程的作用，在 3.1.6 节再介绍。

2. 选择结构

选择结构是从两个或多个语句中选择一个合适的语句执行。它是程序具有简单智能的表现。

代码 **3.2**　二数中取大数的程序片段。

```
if (a >= b)
    max = a;
else
    max = b;
```

代码 3.3 三数中取大数的程序片段。

```
if (a >= b)
    if(a >= c)
        max = a;
    else
        max = c;
else
    if( b >= c)
        max = b;
    else
        max = c;
```

3. 重复结构

重复结构可以使程序中的某个或某一段程序重复执行。充分利用重复结构，可以发挥计算机计算速度快的优势。

C 语言提供了 3 种重复结构。下面以著名的百钱买百鸡问题为例，介绍这 3 种重复结构。

百钱买百鸡问题是中国古代数学家张丘建在他的《算经》中提出的：鸡翁一，值钱五，鸡母一，值钱三，鸡雏三，值钱一，百钱买百鸡。问：翁、母、雏各几何？

题目分析与算法设计：设鸡翁、鸡母、鸡雏的个数分别为 cocks(x)、hens(y)、chicks(z)，可得到下面的不定方程：

$$x + y + z = 100 \qquad\qquad ①$$
$$5x + 3y + z/3 = 100 \qquad\qquad ②$$

由于只有 100 文钱，则 x 取值为[1,20]，y 取值为[1,33]，z = 100-x-y。这样，只要按照下面的思路就可以找出合适的 x、y、z 组合来：

对于[1,19]中的每个 x 进行测试；

对于每个 x，分别对[1,32]的 y 进行测试；

只要计算出的 z = 100-x-y，能满足 z 是 3 的整数倍，并且满足方程②，就可以得到一组解。

1）计数（for）型重复结构

代码 3.4 采用计数型重复结构的百钱买百鸡 C 程序片段。

```
for(int x = 1; x < 20; x ++)                          //对每一个 x，从 1~19 一一测试
{
    for(int y = 1; y < 33; y ++)                      //对每一个 y，从 1~32 一一测试
    {
        var z = 100 - x - y;                          //计算一个鸡雏数
        if((z % 3 == 0) && (x * 5 + y * 3 + z / 3 == 100))  //测试一个组合是否满足题意
        {
                    输出一组 x,y,z;
        }
    }
}
```

说明：

（1）&表示逻辑"与"操作，即两个条件都要足。

（2）x ++称为 x 自增，即相当于 x = x + 1。

（3）每一个 for 结构都由 4 部分组成。执行的顺序如下。

① 执行初始化表达式。

② 执行条件表达式。若条件不满足，则跳过循环体；若条件满足，则执行循环体，再执行修正表达式，再执行条件表达式……

```
for(初始化表达式；条件表达式；修正表达式)
    循环体
```

所以，初始化表达式不管循环体是否执行，也不管执行几次，它只执行一次。

（4）循环体在语法上相当于一个语句。若有多个语句要重复，需要用花括号括起。这种用花括号括起的多个语句在语法上相当于一个语句，称为复合语句或语句块。

2）当（while）型重复结构

代码 3.5 采用当型重复结构的百钱买百鸡 C 程序片段。

```
int x = 1;                                    //声明
while (x < 20)                                //穷举鸡翁数
{
    int y = 1;                                //声明
    while(y < 33)                             //对每一个鸡翁数,穷举鸡母数
    {
        z = 100 - x - y;                      //计算鸡雏数
        if((z % 3 == 0) && (x * 5 + y * 3 + z / 3 == 100))   //测试一个组合是否满足题意
        {
            输出一组 x,y,z;                    //满足则输出一组数据
        }
        y++;                                  //再试下一个鸡母数
    }
    x++;                                      //再试下一个鸡翁数
}
```

说明： while 型重复结构把初始化表达式、条件表达式、循环体和修正表达式分开放在要执行的位置。

3）直到（do…while）型重复结构

代码 3.6 采用直到型重复结构的百钱买百鸡 C 程序片段。

```
int x = 1;
do
{
    int y = 1;
    do
```

```
    {
        var z = 100 - x - y;                    //剩余鸡雏
        if((z % 3 == 0) && (x * 5 + y * 3 + z / 3 == 100))
        {
                输出一组 x,y,z;
        }
        y++;
    } while(y < 33);
    x++;
} while (x < 20);
```

说明：

（1）while 是先判断后执行循环体，而 do…while 是先执行一次循环体再判断还要不要再重复。

（2）do…while 的最后要用分号结束。

3.1.6　组织过程

面向过程的程序设计以在数据上的操作过程为线索。它所描述的操作过程，可以分为两种情况。

（1）一个简单的过程。

（2）一个复杂的过程，并且可以分为多个子过程。

显然，（2）是一般情况。在这种情况下如何组织过程就很重要。

C 语言用函数组织过程，并采用如下机制。

（1）C 语言把一个程序当作一个特别的函数——名字为 main 的函数，称为主函数。执行一个程序，就是执行其主函数 main()。

（2）一个函数可以调用另外一个或多个函数，即一个复杂的程序可以写成由 main()调用的一个或多个子函数。子函数还可以调用子子函数。

（3）除 main()外，每个函数都涉及定义、声明、调用和返回 4 个环节。

代码 3.7　用一个函数实现加运算 C 程序部分代码。

```
int add(int x, int y);                          //函数声明
int main(void)                                  //主函数
{
    int addend1 = 0, addend2 = 0, sum = 0;

    输入 addend1 和 addend2 的值;
    sum = add(addend1,addend2);                 //调用函数 add()
    输出 sum;
    return 0;
}

// 函数定义
int add(int x, int y)
{
```

```
    return  x  +  y;                                    // 函数返回
}
```

代码 3.7 的执行过程如图 3.1 所示。

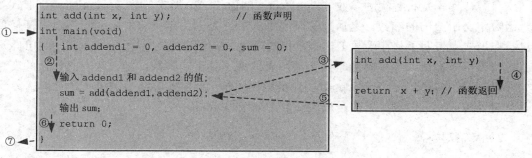

图 3.1　代码 3.7 的执行过程

这个过程如下。

① 代码 3.7 启动，开始执行 main()。

② 先执行一个声明，生成 addend1 = 0，addend2 = 0，sum = 0 3 个变量并初始化，再输入 addend1 和 addend2 的值。

③ 调用函数 add()。所谓调用包括两个过程：首先把实际参数 addend1 和 addend2 的值传递给函数 add() 的两个形式参数 x 和 y；然后将执行权转移到函数 add() 中的第一条语句。

④ 依次执行 add() 中语句。执行到 return 语句，返回 x+y 的值给表达式 add(addend1, addend2)。

⑤ 流程返回到 main()。

⑥ 再继续执行 main() 中的其他语句。

⑦ 如果其他语句被正确执行，就会执行到语句 return 0，以此表示该程序正常结束。

1. 函数结构与函数定义

如图 3.2 所示，函数由函数头和函数体两部分组成。

函数头规定了函数的名字、参数列表和返回的数据类型。在函数 add() 的函数头中，add 就是它的名字，int 就是它返回的数据类型，参数 x 和 y 用于接收调用表达式中传递来的参数。函数可以没有参数。C99 规定，一个函数不需要参数时，其参数部分应用 void 表明。

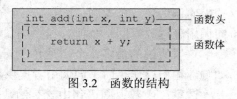

图 3.2　函数的结构

函数体由一些说明和语句组成，并用一对花括号作为起止符。函数定义就是写出函数中需要的声明和语句。旧版本的 C 语言要求在一个函数中声明要写在所有语句之前，而 C99 允许将声明写在任何需要的位置。

2. 函数调用与参数传递

定义函数只是给出了函数的存在形式，它并不会起任何作用。其作用只有在调用时才能发挥。函数调用有两个作用。

1）向被调函数传送 0 个值或多个参数

参数传递就是将各实际参数（argument）的值传送给形式参数（parameter）。形式参数是函数定义中给出的参数。之所以称其是形式的，是因为定义它们时，它们没有任何值，只是在形式上表明了其在函数工作时承担的角色。在代码 3.7 中，函数 add()定义中的 x 和 y 就是两个形式参数。实际参数是函数调用表达式中使用的参数，是已经有具体值的变量，如代码 3.7 中的 addend1 和 addend2。在函数调用时，要将实际参数的值传送给形式参数。

对于传送 0 个参数的函数，形式参数部分应写 void。

2）流程转移

函数调用的根本目的是让函数执行以发挥其功能。参数传递执行后，计算机 CPU 的指令计数器将从调用语句处转移到被调用函数的起始处开始执行函数中的指令。

注意：一对圆括号称为函数操作符。在函数调用时，含有函数操作符的式子就称为函数调用表达式。这样的语句就称为函数调用语句。这种语句既有求值的功能，又有流程转移的作用，是一种特殊的语句。

3. 函数返回

1）函数返回的功能

（1）向主调函数返回一个值或 0 个值。C 语言函数最多可以返回一个值。例如，在代码 3.7 中是将 x + y 的值返回给 main()中的调用表达式 add(addend1, addend2)。

对于返回 0 个值的函数，函数定义处的返回类型为 void。

（2）流程返回，即程序的执行从被调函数返回到主调函数中的调用处。

2）return 语句与返回表达式

函数通过 return 语句执行返回操作。在 return 语句中用一个返回表达式或称 return 表达式来向调用表达式返回值。由于一个 return 语句最多只能有一个表达式，所以函数最多可以向调用表达式返回一个值。

这里所说的最多一个，是允许 return 语句中没有表达式。这样的函数只执行一些操作，如输入输出操作，而不向调用者提供数据。这时，函数定义中的返回类型，应当是 void。

注意：函数返回语句中含有函数返回表达式，所以它是一个表达式语句，但是它又具有流程转移的功能，所以也是一种流程转移语句。

4. 函数声明

函数调用时，编译器要根据函数的基本信息（即函数名、函数返回类型、参数类型和顺序）去找到相应的函数代码，并对调用表达式进行语法检查。这些基本信息也称为函数原型（function prototype）信息。但是，在函数调用表达式中只写有函数名和实际参数值，并没有函数类型和参数类型。在这种情况下，如果从前面得不到函数的有关信息，编译器就会根据参数估计并生成有关函数的原型信息。然后进行函数调用时，有可能会因估计错误造成错误调用而得出错误的结果。为避免编译器的这种冒险，C 语言要求一个程序必须在调用语句前让编译器知道后面要使用的函数的原型信息。解决这个问题的方法有两种：一种是将函数定义放在函数调用之前，编译器从函数定义中获取函数的原型信息；另一种是，当函数定义在后或定义与调用不在同一文件中时（如使用库函数），要在函数调用前使用原型声明。

所谓原型声明，就是用一个声明给出函数的原型信息，其格式如下：

> 函数返回类型 函数名(参数类型列表);

注意：

（1）函数调用时，编译器除了要对函数返回类型和函数名进行语法检查外，还要对函数参数的类型进行语法检查。但参数名不在检查之列。因为，参数名仅仅具有形式上的作用。

（2）函数声明是引用性声明。所以一个函数只能定义一次，而函数声明可以有多个。

5．main()函数

main()函数是 C 语言中的一个特殊函数。其特殊性表现在如下几个方面。

（1）在一个 C 程序中，main()函数是唯一的，并且 main()函数的名字是固定、不可改变的，连大小写也不可改变，因为 C 语言区分大小写。

（2）main()函数是由操作系统调用的，它不需要声明。一个 C 程序被运行时，首先从 main()函数开始执行。

（3）main()函数被调用时，可以接收命令行的参数，也可以不接收命令行的参数。当不要 main()函数接收参数时，其参数部分用 void 表示。

（4）main()函数中的"return 0;"是写在函数体中的最后一个语句。与之对应，main()函数的返回类型应当为 int。这样，当程序能够执行到这个语句时，就说明这个 main()函数能正常结束了，即这个语句可以向 main()函数的上级——操作系统返回一个报"平安"的 0。因为如果 main()函数执行不到这个语句，就说明 main()函数没有正常结束。用"return 0;"作为 main()函数的最后一个语句，是一种良好的程序设计风格，也是 C89 的一个要求。

（5）若一个程序中需要执行的功能较多，可以将这些功能分布在一些其他函数中。这时，主函数就起调度与控制作用。

（6）C99 放松了（3）、（4）项的要求，它允许将 main()函数声明为实现定义行为。

① 允许不将 main()函数的返回类型定义为 int。

② 当将 main()函数的返回类型定义为 int 时，允许在结尾处不写"return 0;"，这时，main()函数将自动返回一个 0。

③ 允许 main()函数不使用规定的参数。

但是，尽管如此，将返回类型定义为 int，并且在 main()函数体的最后写一条"return 0;"，可以使程序具有可移植性，也是一种好的代码书写习惯。

3.1.7 库函数与头文件

一个程序中使用的函数不一定非要自己设计，也可以采用别人设计的、经过验证的、可靠的函数。现代程序设计建议优先选择后者。为了支持程序员开发，开发商收集了大量经过验证的函数，将它们的定义组织在特定的目录 lib 中。这些函数称为库函数。

此外，C 语言追求简洁、高效，所以其内核较小，把许多功能交给库函数完成。同时，为了便于程序员使用，开发商还将这些库函数进行分类，把一类库函数的原型声明组织在一个头文件中。因此，为了得到函数的原型声明，就需要在函数调用前，将有关头文件包含在当前程序中。例如，C 语言不提供输入输出语句，而把输入输出操作交由一些输入输出函数实现。其中应用最多的是 scanf()和 printf()两个格式化输入输出库函数。scanf()和 printf()的原型声明被收集在头文件 stdio.h 中。要使用有关输入输出函数时，就要使用预处理命令#include <stdio.h>。

代码 3.8　代码 3.7 的完善。

```
#include <stdio.h>                          //文件包含

int add(int x, int y);
int main(void)
{
    int addend1 = 0, addend2 = 0, sum = 0;

    scanf("%d%d",&addend1,&addend2);        //格式化输入函数
    sum = add(addend1,addend2);
    printf("%d",sum);                       //格式化输出函数
    return 0;
}

//函数定义
int add(int x, int y)
{
    return x + y;                           //函数返回
}
```

说明：scanf()和 printf()两个格式化输入输出库函数的参数部分都由格式化参数和数据参数两部分组成。

（1）格式化参数是括在一对双撇号之间的字符。在这个字符串中用一个%引出的格式字段指定后面顺序对应的一个数据项的类型和格式，%d 表示输入或输出的数据是整数类型。

（2）数据参数中的数据与前面格式化参数中的格式字段应当对应。但 scanf()要求提供的实际参数是指针（地址，用取地址操作符&对变量运算得到），而 printf() 要求的是数据表达式——字面量、变量或带操作符的表达式。

3.1.8 派生数据类型

世界是多彩的。为了描述这多彩世界中的对象及其属性，高级程序设计语言往往还提

供了由基本数据类型派生或构造出来的数据类型。

1．数组

1）数组及其特征

数组（array）是一种聚合数据类型。它有如下 3 个群体性特征。

（1）组成元素是同类型数据，这个类型也称为数组的元素类型或数组的基类型。

（2）组成数组的元素（element）可以进行整体命名、个别操作。例如，一组学生成绩可以命名为数组 stuScore，并将其元素分别用 stuScore[0]、stuScore[1]、stuScore[2]、stuScore[3]、stuScore[4]等表示。括在一对方括号中的从 0 开始的整数称为下标，表示这组数据之间的逻辑顺序关系。

（3）数组中的各元素按照下标的顺序存储在一片连续内存单元中，即它作为一个整体被存储，并且数组的逻辑顺序与其物理顺序一致。

2）数组的个性化参数与数组的定义

数组的个性化参数有如下 3 个。

（1）数组的名字。

（2）数组的数据类型。

（3）数组的大小。

后两个参数是数组的存储细节，也是判断两个数组异同的依据，只有两个数组的元素类型和大小都相同时，才认为它们是同类型的数组。

数组定义就是根据数组公共属性给出的格式，给出具体数组的个性化参数并进行命名的过程，其格式如下：

> **数组基类型 数组名 [数组长度表达式]；**

定义数组时，若仅仅声明了一个数组的名字，则这个数组中每个元素的值还可能是不确定的。数组初始化就是在定义数组时给数组元素以确定的值。数组的初始化用初始化列表进行。初始化列表是括在花括弧中的一组表达式。例如：

```
double stuScore [5] ={87.6,90.7 + 8,76.5,65.4,56.7};
```

3）下标变量

一个数组被定义之后，就可以对其元素进行访问了。这时，每个数组的每个元素都相当于一个相应类型的变量，都有一个对应的内存空间，可以像普通变量一样进行访问，并被称为下标变量。下标变量用数组名加上括在方括号中的整数表达式表示。这个表达式称为下标表达式，简称下标（subscripting）。下标表达式可以是任何整数表达式。例如，定义了数组 stuScore 后，可以用 stuScore [0]、stuScore [1]、stuScore [2]…表示该数组的各个下标变量。

用下标变量可以随机地访问数组中的任何一个元素，对其赋值或引用其值。

代码 3.9 打印一组学生成绩。

```
#include<stdio.h>
int main(void){
    double stuScore[] = {87.6,98.7,76.5,65.4,56.7};          //定义一个数组存储学生成绩
    printf("该组学生的成绩为:\n");
    for(int i = 0; i < sizeof stuScore/sizeof stuScore[0]; ++i){
        printf("%.1lf,", stuScore[i]);
    }
    printf("\n", stuScore[i]);
    return 0;
}
```

说明：sizeof 是 C 语言的一个操作符，可以用来计算一个表达式或一种类型所占用（或所需要）的内存字节数。所以表达式 sizeof stuScore 的值是数组 stuScore 占用的内存字节数，而 sizeof stuScore[0]的值是数组元素 stuScore[0]占用的内存字节数。两者相除，得到的是数组 stuScore 的元素个数。这种写法可以不考虑小组成员到底有多少人——有几个成绩，就有多少人。下面的写法必须先数有几个成绩，增加了出错几率。

```
for(int i = 0; i < 5; ++i){
    printf("%.1f,", stuScore[i]);
}
```

2. 结构体

1）结构体类型及其定制

结构体（struct）是一种可以让程序员定制的聚合数据类型。这种数据类型允许用一组类型不同的数据作为成员。一种结构体类型与另一种结构体类型的不同在于其如下两个个性化参数。

（1）类型名。

（2）成员（也称为分量）的数量和类型。

结构体常用于描述某类对象的属性，不同的对象类型其数据成员是不同的。例如，教师类型、职工类型、汽车类型、商品类型等，都有不相同的数据成员。所以，struct 类型只是一种总的类型，具体到某一类对象，还需要进行定制。定制某种类型结构体的基本方法是，在关键词 struct 后面再加一个具体类的标识符。例如，一个学生类，可以写为 struct student，然后给出其组成元素的类型和名称。

代码 3.10 struct student 结构体类型的定制。

```
struct student{
    unsigned long int    stuID;
    char                 stuName[15];
    char                 stuSex;
    int                  stuAge;
```

```
    float              stuScore;
};
```

说明：

（1）struct 类型的定制，是一种定义性声明，最后要以分号结束。

（2）具体的结构体类型由一个关键字 struct 和一个标识符组成，两者缺一不可。本例中的类型名为 struct student。

2）结构体变量的定义与初始化

定制了一个结构体类型，系统并不、也无法为之分配存储空间，而仅仅是向编译器注册了一种新的类型名。有了这个类型名，就可以像 int、char、float 和 double 等类型关键词一样，用来定义一些结构体类型的变量——将类型实例化为对象。例如：

```
struct student stdnt1, stdnt2, stdnt3;
```

声明了 3 个 struct student 变量，或者说这个声明生成了 3 个 struct student 类对象。但是，这种定义不能写成

```
struct student, stdnt1, stdnt2, stdnt3;            //错误，多一个逗号
```

也不能写成

```
student stdnt1, stdnt2, stdnt3;                    //错误，缺少关键字 struct
```

C 语言还允许在定制一个结构体类型的同时声明一个或若干个结构体变量。

代码 3.11　在声明 struct student 类型的同时，定义两个变量。

```
struct student {
    unsigned int    stuID;
    char            stuName[15];
    char            stuSex;
    int             stuAge;
    float           stuScore;
} stdnt1, stdnt2;
```

声明结构体变量后，在程序运行时系统将按照该结构体变量各成员所需内存的总和为其分配一片连续的存储单元。

在定义结构体变量时也可以对其分量进行初始化——把初始值依次写在一对花括号内——称为初始化表达式，并将这个初始化表达式用赋值运算符对应的变量进行初始化操作。

代码 3.12　struct student 类型变量的初始化。

```
struct student {
    unsigned int    stuID;
    char            stuName[15];
    char            stuSex;
    int             stuAge;
    float           stuScore;
```

```
}  stdnt1 = {50201,"ZhangXi",18,'M', 90.5},
    stdnt2 = {50202, "WangLi",19,'F',88.3};
```

或

```
struct student {
    unsigned int    stuID;
    char            stuName[15];
    char            stuSex;
    int             stuAge;
    float           stuScore;
};
struct student stdnt1={50201,"ZhangXi",18,'M',90.5},stdnt2={50202,"WangLi",19,'F',88.3};
```

3）结构体变量的分量操作

在 C 语言程序中，对结构体变量值的引用，只能通过对其一个一个分量值的引用实现。结构体的分量使用圆点——成员操作符（或称为分量操作符）指定。例如：

```
stdnt1.stuID
```

指定了结构体变量 stdnt1 的分量 stuID。

3. 共用体

共用体（union）数据类型是指将不同数据项共享同一段内存单元的一种聚合数据类型。

代码 3.13　一个共用体的例子。

```
union exam {
    int     a;
    double  b;
    char    c;
}x;
```

在这个类型为 union exam 的共用体变量 x 中，a、b、c 3 个变量共享一个存储空间，即这 3 个变量不同时使用，使用时占用同一存储位置。这就好像一张床要可以供大人、小孩和老人轮流睡觉一样。

4. 枚举

1）枚举类型及其定义

在现实世界中，像逻辑、颜色、星期、月份、性别、职称、学位、行政职务等这样一些事物，具有一个共同的特点，就是它们的属性可以列举——枚举出来的一组常量，例如逻辑{true, false}、颜色 {red, yellow, blue, white, black}、星期 {sun, mon, tue, wed, thu, fri, sat}等。这些被枚举的值都是常数，若要为某种类型的这些事物设置一个变量，变量的取值只能是这组常量中的某一个。例如，一个 Color 类型的变量，只能在 {red, yellow, blue, white, black}中取值。为了描述这类只能在一个较小集合中取值的数据类型，C 提供了一种特定的用户定制数据类型——枚举类型（enumeration type）。

枚举类型定义格式如下：

> enum **枚举类型名** {枚举元素列表}；

说明：

（1）enum 为枚举类型关键字，枚举类型名是一个符合 C 标识符规定的枚举类型名字，枚举元素列表为一组枚举元素标识符，所以枚举元素也称为枚举常量。例如，声明语句

```
enum Color {red,yellow,blue,white,black};
```

定义了一个以 red、yellow、blue、white 和 black 为枚举元素的枚举类型 Color。用它声明的变量只能在它定义的枚举元素中取值。

（2）枚举元素也称为枚举常量。顾名思义，它们不是变量，而是一些常数。编译器给它们的默认值是从 0 开始的一组整数。对于上述定义的 Color 类型来说，这组值依次被默认为 0、1、2、3、4，即 red、yellow、blue、white 和 black 只是这组整型数据的代表符号。

（3）根据需要，枚举元素所代表的值可以在定义枚举类型时显式地初始化。例如，对于星期，可以这样定义：

```
enum Day {sun = 7,mon = 1, tue = 2, wed = 3,thu = 4, fri = 5, sat = 6};
```

这样更符合人们的习惯，用起来也比较自然。在默认情况下，枚举元素的值是递增的。所以，当要给几个顺序书写的元素初始化为连续递增的整数时，只需要给出第一个元素的数值。所以上述定义可以改写为

```
enum Day {sun = 7,mon = 1, tue, wed, thu, fri, sat};
```

2）枚举变量及其声明

定义枚举类型的目的是要用它去生成枚举变量参加需要的操作。生成枚举变量的方法与生成结构体变量类似，可以用 3 种方式进行：先定义类型，后生成变量；定义类型的同时生成变量；直接生成变量。例如，要生成变量 carColor，可以用下列中的一种方式。

（1）先定义类型后，生成变量。例如：

```
enum Color {red,yellow,blue,white,black};
enum Color carColor = red;
```

（2）定义类型的同时生成变量。例如：

```
enum Color {red,yellow,blue,white,black}carColor;
```

（3）直接生成变量。例如：

```
enum {red,yellow,blue,white,black}carColor;
```

注意：

（1）枚举的变量生成，表明系统将为其分配存储空间，大小为存储一个整型数所需的空间。

（2）在生成一个枚举变量的同时，还可以为之初始化。例如：

```
enum Color {red,yellow,blue,white,black}carColor = white;
```

3.2 面向对象程序开发

面向对象的模型认为客观世界是由各种各样的对象组成的，并用程序中的抽象对象模拟客观世界中的对象以及它们之间的联系及其运动。面向对象的程序设计就是在建立问题的面向对象模型基础上，通过找出这些对象从初始状态到目的状态的运动规律，完成问题求解。下面以 C++为例，介绍面向对象程序的基本架构。

3.2.1 对象模型的建立和对象的生成

代码 3.8 是一个求两个数相加的面向过程的程序。它描写了一个实现从数据输入到数据计算再到结果输出的过程。下面从面向对象的角度，看看它的求解思路。首先列举一些两个数相加的例子，称为现实世界中的对象（object）。如图 3.3 所示，2+3 是一个对象，3+5 也是一个对象……

图 3.3 加法算式对象

然后，将分析这些对象的共同操作和属性，抽象为一个类（class），称为 Addend。

代码 3.14 加法器类 Addend 的 C++描述。

```
// 类 Addend 的声明
class Addend{
private:
    double addend1,addend2;                          //两个加数
public:
    Addend(double addend1,double addend2);           //Addend 的构造器
    double add(double addend1,double addend2);       //Addend 的一个行为
}
```

```
// 各成员函数的实现
Addend::Addend(double addend1,double addend2){
    addend1 = addend1;
    addend2 = addend2;
}

Addend::double add(double addend1,double addend2){
    return (addend1 + addend2);
}
```

说明：

（1）一个类由两部分组成：一部分称为行为；另一部分称为属性。通常，行为是区分一类对象与另一类对象的主要依据。例如，加法算式与减法算式的主要区别在于是加还是减。在 C++程序中，行为用函数表示，称为成员函数，如代码 3.14 中的 add()。除此之外，属性的数量和类型也是区分一类对象与另一类对象的一个依据。例如，一个有 3 个数的连加器，就需要 3 个加数。再如，一个整数加法器的加数只能是两个整数。属性的另外一个重要用途是用其值进行一类对象之间的区分，如算式 2＋3 与算式 3＋5，它们的行为都是加，但属性不同。在 C++程序中，属性用一些变量表示，称为数据成员或成员变量。

（2）在上述代码中还有一个特别的成员函数 Addend()。它的特殊之处在于如下两点。

① 与类 Addend 同名。

② 没有返回类型，连 void 也没有。

这个函数称为类 Addend 的构造函数或称构造器（constructor），用于生成一个具体对象时的对成员变量的初始化。这由它的函数体可以看出。

（3）由代码 3.14 可以看出，一个类的定义分为两部分：一部分称为类声明，它由类的成员声明组成，即由类的成员变量的声明和类的成员函数的声明组成，用于说明该类由哪些成员组成；另一部分是由类的成员函数的实现（或定义）组成，用于说明该类的各成员函数是如何实现的。

注意：每一个类成员函数的定义前用"Addend::"标明该成员是 Addend 类的成员。::称为域运算符。

（4）在所有数据成员前有一个"private:"修饰符，用于说明其后的成员都是类 Addend 的私密成员，不可以被该类外部直接访问。而所有成员函数之前有一个"public:"修饰符，用于说明其后的成员是类 Addend 的公开成员，可以被该类的外部直接访问。private 和 public 称为两个访问控制关键字。private 用于隐藏不可被外界直接获取的成员，public 形成一个类与外界的接口。这样的限制，为程序提供了较好的可靠性。

（5）在问题求解的初期，把注意力集中到抽象层次——类的设计上，可以保证抓住了问题的本质，不被具体细节所干扰。

3.2.2 对象的生成

在面向对象的程序设计中，类的设计完成后，设计的主要工作量也就基本完成了。余下的工作就是根据题意，生成具体的对象，按照对象间的相互作用或通过对象自己的行为，使对象从初始状态变化到目的状态，得到问题的解。在 C++程序中，这些活动都由主函数完成。

代码 3.15 加法器类的测试主函数的 C++描述。

```
#include <iostream>                    //文件包含
using namespace std;                   //引入标准名字空间 std

int main(){
    double sum = 0L;                   //定义一个变量
    Addend a1(2,3);                    //生成对象
    sum = a1.add();                    //对象名调用成员函数
    std:cout << sum << std::endl;      //输出结果
    return 0;
}
```

说明：

（1）语句"Addend a1(2,3);"执行时，将调用 Addend 类的构造函数，并用 2 和 3 分别初始化两个成员变量 addend1 和 addend2，生成一个对象 a1。

（2）语句"sum = a1.add();"调用对象 a1 的成员函数 add()，进行两个成员变量的加运算，并将结果返回后赋值给变量 sum。

（3）C++把输出当作从程序向输出设备的数据流动，并把这个数据流动也当作对象，称为输出流对象。因此，每一个输出操作都是向输出流中插入数据。这里 cout 是在 iostream 中定义的从程序到标准设备显示器的输出流对象，所以在程序中要使用 cout 就必须包含文件 iostream。操作符<<执行向输出流插入的操作。这里，表达式 cout << sum << endl 是要求先把 sum 的值插入到输出流 cout 中，再将 endl 代表的换行操作插入到输出流 cout 中。

（4）C++支持大型程序设计。在大型程序设计中，往往要使用大量的名字，并且一个程序的不同组件会分给多人分别完成。为了不发生名字冲突，C++引入了名字空间机制，除了在局部（在一个类或一个函数中）使用的名字（标识符）可以不会与其他局部（域）中定义的同名冲突外，其他名字都要标以其定义的空间。这里 cout 和 endl 就是这样两个名字。其前加以"std::"，表明它们是在标准名字空间 std 中定义的。而为了引入 std，还需要在前面用语句"using namespace std;"将标准名字空间 std 引入。

（5）也许读者会有疑惑：用面向过程的方法，只得到了代码 3.8，而采用面向对象的方法写出了代码 3.14 和代码 3.15。这不是使代码复杂化了吗？对此需要说明的是，面向对象是一种适合组织大型程序的方法。这里为说明问题，举了一个小的例子。由于面向对象具有很好的封装性、信息隐藏性、可扩展性和可复用性，在组织大型程序时，会使程序的复杂性大大降低。

3.2.3 继承与聚合

C 语言程序是用函数组织的，即一个程序可以被看作由 main() 所调用的多个函数组成。而面向对象的程序是用类组织的，组织的方法有继承和聚合两种。

1. 类的继承

代码 3.16 从 Circle（圆）类派生一个 Pillar（圆柱）类。

```
class Circle {
protected:
        const double Pi;
        double radius;
public:
        Circle(double r);
        double getArea();
};
Circle::Circle(double r):Pi(3.1415926),radius(r){}
double Circle::getArea(){return (Pi * radius * radius);}

class Pillar:public Circle {
private:
        double height;
public:
        Pillar(Circle r, double h);
        double getVolume();
};
Pillar::Pillar(Circle r, double h): Circle(r),height(h){}
double Pillar::getVolume(){return (Pi * radius * radius * height);}
```

说明：本例先定义了一个 Circle 类，然后以其为基类派生类 Pillar。这样 Pillar 类便可以继承基类的成员。

2. 类的聚合

代码 3.17 采用合成/聚合的 Pillar 类。

```
class Circle {
protected:
        static double Pi;
        double radius;
public:
        Circle(double r);
        double getArea();
};
double Circle::Pi = 3.1415926;
Circle::Circle(double r):radius(r){}
double Circle::getArea(){return (Pi * radius * radius);}

class Pillar {
private:
        Circle bottom;                        //用 Circle 对象作为成员
        double height;
public:
```

```
        Pillar(Circle b, double h);
        double getVolume();
};
Pillar::Pillar(Circle b, double h):bottom(b),height(h){}
double Pillar::getVolume(){return (bottom.getArea() * height);}
```

3.3 程序错误和异常

3.3.1 程序错误和异常

程序设计是人的智力与客观问题的复杂性之间的博弈，稍有不慎，就会在程序中留下错误或漏洞。一般说来，程序的错误和异常大致可以分为以下几类。

1. 语法错误

一个 C 语言程序中任何不符合 C 语言语法规则的情况，都会造成语法错误。例如：

（1）主函数名写成 Main。

（2）一个语句没有用西文分号结束，而是用了"。"号、"."号、中文分号（；）等结束。

（3）一个语句块的前后花括号不配对，或配对错误。

（4）文件包含命令后使用了分号。

语法错误将导致一个程序无法编译。

2. 逻辑错误

逻辑错误是指程序没有按照设计者预期的思路执行，虽然可以执行，但得不到预期的结果。下面是几种常见的逻辑错误。

（1）操作符使用不正确，如将赋值操作符=写成= =等。

（2）语句的先后顺序不对。

3. 程序运行中的异常与错误

运行中的程序异常和错误，是指程序无法正常运行，造成的原因或由于某些未定义行为（算法溢出——超出数值表达范围、除数为零、无效参数等），或由于系统资源限制（内存溢出、要使用的文件打不开、网络连接中断等）。一般说来，这些现象都可以通过一定的机制检测到。之后，有的可以恢复和处理，称为运行异常，如某些未定义行为引起的异常；有些则无法恢复和处理，如资源性异常，则称为运行错误。

4. 实现定义行为和未定义行为

1）实现定义行为

C 语言以高效、灵活为宗旨，为此它定义了一个精干的内核，标准的制定也比较宽松。这个空间一部分留给编译器，让它们可以"将在外，君命有所不受"，给编译器商家一定的灵活性，让它们可以根据所使用的系统，从不同的实现技术出发，充分发挥自己的优势。但这样就会出现一些现象：同一行为在不同的编译器会有不同的结果。这种行为称为实现定义行为（implementation defined behavior）。这种行为并不导致编译失败，仅仅导致不同的结果。下面是已经介绍的 C 语言标准中的实现定义行为的例子。

（1）C 语言只规定了 int 类型最少用 2B（16b）存储，但具体是 4B，还是 2B，没有定死。并且是原码表示，还是补码表示或是反码表示，由实现决定。

（2）C 语言只定义了 char 类型最少用 1B 存储，具体用 ASCII 码或 Unicode，还是其他的，没有规定。即使是 1B，对应的整数取值范围是-128~127、-127~127 还是 0~255，也没有定死。

这些在不同的编译器中是不相同的。以后，还会看到更多的实现定义的例子。在选择编译器时，必须注意这一点。

2）未定义行为

有一些行为是 C 语言标准，甚至各编译器也没有定义的。例如：

（1）一个未初始化的变量的值是多少，是一个未定义行为。

（2）表达式 x = f(y) + g(z)，是先计算 f(y)还是先计算 g(z)，C 语言没有规定。由于在 C 语言表达式中不遵循交换律，不同的编译器因为两个函数的执行顺序不同，可能会得到不同的结果。

正如 C 标准所说的，未定义行为可能会导致也许"什么事情都可能发生"，也许"什么都没有发生"。这些行为称为未定义行为（undefined behavior）。具体地说，如果程序调用未定义行为，将会出现不可知的结果：可能会编译失败，也可能成功编译，也许会在开始运行时没有错误而后出现错误，或者有时成功有时失败。

未定义行为是非常难于发现的异常，处理的基本方法是改写代码，尽量用已定义操作书写程序。

3.3.2　程序测试及其形式

1. 程序测试的出发点

经过 20 世纪 60 年代和 80 年代的两次软件危机，人们取得了一个共识：任何程序都会存在错误或缺陷。以此认识为前提的发现程序中错误的过程称为程序测试。基于不同的立场，存在着两种截然相反的测试出发点。

A：测试的目的是为了证明程序是正确的。

B：测试的目的是为了发现程序中的错误。

实际上，观点 A 将指导一种自欺欺人的行为，它对于提高程序的质量毫无价值。正确的观点是 B。Glenford J. Myers 把它归结为如下 3 句话。

（1）测试是程序的执行过程，目的在于发现错误。

（2）一个好的测试实例在于能发现至今未发现的错误。

（3）一个成功的测试是发现了至今未发现的错误的测试。

2. 程序的静态测试与动态测试

按照测试形式，测试可以分为静态测试和动态测试。静态测试就是人工仔细阅读程序代码和文档，从中发现程序中的错误。这要求程序测试者必须熟悉程序设计语言的语法，也要清楚程序的逻辑。

动态测试就是让计算机执行程序，通过执行发现程序中的错误。动态测试需要两个条件。

（1）已经排除了语法错误。因为不通过编译的程序是无法运行的。

（2）程序的每次运行都需要一定的数据环境。程序是对数据进行操作的。不同的数据，会引起程序的不同执行状态（使用的程序功能和执行的路径）。所以，动态测试的基本思路就是尽可能多地设计不同的数据组，让程序尽可能多地展现不同的执行状态，来发现更多的程序中的错误。简单地说，动态测试的关键是设计测试用例。测试用例设计的首要原则是尽可能多的"覆盖"，即：

① 覆盖各种合理和不合理的、合法和非法的、边界的和越界的，以及极限的输入数据。

② 覆盖所有可能的操作和环境设置。

测试用例设计的第二个原则是容易判断。

3.3.3 程序的结构测试

白箱测试的测试用例设计原则：让程序的每一个元素都在可能的情况下执行一次。测试用例能让程序执行的程度称为测试用例的覆盖性。按照覆盖性，可以将测试用例分为 6 种等级。

（1）语句覆盖（Statement Coverage，SC）。

（2）判定覆盖（Decision Coverage，DC）。

（3）条件覆盖（Condition Coverage，CC）。

（4）判定/条件覆盖（Condition/ Decision Coverage，CDC）。

（5）组合覆盖（Condition Compounding Coverage，CCC）。

（6）路径覆盖（Path Coverage，PC）。

下面通过一个具体的例子，介绍其中最基本的语句覆盖和条件覆盖。

代码 3.18 一个可以进行四则运算的计算器模拟程序。

```
#include<stdio.h>
int calculate(int x, int y,char op);                      // 计算函数声明
int main(void)
{
    int operand1 = 0, operand2 = 0;
    char calculationType;                                 // 定义字符类型变量

    printf("请连续输入被操作数、操作符和操作数: ");
    scanf("%d %c %d", &operand1,&calculationType,&operand2);
    printf("计算结果为: %d\n", calculate(operand1, operand2, calculationType));
```

```
   return 0;
}

int calculate(int x,int y,char op)
{
   if(op== '+')
      return  x + y;
   if(op== '-')
      return  x - y;
   if(op== '*')
      return  x * y;
   else
      return  x / y;
}
```

1. 语句覆盖

语句覆盖要求设计足够的测试用例，使得程序中的每一可执行语句至少执行一次。这是一种最弱的结构覆盖测试。就代码 3.18 来说，从语法的角度，它就只有一条语句——if…else 语句。所以，只要输入任何两个整数和一个算术操作符，就可以实现这个覆盖。

2. 条件覆盖

条件覆盖设计足够的测试用例，使得判定中的每个条件的所有可能（"真"和"假"）至少出现一次，并且每个判定本身的判定结果也至少出现一次。条件覆盖是比较适中的结构覆盖。对于代码 3.18 来说，每个判定中就一个条件，所以条件覆盖就是判定覆盖（路径覆盖）。实现条件覆盖，需要 4 组数据：

```
2,3,'+';
2,3,'-';
2,3,'*';
2,3,'/'。
```

下面是 4 次分别测试的结果。

4 次测试也实现了全路径覆盖，没有发现错误。

3.3.4 程序的功能测试

1. 等价分类法

在多数情况下，使用白箱测试，即使是进行了全覆盖测试，往往还不能发现程序的缺陷。为此需要用黑箱测试作为补充测试。因为白箱测试只考虑覆盖，而没有考虑输入数据无效时的情况。针对这一类问题，需要采用等价分类法进行补充测试。

等价分类法是一种典型的、重要的黑盒测试方法。它将程序所有可能的输入数据，即程序的输入域（有效的和无效的）划分成若干子集，称为等价类。所谓等价是指某个输入子集中的每个数据，对于揭露程序中的错误都是等效的。这样就可以在每个等价类中取一个数据作为测试用例，即用少量代表性数据代替其他数据，来提高测试效率。

等价分类法是一种系统性地确定要输入什么样的测试数据的方法，其关键是划分等价类。等价类的划分方法很多，需要经验和知识的积累，并就具体情况进行具体分析。但是，在进行等价类划分时，最基本的划分方法是将等价类划分为有效等价类和无效等价类。

对于程序规格说明来说，有效等价类是合理的、有意义的输入数据构成的集合。利用有效等价类可以检验程序是否实现了规格说明预先规定的功能和性能。有效等价类可以是一个，也可以是多个。前面对代码 3.18 进行白箱测试时使用的 4 组数据就是有效等价类。

无效等价类和有效等价类相反，无效等价类是指对于软件规格说明而言，没有意义的、不合理的输入数据集合。利用无效等价类，可以找出程序异常说明情况，检查程序的功能和性能的实现是否有不符合规格说明要求的地方。

对于代码 3.18，等价类的划分情形如表 3.6 所示。

表 3.6 calculate() 的等价类划分

输 入 条 件	有效等价类	无效等价类
操作符	字符：+、-、*、/	非字符，非+、-、*、/
被操作数	整数	非数值数据
操作数	整数	非数值数据；对于除，为 0

考虑数据类型问题由编译器测试，则可以得到如下规则。

规则 1：操作符仅限于+、-、*、/。

规则 2：被操作数可为任何数值数据（没有无效类）。

规则 3：对于+、-、*操作，操作数可为任何数值数据（没有无效类）。

规则 4：对于/操作，操作数不可为 0。

根据以上规则，可以设计出如表 3.7 所示的 4 组测试用例。

表 3.7 用等价分类法设计的 calculate() 测试用例

测试用例序号	被操作数	操作符	操作数	期望输出	根 据
1	2	+	3	5	规则 1 有效，规则 2 有效，规则 3 有效
2	2	/	3	0	规则 1 有效，规则 2 有效，规则 4 有效

测试用例序号	被操作数	操作符	操作数	期望输出	根 据
3	2	a	3	无效或错误	规则 1 无效，规则 2 有效，规则 4 有效
4	2	/	0	无法计算	规则 1 有效，规则 2 有效，规则 4 无效

第 1 组和第 2 组测试用例已经在白箱测试中进行，下面仅需补充第 3 和第 4 两组测试。

用第 3 组测试用例测试结果如下：

```
请连续输入被操作数、操作符和操作数：2a3
计算结果为：0
```

这个结果显然是不对的。因为 a 不是一个操作符，怎么会得出结果 0 呢？显然程序存在错误。错误在什么地方呢？仔细分析可以发现，当操作符为 a，进入函数 calculate()后，先判断是否+，不是；再判断是否-，不是；再判断是否*，不是；最后进入 else，进行除运算，因为 2/3 为 0，所以输出 0。也就是说，这样一个程序，凡是不是+、-、*，就进行除运算。为防止这个错误可将 calculate()修改如代码 3.19。

代码 3.19 可以判断非法操作符的代码。

```c
#include<stdio.h>
#include<stdlib.h>                          //exit()的头文件
double calculate(double x, double y, char op)
{
    if(op == '+')
        return  x + y;
    else    if(op == '-')
        return  x - y;
    else    if(op == '*')
        return  x * y;
    else if (op == '/')
        return  x / y;
    else {
        printf("没有这种运算");
        exit(EXIT_FAILURE);                  //退出程序
    }
}
```

说明：库函数 exit()可以直接退出程序，其原型声明在头文件 stdlib.h 中。它用参数 EXIT_SUCCESS 或 0 表示程序成功结束，用参数 EXIT_FAILURE 表示程序异常结束。

下面再用第 4 组测试用例进行测试，输入情况如下：

```
请连续输入被操作数、操作符和操作数：2/0
```

测试中，跳出如图 3.4 所示的窗口。

这个窗口不是程序自己显示的，而是系统给出的。出现这种情况，会让用户莫名其妙。为了给用户一个明白的信息，可以进一步将函数 calculate()修改为代码 3.20。

图 3.4　当除数为 0 时跳出的窗口

代码 3.20　可以处理除数为 0 的 calculate()代码。

```c
#include<stdio.h>
#include<stdlib.h>                              //exit()的头文件
double calculate(double x, double y, char op)
{
    if(op == '+')
        return  x + y;
    else    if(op == '-')
        return  x - y;
    else    if(op == '*')
        return  x * y;
    else if (op == '/'){
        if(y == 0){
            printf("除数为 0，不能计算！");
            exit(EXIT_FAILURE);                  //退出程序
        }
        return  x / y;
    }
    else {
        printf("没有这种运算！");
        exit(EXIT_FAILURE);                      //退出程序
    }
}
```

从这个例子可以得到如下结论。

（1）白箱测试可以发现逻辑错误，但不能发现某些运行中的异常。

（2）黑箱测试可以发现运行中的异常。

（3）在程序设计前，应当把测试也作为需求分析的一部分。这样可以减少测试后再修改程序的工作量。

2. 边值分析法

1）边值分析法概述

经验表明，程序中的错误许多分布在输入等价类和输出等价类的边缘上。边值分析法就是针对这种规律提出的一种黑箱测试策略。应用边值分析法，要注意它与等价类的差别。边值分析着眼于等价类的边界情况选择测试用例，而等价分类是从等价类中选取一个合适的例子作为测试用例。也就是说，对于一个等价类来说，等价分类选取的测试用例一般是一个；而边界分析选取的测试用例可能是一个，也可能是几个。边值分析法多应用于有极值的问题，而等价分类法多应用于有特殊值、无效值的情况。

采用边值分析法设计测试用例，可以从输入和输出两方面考虑。

（1）基于输入边值分析。

① 如果某个输入条件说明了值的范围，则可选择一些恰好取得边界值的例子，另外再给出一些恰好越过边界值属于无效等价的例子。

② 如果一个输入条件指出了输入数据的个数，则可取最小个数、最大个数、比最小个数少 1、比最大个数多 1，来分别设计测试用例。

③ 若输入是有序集，则应把注意力放在第一个和最后一个元素上。

（2）基于输出的边值分析。

边值分析不仅要注意输入条件，还要考虑输出空间产生的测试情况。按输出等价类设计测试用例，通常应先考虑以下几点。

① 对每个输出条件，如果指出了输出值的范围或输出数据的个数，则应按设计输入等价类的方法，为它们设计测试用例。

② 若输出是有序集，则应把测试注意力放在第一个和最后一个元素上。

2）用边值分析法设计重复结构的测试用例

重复结构可以被看作一种特殊的判定结构。一般来说，它的错误多数发生在初始和终止条件的设定上。为此，当要测试初始和终止条件时，可以考虑采用边值分析法，并且可以考虑如下几种情况。

（1）初始边值条件，测试初始化方面的问题。

① 循环 0 次，即不执行循环体。

② 循环 1 次。

③ 循环 2 次，进一步揭露初始化方面的问题。

（2）终止边值条件，测试循环次数有无错误。

① 第 n-1 轮循环。

② 第 n 轮循环。

③ 第 n +1 轮循环。

（3）特殊循环次数，测试特殊情况有无错误。

① 属于给定循环次数之内的典型循环次数。

② 属于非正常情况下的典型循环次数。

3. 等价分类法和边值分析法的不足

等价分类法和边值分析法都是着重考虑输入条件，常被称为输入条件覆盖法。但是，在很多情况下，输入条件之间本身具有某种依赖关系，不考虑这些依赖，是不切实际的。例如，对于代码 3.20，考虑输入 5 次，可以形成如表 3.8 所示的等价类划分。

这个等价类划分有如下问题。

（1）第 2 个输入的有效性依赖于第 1 个输入是否数值数据。

（2）第 4 个输入的有效性依赖于第 2 个输入的是否 "/"。

表 3.8 代码 3.20 的等价类划分

输 入 条 件	有效等价类	无效等价类
第 1 个输入	数值数据	非数值数据
第 2 个输入	操作符: +、-、*、/	非操作符: 数值数据、其他字符
第 3 个输入	第 2 个输入为=、+、-、*时,任意数值数据	非数值数据
第 4 个输入	第 2 个输入为/时,非 0 数值数据	0
第 5 个输入	操作符: =	数值数据、其他字符

如果考虑这些输入之间的关系,将会难以表达。边值分析法也有类似的问题。

3.4 软 件 工 程

"软件工程"是 1968 年北大西洋公约组织的计算机科学家在联邦德国召开的第一次讨论软件危机的会议上提出的一个术语。在这近半个世纪的时间内,软件工程体系基本形成。下面介绍几种成熟的软件开发思想和方法。

3.4.1 软件开发过程及其模型

软件工程把完整的软件开发中需要进行的活动归纳为如下方面。

(1) 问题定义。搞清楚软件要解决什么问题。

(2) 可行性研究。研究项目在技术上、经济上、政策上是否可行,并在此基础上更准确、更具体地确定项目规模和目标,比较精确地估计项目的成本和效益。

(3) 需求分析。通过与客户沟通,得到经过客户确认的开发过程模型,作为以后系统设计和实现目标系统的基础。

(4) 总体设计。做出不同成本和效益的解决方案,在充分权衡每种方案利弊的基础上,向客户推荐最优秀方案,并为之制订详细计划;经过客户确认后,要选取合适的开发平台,设计软件结构。

(5) 详细设计。把总体设计给出的设计具体化,给出软件的详细规格说明。

(6) 编码。编写出可靠、易理解、维护性好的程序代码。

(7) 软件测试。包括单元测试、综合测试。

(8) 软件维护。包括改正性维护、适应性维护、完善性维护和预防性维护。

关于这些活动的开展和进行,人们从不同的角度设计和发展了一些模型。下面介绍几种典型的软件过程开发模型。

1. 瀑布模型（waterfall model）

Winston Royce 于 1970 年提出的瀑布模型是最早的软件开发模型。该模型把软件开发过程中要进行的活动,按照先后顺序安排在各个不同的时间阶段。每个阶段都有明确的成果和结束标志,下一阶段的活动要在对上一阶段活动确认之后才能展开。如图 3.5 所示,整个开发过程就如一级一级的瀑布下泻。这样的开发模型,任务明确,责任分明,但是开发周期较长，难以适应客户在项目初期无法准确提出需求以及开发过程中客户需求变化的现实。

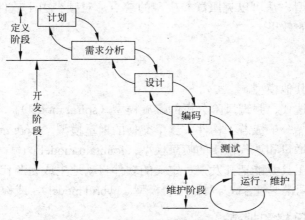

图 3.5 软件开发的瀑布模型

2. 快速原型模型（rapid prototype model）

快速原型模型是针对瀑布模型难以适应客户在项目初期无法准确提出需求的现实而提出的一种软件开发过程模型。如图 3.6 所示，它把整个开发过程分成两个大步。第一步是根据客户的初步需求，快速建造一个原型。这个原型给出的往往是一些可以表达用户意想的

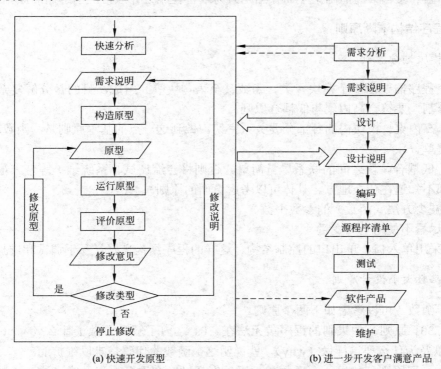

(a) 快速开发原型   (b) 进一步开发客户满意产品

图 3.6 软件开发的快速原型模型

可运行用户界面，并不注重内部结构。接着与客户一起运行原型，评价原型，启发用户给出真实而详细的需求。第二步则在第一步的基础上开发客户满意的软件产品。

显然，快速原型方法可以克服瀑布模型的缺点，对减少由于软件需求不明确而带来的开发风险具有显著的效果。

3. 其他模型

还有如下一些其他模型。

（1）基于原型迭代、强调风险分析的螺旋模型（spiral model）。

（2）将整个产品分解成若干构件，逐个交付的增量模型（incremental model）。

（3）具有更多增量和迭代性质的喷泉模型（fountain model）。

（4）采用系列工具并能把开发人员定义的软件自动地生成为源代码的智能模型。

（5）把几种不同模型组合成一种的混合模型（hybrid model），或称元模型（meta-model）。

3.4.2 程序设计风格和规范

程序设计风格指一个人编制程序时所表现出来的特点、习惯、逻辑思路等。在程序设计中要使程序结构合理、清晰，形成良好的编程习惯，对程序的要求不仅是可以在机器上执行，给出正确的结果，还要便于程序的调试和维护。这就要求编写出的代码不仅自己能看得懂，也要让别人能看懂。简单地说，风格就是一种好的规范，要求程序清晰第一，包括结构清晰和文档书写清晰。下面介绍几条为改善程序设计风格应当遵循的原则。

1. 程序结构清晰原则

1）模块划分原则

一个程序需要由多个模块（类、函数甚至语句块等）组成，目的是分解复杂性。对于模块的分割，要符合高内聚与低耦合原则。

（1）高内聚。模块内的各部分要关系密切。做到这一点的基本原则是：函数功能单一、类的职责单一。

（2）低耦合。块之间的联系尽量简单。否则将会给调试、系统维护等带来很多麻烦，出了错都不知道在什么地方。具体可以考虑下面的原则。

① 减少方法（函数）的参数个数。

② 尽量不使用全局变量。

③ 采用单入口、单出口的控制结构。这样的程序结构良好，易于调试和维护。

2）函数大小设计原则

对于函数，可以考虑如下两个原则。

（1）30s 原则。如果别的程序员无法在 30s 之内了解函数做了什么（what），如何做（how）以及为什么要这样做（why），就说明这个函数的代码是难以维护的。

（2）一屏原则。如果一个函数的代码长度超过一个屏幕，那么或许这个函数太长了，应该拆分成更小的子函数。

2. 程序代码清晰原则

（1）标识符应按意取名。

（2）标识符不可太长，以表达清楚为限，一般为 3～20 个字符。

（3）程序应加注释。注释是程序员与日后读者之间通信的重要工具，用自然语言或伪码描述。它说明了程序的功能，特别在维护阶段，对理解程序提供了明确指导。注释分为序言性注释和功能性注释。序言性注释应置于每个模块的起始部分，主要内容如下。

① 说明每个模块的用途、功能。

② 说明模块的接口：调用形式、参数描述及从属模块的清单。

③ 数据描述：重要数据的名称、用途、限制、约束及其他信息。

④ 开发历史：设计者、审阅者姓名及日期，修改说明及日期。

功能性注释嵌入在源程序内部，说明程序段或语句的功能以及数据的状态。应注意以下几点。

① 注释用来说明程序段，而不是每一行程序都要加注释。

② 使用空行或缩格或括号，以便很容易区分注释和程序。

③ 修改程序也应修改注释。

（4）一行代码尽量简短，并且保证一行代码只做一件事。

（5）为了便于阅读和理解，不要在一行内输入多条语句。

（6）不同层次的语句采用缩进形式，使程序的逻辑结构和功能特征更加清晰。一个程序中的缩进格式要一致。

3. 数据说明清晰原则

为了使数据定义更易于理解和维护，有以下指导原则。

（1）数据说明顺序应规范，使数据的属性更易于查找，从而有利于测试、纠错与维护。可以按以下顺序：常量说明、类型说明、全程量说明、局部量说明。

（2）一个语句说明多个变量时，各变量名按字典序排列。

（3）对于复杂的数据结构，要加注释，说明在程序实现时的特点。

4. 语句构造清晰原则

（1）简单直接，不能为了追求效率而使代码复杂化。

（2）要避免复杂的判定条件，避免多重的循环嵌套。

（3）表达式中使用括号以提高运算次序的清晰度等。

5. 输入输出清晰原则

（1）输入操作步骤和输入格式应尽量简单。

（2）应检查输入数据的合法性、有效性，报告必要的输入状态信息及错误信息。

（3）输入一批数据时，使用数据或文件结束标志，而不要用计数来控制。

（4）需要用户输入时，要有提示。

（5）交互式输入时，要提供可用的选择和边界值。

（6）当程序设计语言有严格的格式要求时，应保持输入格式的一致性。

（7）输出数据表格化、图形化。

输入、输出风格还受其他因素的影响，如输入、输出设备，用户经验及通信环境等。

6. 程序测试原则

（1）测试的 Good-enough 原则。不充分的测试是不负责任的，而过分的测试是一种资源的浪费，同样也是一种不负责任的表现。

（2）测试的木桶原理和双 80 原则。一般情况下，在分析、设计、实现阶段的复审和测试工作能够发现和避免 80% 的 Bug，而系统测试又能找出其余 Bug 中的 80%，最后的 4% 的 Bug 可能只有在用户的大范围、长时间的使用之后才会暴露出来。因为测试只能尽可能多地发现缺陷，无法保证能发现所有错误。

（3）Pareto 原则。缺陷具有集群性，80% 的错误往往集中在 20% 的程序模块中。因此，测试过程中要充分注意错误集群现象，对发现错误较多的程序段或者软件模块，应进行反复的深入的测试。

（4）测试的标准是用户的需求。所有的测试都应追溯到用户需求。软件测试的目标在于揭示错误，而最严重的错误（从用户角度来看）是那些导致程序无法满足需求的错误。

（5）测试的尽早介入。根据统计表明，在软件开发生命周期早期引入的错误占软件过程中出现所有错误（包括最终的缺陷）数量的 50%～60%，并且缺陷存在放大趋势。例如，需求阶段的一个错误可能会导致 N 个设计错误。

（6）杀虫剂悖论。杀虫剂用得多了，害虫就有免疫力，杀虫剂就发挥不了效力。在测试中，同样的测试用例被一遍一遍地反复使用时，发现缺陷的能力就会越来越差。为克服这种现象，测试用例需要经常地评审和修改，不断增加新的不同的测试用例来测试软件或系统的不同部分，以保证测试用例永远是最新的，即包含着最后一次程序代码或说明文档的更新信息。

（7）采用第三方或独立的测试团队。

（8）没有失效不代表系统是可用的。

3.4.3　软件开发工具与环境

软件工程旨在为软件的开发提供工程化的手段，以提高软件的可靠性、可理解性和易维护性，提高软件生产率，降低开发成本，使软件生产摆脱"手工作坊"式的落后生产方式，成为真正的工业化大生产。为此，除了加强开发过程管理外，还强调使用工具和建立开发环境。

1. 软件开发工具

1）软件开发工具及其种类

软件开发工具是用于辅助软件生命周期过程的计算机工具。通常可以设计并实现以工具来支持特定的软件工程方法，减少手工方式管理的负担。工具的种类包括支持单个任务的工具及囊括整个生命周期的工具。

（1）软件需求工具。包括需求建模工具和需求追踪工具。

（2）软件设计工具。用于创建和检查软件设计，因为软件设计方法的多样性，这类工具的种类很多。

（3）软件构造工具。包括程序编辑器、编译器和代码生成器、解释器和调试器等。

（4）软件测试工具。包括测试生成器、测试执行框架、测试评价工具、测试管理工具和性能分析工具。

（5）软件维护工具。包括理解工具（如可视化工具）和再造工具（如重构工具）。

（6）软件配置管理工具。包括追踪工具、版本管理工具和发布工具。

（7）软件工程管理工具。包括项目计划与追踪工具、风险管理工具和度量工具。

（8）软件工程过程工具。包括建模工具、管理工具和软件开发环境。

（9）软件质量工具。包括检查工具和分析工具。

2）目前广泛应用的软件工程工具

（1）统一建模语言（Unified Modeling Language，UML）。UML 为软件开发提供了一套标准的、通用的、支持面向对象开发的设计语言。使用 UML 可以进行需求分析、软件设计、程序设计，许多开发工具都支持 UML。

（2）IBM Rational。IBM Rational 是一个覆盖了从设计到交付的整个软件生产周期的软件工程工具。它拥有一系列工具产品，包括需求定义、设计与开发、变更与发布、质量管理等。其中包括：用于软件需求分析、设计和构建的工具 IBM Rational Requisite Pro、IBM Rational Software Modeler、IBM Rational Rose、IBM Rational Software Architect；用于软件测试和质量保证的工具 IBM Rational PurifyPlus；用于软件配置管理工具 IBM Rational Method Compose、IBM Rational ClearQuest；用于软件项目管理的工具 IBM Rational Method Compose、IBM Rational Team Unifying Platform 等。图 3.7 为 Rational Rose 的初始界面。图 3.8 为使用 Rational Rose 描述的时序图。

图 3.7　Rational Rose 的初始界面

（3）Microsoft Visio。Microsoft Visio 是一款能够与 Office 套件集成在一起的图形绘制工具，它也支持 UML 进行需求分析和设计。同时，它提供了各种图形元素，包括过程模型中的流程图、项目管理中的进度图、电路设计中使用的各种元素，利用这些图形元素可以绘制出需求分析和设计图形。图 3.9 为使用 Microsoft Visio 描述的对象模型。图 3.10 为使用 Microsoft Visio 描述的时序图。

（4）数据库设计工具。

软件开发离不开数据库的设计。PowerDesigner、ERwin 等都是数据库设计的工具。利用这些工具可以建立数据库设计的文档资料，对数据库的设计过程进行有效的管理。

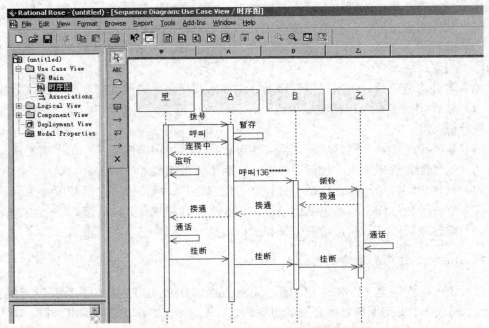

图 3.8　使用 Rational Rose 描述的对象时序图

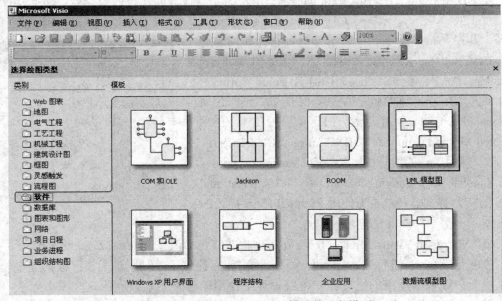

图 3.9　使用 Microsoft Visio 描述的对象模型

2. 软件工程环境

软件工程环境（Software Engineering Environment，SEE）是指以软件工程为依据，支持典型软件生产的系统。目前应用广泛的是两个环境：基于.NET 的软件工程环境和基于

J2EE 的软件工程环境。

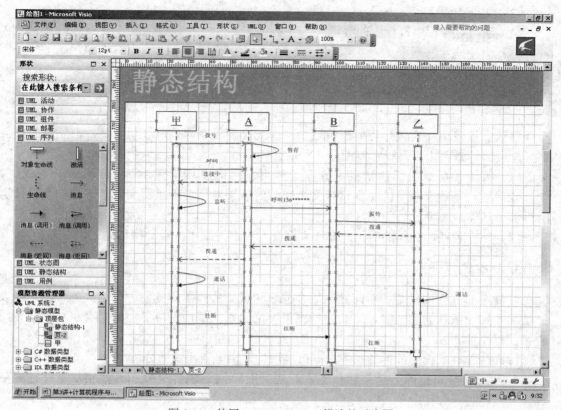

图 3.10　使用 Microsoft Visio 描述的时序图

3.4.4　软件再工程

软件再工程是指对即存对象系统进行调查，并将其重构为新形式代码的开发过程。最大限度地重用即存系统的各种资源是软件再工程的最重要的特点之一，即其核心是软件重用（或复用）。

软件复用是将已有软件的各种有关知识用于建立新的软件，以缩减软件开发和维护的费用。软件复用是提高软件生产力和质量的一种重要技术，复用得越多，再工程成本越低，软件的可靠性越高。早期的软件复用主要是代码级复用，被复用的知识专指程序，后来扩大到包括领域知识、开发经验、设计决定、体系结构、需求、设计、代码和文档等一切有关方面。下面介绍目前已经广泛应用的几个方面。

1. 代码复用

代码复用包括目标代码的复用和源代码的复用。其中，目标代码的复用级别最低，历史也最久，当前，大部分编程语言的运行支持系统都提供了链接（link）、绑定（binding）等功能来支持这种复用。

源代码复用的级别略高于目标代码的复用。目前使用的可靠源代码复用技术如下。

（1）函数。

（2）文件包含。

（3）面向对象程序设计中的继承。

（4）构件技术。

（5）对象链接及嵌入（OLE）。

2. 设计复用

设计结果复用受实现环境的影响较少，因此比源程序的抽象级别更高，被复用的机会更多，所需的修改更少。设计复用有 3 种途径。

（1）从现有系统的设计结果中提取一些可复用的设计构件，将之应用于新系统中。

（2）把一个现有系统的全部设计文档在新的软硬件平台上重新实现，即把一个设计运用于多个具体的实现。

（3）独立于任何具体的应用，有计划地开发一些可复用的设计构件。

3. 分析复用

可复用的分析构件是针对问题域的某些事物或某些问题的抽象程度更高的解法，受设计技术及实现条件的影响少，是比设计结果更高级别的复用，可复用的机会也更大。复用的途径有 3 种。

（1）从现有系统的分析结果中提取可复用构件用于新系统的分析。

（2）用一份完整的分析文档作输入产生针对不同软硬件平台和其他实现条件的多项设计。

（3）独立于具体应用，专门开发一些可复用的分析构件。

4. 数据复用

数据层通常要求更高的复用率。因为逻辑和数据休戚相关，如果改动数据库，逻辑势必不能正常运行，对逻辑部分的复用也就无从谈起。如果非改不可，也要以保证最大限度的重用为原则，争取做到只增不删，以保证数据的完整性。

5. 测试复用

测试复用主要包括测试用例的复用和测试过程信息的复用。前者是把一个软件的测试用例在新的软件测试中使用，或者在软件做出修改时在新的一轮测试中使用；后者是在测试过程中通过软件工具自动地记录测试的过程信息，包括测试员的每一个操作、输入参数、测试用例及运行环境等一切信息。

6. 界面复用

界面复用在 B/S（浏览器/服务器）模式中应用很多。基本的方法是界面模拟方法，即将旧界面包装为新的图形界面。例如，旧界面运行在终端上，新界面可以是基于 PC（个人计算机）的图形界面，也可以是运行在浏览器上的 HTML 页面。

3.4.5 复用技术对 OO 方法的支持

面向对象的软件开发和软件复用（后面介绍）之间的关系是相辅相成的。一方面，OO
方法的基本概念、原则与技术提供了实现软件复用的有利条件；另一方面，软件复用技术
也对面向对象的软件开发提供了有力的支持。

1. 类库

在面向对象的软件开发中，类库是实现对象类复用的基本条件。人们已经开发了许多
基于各种 OOPL 的编程类库，有力地支持了源程序级的软件复用，但要在更高的级别上实
现软件复用，仅有编程类库是不够的。实现 OOA 结果和 OOD 结果的复用，必须有分析类
库和设计类库的支持。为了更好地支持多个级别的软件复用，可以在 OOA 类库、OOD 类
库和 OOP 类库之间建立各个类在不同开发阶段的对应与演化关系，即建立一种线索，表明
每个 OOA 的类对应着哪个（或哪些）OOD 类，以及每个 OOD 类对应着各种 OO 编程语言
类库中的哪个 OOP 类。

2. 构件库

类库可以被看作一种特殊的可复用构件库。它为在面向对象的软件开发中实现软件复
用提供了一种基本的支持。但类库只能存储和管理以类为单位的可复用构件，不能保存其
他形式的构件；但是它可以更多地保持类构件之间的结构与连接关系。构件库中的可复用
构件，既可以是类，也可以是其他系统单位；其组织方式，可以不考虑对象类特有的各种
关系，只按一般的构件描述、分类及检索方法进行组织。在面向对象的软件开发中，可以
提炼比对象类粒度更大的可复用构件。例如，把某些结构或某些主题作为可复用构件；也
可以提炼其他形式的构件，如用例图或交互图。这些构件库中，构件的形式及内容比类库
更丰富，可为面向对象的软件开发提供更强的支持。

3. 构架库

如果在某个应用领域中已经运用 OOA 技术建立过一个或几个系统的 OOA 模型，则每
个 OOA 模型都应该保存起来，以为该领域新系统的开发提供参考。当一个领域已有多个
OOA 模型时，可以通过进一步抽象而产生一个可复用的软件构架。形成这种可复用软件构
架的更正规的途径是开展领域分析。通过正规的领域分析获得的软件构架将更准确地反映
一个领域中各个应用系统的共性，具有更强的可复用价值。

4. 工具

有效地实行软件复用需要有一些支持复用的软件工具，包括类库或构件/构架库的管理、
维护与浏览工具，构件提取及描述工具，以及构件检索工具等。以复用支持为背景的 OOA
工具和 OOD 工具在设计上也有相应的要求，工具对 OOA/OOD 过程的支持功能应包括：从
类库或构件库/构架库中寻找可复用构件；对构件进行修改，并加入当前的系统模型；把当
前系统开发中新定义的类（或其他构件）提交到类库（或构件库）。

5. OOA 过程

在复用技术支持下的 OOA 过程，可以按两种策略进行组织。第一种策略是，基本保持某种 OOA 方法所建议的 OOA 过程原貌，在此基础上对其中的各个活动引入复用技术的支持；另一种策略是重新组织 OOA 过程。

第一种策略是在原有的 OOA 过程基础上增加复用技术的支持，应补充说明的一点是，复用技术支持下的 OOA 过程应增加一个提交新构件的活动，即在一个具体应用系统的开发中，如果定义了一些有希望被其他系统复用的构件，则应该把它提交到可复用构件库中。第二种策略的前提是：在对一个系统进行面向对象的分析之前，已经用面向对象方法对该系统所属的领域进行过领域分析，得到了一个用面向对象方法表示的领域构架和一批类构件，并且具有构件库/构架库、类库及相应工具的支持。在这种条件下，重新考虑 OOA 过程中各个活动的内容及活动之间的关系，力求以组装的方式产生 OOA 模型，将使 OOA 过程更为合理，并达到更高的开发效率。

6. 设计模式

面向对象的程序设计适合开发大型软件，但由于软件规模大，对其维护的困难也随之加大。如何能做到既大又便于维护，便成为一个难题。这个难题较早就在不同的程序设计网络社区中讨论开了，人们互相交流、总结经验，形成并积累了许多可以简单方便复用的、成功的经验、设计和体系结构。1995 年，Erich Gamma、Richard Helm、Ralph Johnson 和 John Vlissides，也被俗称为"四人帮"——GoF（Gang of Four）在他们的著作 *Design Patterns: Elements of Reusable Object-Oriented Software*（《设计模式：可重用的面向对象软件的要素》，见图 3.11）中总结出了面向对象程序设计领域的 23 种经典的结构框架，并把它们

图 3.11　"四人帮"与他们的书籍

分为创建型、结构型和行为型 3 类，而且给每一个模式起了一个形象的名字。

这些模式都遵守着开闭原则（Open-Closed Principle，OCP），即对扩展开放，对修改关闭，并且采用了面向抽象的方法。这些模式为面向对象程序设计提供了一些不同的借鉴，可以说是经验的重用。

需要说明的是，GoF 的 23 种设计模式是成熟的，可以被人们反复使用的面向对象设计方案，是经验的总结，也是良好思路的总结。但是，这 23 种设计模式并不是可以采用的设计模式的全部。可以说，凡是可以被广泛重用的设计方案，都可以称为设计模式。有人估计，已发表的软件设计模式已经超过了 100 种，此外还有人研究反模式。

3.5 知 识 链 接

3.5.1 领域工程

软件复用的研究和实践表明,特定领域的软件复用活动相对容易取得成功。这里的领域是指一组具有相似和相近软件需求的应用系统所覆盖的功能区域。领域的内聚性(领域知识逻辑上的紧密相关性)和稳定性(在一定时间内,领域知识不会发生剧烈的变化)为软件复用活动提供了可供复用的软件资产和潜在的经济利益,使得特定领域的软件复用相对容易获得成功。

领域工程是在构造一个特定领域内的系统或者系统的某些部分时,以可重用方面(可重用的工作产物)的形式,收集、组织并保存过去的经验的活动,以及在构造新系统时,提供一种充分的方法(获取、限定、改造、装配等)来重用这些资源。

大多数软件系统可以根据业务领域和它们所支持的人物类型来划分类别,如定期航班预定系统、医学记录系统、证券管理系统、订单处理系统、库存管理系统等。人们把根据系统类别而组织的领域称为纵向领域(vertical domain)。类似地,也可以根据软件系统部件的功能对它们进行分类,如数据库系统、容器库、工作流系统、GUI 库、数值代码库等。人们把根据软件部件的类别组织的领域称为横向领域(horizontal domain)。

领域工程是目前可复用资产基础设施建设的主要技术手段,包含领域分析、领域设计、领域实现 3 个重要的活动。

领域分析在对领域中若干典型成员系统的需求进行分析的基础上,考虑预期的需求变化、技术演化、限制条件等因素,确定恰当的领域范围,识别领域的共性特征和变化特征,获取一组具有足够可复用性的领域需求,并对其抽象形成领域模型。

领域设计以领域需求模型为基础,考虑成员系统可能具有的质量属性要求和外部环境约束,建立符合领域需求、适应领域变化性的软件体系结构。

领域实现则以领域模型和软件体系结构为基础,进行可复用构件的识别、生产和管理。这样,基于领域工程的成果,新应用系统的开发不再是从零开始,而是建立在对分析、设计、实现等阶段的软件资产大量复用的基础上。

3.5.2 软件能力成熟度模型

1. CMM 的概念

软件能力成熟度模型(Capability Maturity Model for Software,SW-CMM,CMM)是 1987 年由美国卡内基·梅隆大学软件工程研究所(CMU SEI)研究出的一种用于评价软件承包商能力并帮助改善软件质量的方法,其目的是帮助软件企业对软件工程过程进行管理和改进,增强开发与改进能力,从而能按时地、不超预算地开发出高质量的软件。其所依据的想法是:只要集中精力持续努力去建立有效的软件工程过程的基础结构,不断进行管理的实践和过程的改进,就可以克服软件生产中的困难。

CMM 为软件企业的过程能力提供了一个阶梯式的改进框架。它基于过去所有软件工程过程改进的成果,吸取了以往软件工程的经验教训,提供了一个基于过程改进的框架;指明了一个软件组织在软件开发方面需要管理哪些主要工作、这些工作之间的关系,以及以怎样的先后次序,一步一步地做好这些工作而使软件组织走向成熟。

2．CMM 的评估等级

CMM 侧重于软件开发过程的管理及工程能力的提高与评估,为软件企业的过程能力提供了一个阶梯式的进化框架,阶梯共有 5 个评估等级。

第一级为初始级。初始级的软件过程是未加定义的随意过程,项目的执行是混乱的。也许,有些企业制定了一些软件工程规范,但若这些规范未能覆盖基本的关键过程要求,且执行没有政策、资源等方面的保证时,那么它仍然被视为初始级。

第二级为可重复级。第二级的焦点集中在软件管理过程上,建立了基本的项目管理来跟踪进度、费用和功能特征,制定了必要的项目管理,能够利用以前类似的项目应用取得成功。

第三级为可定义级。第二级仅定义了管理的基本过程,而没有定义执行的步骤标准。第三级则要求制定企业范围的工程化标准,将软件管理和过程文档化、标准化,同时综合成该组织的标准软件过程;所有的软件开发都使用该标准软件过程。

第四级为已管理级。第四级的管理是量化的管理。所有过程需建立相应的度量方式,所有产品的质量(包括工作产品和提交给用户的产品)需有明确的度量指标。这些度量应是详尽的,且可用于理解和控制软件过程和产品。

第五级为优化级。第五级的目标是达到一个持续改善的境界,即优化执行步骤。如果一个企业达到了这一级,那么表明该企业能够根据实际的项目性质、技术等因素,不断调整软件生产过程以求达到最佳。

除了这 5 个评估等级外,CMM 模型还指定了与 5 个级别相关的 18 个关键过程域,52 个目标,300 多个关键实践。

3．CMM 评估过程

CMM 已经成为目前国际上最流行、最实用的一种软件生产过程标准,已经得到了众多国家以及国际软件产业界的认可,是当今企业从事规模软件生产不可缺少的一项内容。

CMM 评估是为了评价当前的水平,找出问题所在,指导如何改进和了解软件承包商的软件能力。目前,在针对 CMM 开发出的许多评估方法中被公认的评估方法有两种:一种是用于内部过程改进的 CMM 评估,称为 CBA-IPI;另一种是用于选择和监控分承包方的 CMM 评估,称为 SCE 方法。这两种方法基于不同的目的,但评估的结果应一致。评估包括 3 个阶段:准备阶段、现场阶段和报告阶段。

每一个 CMM 等级的评估周期(从准备到完成)需 12~30 个月。此期间应抽调企业中有管理能力、组织能力和软件开发能力的骨干人员,组成专门的 CMM 实施领导小组或专门的机构。同时设立软件工程过程组、软件工程组、系统工程组、系统测试组、需求管理组、软件项目计划组、软件项目跟踪与监督、软件配置管理组、软件质量保证组、培训组。

各个小组在完成自己任务的同时协调其他小组的工作。然后制定和完善软件过程，按照 CMM 规范评估这个过程。CMM 正式评估由 CMU/SEI 授权的主任评估师领导一个评审小组进行，评估过程包括员工培训、问卷调查和统计、文档审查、数据分析、与企业的高层领导讨论和撰写评估报告等，评估结束时由主任评估师签字生效。此后最关键的就是根据评估结果改进软件过程，使 CMM 评估对于软件过程改进所应具有的作用得到最好的发挥。

习　题　3

一、选择题

1. 高级程序设计语言中，一般都提供有_____数据类型。

　　A. 整型、实型、字符型　　　　　　　　B. 整数型、实数型、字符型

　　C. 整数型、浮点型、字符型　　　　　　D. 整数型、小数型、字符型

2. 以下关于变量名的叙述中，正确的是_____。

　　A. C语言不区分字母的大小写，例如，a与A被看作同一个字符

　　B. C语言允许使用任何字符构成变量名

　　C. 在变量名中打头的字符只能是字母或下画线

　　D. C语言的变量名可以是任意长度

3. 有人写了如下4组C语言标识符，其中全部合法的一组是_____。

　　A. x2、X2、2x、main、Int　　　　　　B. x2 + X2、$X、main、Int

　　C. x2、X2、$2X、main、int　　　　　D. x2、X2、$2X、main、Int

4. 下面4种叙述中，错误的是_____。

　　A. 一个C语言程序至少要有一个主函数

　　B. 为了让操作系统能找到并执行一个C程序的主函数，该程序的主函数要与存储该程序的文件同名

　　C. 执行一个C语言程序的过程就是执行该程序的主函数的过程

　　D. 所有C语言程序的主函数都使用同一个名字——main

5. 下面各项中，均是合法整数字面量的项是_____。

　　A. 180　　　　　0XFFFF　　　　011　　　　B. -0xcdf　　　　01a　　　　0xe

　　C. -01　　　　　999,888　　　　06688　　　D. -0x567a　　　　2e5　　　　0x

6. 下面各项中，均是不合法浮点类型常量的项是_____。

　　A. 2.　　　　　0.123　　　　e3　　　　B. 123　　　　3e4.5　　　　.e5

　　C. -.123　　　　123e45　　　　0.0　　　D. -e　　　　2.　　　　1e2

7. 一个C语言程序_____。

　　A. 可以没有主函数　　　　　　　　　　B. 应当包含一个主函数

　　C. 应当包含两个主函数　　　　　　　　D. 可以包含任意个主函数

8. 程序动态测试的基本方法是_____。

　　A. 自己选有利数据运行　　　　　　　　B. 不同人分别运行一遍

C. 用调试工具检查错误　　　　　　　　D. 运行经过设计的测试用例

二、填空题

1. 指针的两个基本属性是_____和_____。

2. 当一个表达式中含有多个操作符时，_____的操作符具有与操作对象结合的优先权。

3. 当一个表达式中两个相邻的操作符优先级相同时，按照_____决定与操作数结合的先后。

4. 数组（array）是一种聚合数据类型。它有如下3个群体性特征：_____、_____和_____。

5. 结构体（struct）是一种可以让程序员定制的聚合数据类型。这种数据类型允许用一组类型不同的数据作为成员。

三、判断题

1. 数据在内存中占有的存储空间大小只与其书写的位数有关。　　　　　　　　　　（　　）

2. C语言是一种功能强大的语言，无论是整数还是实数，都可以准确无误地表示。　（　　）

3. 表达式是程序中含有操作符的式子。　　　　　　　　　　　　　　　　　　　（　　）

4. 数据实体（object）是拥有一块独立存储区域的数据，其基本特点是可以用名字对其代表的存储空间进行读（取）写（存）操作。　　　　　　　　　　　　　　　　　　　　　　　　　　　　　（　　）

5. 程序测试的目的是验证程序的正确性。　　　　　　　　　　　　　　　　　　（　　）

6. 程序测试的目的是找出程序中的错误。　　　　　　　　　　　　　　　　　　（　　）

四、综合题

1. 什么是程序？什么是软件？软件与程序是什么关系？

2. 在软件危机时期，流传着一些关于程序设计的谚语，例如"没有不出现错误的程序"等。请收集类似的谚语。

3. 什么是软件危机？它有哪些表现？历史上的软件危机出现在哪个时期？

4. 试比较类的继承与类的聚合两者的优缺点。

5. 搜索关于墨菲法则的资料。如何把墨菲法则应用到软件开发中？

6. 试比较语句覆盖和条件覆盖。

7. 试比较等价分类法和边值分析法。

8. 比较各种软件开发模型的优缺点。

9. 什么是程序设计风格？哪些是不良程序设计风格？

10. 收集资料，说明在各软件开发阶段有哪些软件工具可用。

11. 参加CMM评估有什么好处？

参考文献 3

[1] 张基温. 新概念C++程序设计大学教程[M]. 2版. 北京：清华大学出版社，2016.

[2] 张基温. 新概念C程序设计大学教程[M]. 3版. 北京：清华大学出版社，2016.

[3] 张基温. 信息化导论[M]. 北京：清华大学出版社，2012.

第4章 算法思维

程序设计是一个逻辑思维传达过程。在这个过程中，它把人求解问题的思维传达到机器可直接或间接的操作中。或者说，程序中所描述的机器操作，实际上是人的解题思路的计算机可执行描述。程序中所蕴含的解题思路称为算法（algorithm）。所以，算法常称为程序的灵魂、计算的灵魂。

对于不同类型的问题，具有不同的算法，而对于同样类型的问题也可以有不同的算法，因为不同的解题环境以及思维模式，会有不同的解题思路。也就是说，算法因问题类型、解题环境和思维模式而异。

4.1 算法基础

可以把算法理解为由解题指令所构成的完整解题步骤。本节介绍计算机问题求解中常用的一些基本算法环节和思想。这些环节可以单独使用，也可以用来构造复杂算法。

4.1.1 穷举

穷举法（exhaustive attack method）也称为蛮力法（brute-force method），其基本思路是：对于要解决的问题，列举出它的所有可能的情况，逐个判断有哪些符合问题所要求的条件，从而得到问题的解。

例如，在图 4.1 所示的一个平面上有多个随机分布的点和一个圆，要找出离圆心最近的点，最直接和最容易理解的办法是先计算出圆心的位置，再一一求每个点与圆心之间的距离，就可以找到离圆心最近的点，这就是穷举。

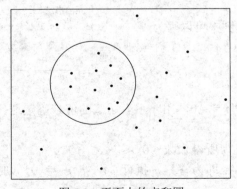

图 4.1　平面上的点和圆

穷举法一般采用重复结构，并由如下 3 个要素组成。

（1）穷举范围。

（2）判定条件。

（3）穷举结束条件。

显然，穷举是可以找到最优解的一种方法，并且是所有搜索算法中最简单、最直接的一种算法，但其时间效率比较低。有相当多的问题需要运行较长的时间，而有些问题的运行时间会长得使人难于接受。为此，它只是在一时找不到更好的途径时才被采用。为了提高效率，使用穷举算法时，应当充分利用各种有关知识和条件，尽可能地缩小搜索空间。例如，在第3章中求解百钱买百鸡的代码3.4就是一种穷举算法，它列举了3种鸡的各种组合，来从中找到复合条件的解，并利用已知条件来减少搜索工作量。

4.1.2　迭代与递推

迭代法也称为辗转法，是一种不断用变量的旧值递推新值的过程。递推是由一个变量的值推出另外变量的值的过程。例如，一笔存款每年自动转存，形成利滚利的情况，本金每年不同，不断迭代。若在该存款问题中，将各年的本金用不同的变量表示，就成了递推问题。所以，迭代与递推没有严格的界限。

迭代或递推一般采用重复结构，并且由如下三要素组成。

（1）迭代或递推初始状态，即迭代或递推变量的初始值。

（2）迭代或递推关系，即一个问题中某个状态的前项与后项之间的关系。

（3）迭代或递推的终止条件。

例 4.1　我国东汉时期的《九章算术》中，记录了一种求两个正整数的最大公因子的算法，将之称为辗转相除法。它是已知最古老的迭代算法。

设两个自然数分别为 u 和 v，则按照迭代三要素可以得到：

（1）迭代初始值：u 的初始值为 m，v 的初始值为 n。

（2）迭代公式，在本例中可以写为

$u = v;$

$v = r;$

$r = u \% v;$

（3）迭代终止条件。$r == 0$，用一个表达式的值来确定迭代是否终止。

进一步描述如下。

S1：计算 $u \div v$，令 r 为所得余数（$0 \leq r < v$）。

S2：判断，若 $r = 0$，v 即为答案，执行 S4；若 $r \neq 0$，则执行 S3。

S3：迭代互换，即置 $u \leftarrow v$，$v \leftarrow r$，再返回 S1。

S4：输出结果，算法结束。

注意：在迭代时，要注意相关表达式之间的顺序关系，不可搞错。

《九章算术》

《九章算术》（见图 4.2）是中国古代数学专著，承先秦数学发展的源流，进入汉朝后又经许多学者的删补才最后成书，这大约是公元一世纪的下半叶。它的出现，标志着中国古代数学体系的形成。

图 4.2　《九章算术》

《九章算术》共收有 246 个数学问题，分为九章：方田、粟米、衰分、少广、商功、均输、盈不足、方程、勾股。

图 4.3 为当 $m = 36$、$n = 21$ 时的迭代过程。

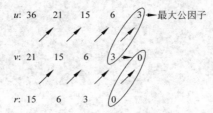

图 4.3　$m = 36$、$n = 21$ 时辗转相除的迭代过程

进一步细化得到如下框架。

代码 4.1　辗转相除法程序框架。

```
int u = m, v = n, r;              //初始化
r = u % v;                        //S1
while(r != 0) {                   //S2
   u = v;                         //S3
   v = r;                         //S3
   r = u % v;                     //S1
}
输出 v;                           //S4
```

再细化，得到如下 C 程序代码。

代码 4.2　辗转相除法的程序参考代码。

```
#include <stdio.h>
int main(void) {
   int u,v,r;
   printf("\n 请输入两个正整数:");
   scanf("%d%d",&u,&v);
   while( (r = u % v) != 0 ) {
      u = v;
       v = r;
    }
   printf("\n 最大公因子为:%d\n",v);     //u 中存储的是相除时的 v 值
   return 0;
}
```

排除无效等价类，再改进。

代码 4.3　基于代码 4.2 的改进。

```
#include <stdio.h>
int main(void) {
   int u,v,r;

   printf("\n 请输入两个正整数:");
   while( scanf("%d%d",&u,&v),(u <= 0 || v <= 0))
      printf("\n 输入错误，请重新输入:");
```

```
    while( (r = u % v) != 0 ) {
       u = v;
       v = r;
    }
    printf("\n 最大公因子为:%d\n",v);
    return 0;
}
```

4.1.3 递归

简单地说，递归（recursion）就是自己调用自己。图 4.4 就是一幅递归图画———一只猴子在画自己。如果用这样一句话描述就是："猴子递归地画自己"。

在程序设计中，"递归"描述也称为递归算法，表现为函数直接或间接地调用自己。这样，可以将一个复杂的过程简单地描述出来，而将烦琐的求解过程交给编译器实现，以大大提高程序设计的效率。

递归算法有如下特点。

（1）把问题分为 3 部分：第 1 部分称为问题的始态，是问题直接描述的状态；第 2 部分是可以用直接法求解的状态，称为问题的终态或基态，是递归过程的终结；第 3 部分是中间（借用）态。

图 4.4 猴子自己画自己的递归场面

（2）用初态定义一个函数，终态和中间态以自我直接或间接调用的形式定义在函数中。

（3）函数的执行过程是一个不断中间态的调用过程，每一次递归调用都要使中间态向终态靠近一步。当中间态变为终态时，函数的递归调用执行结束。

本节通过阶乘的递归算法说明进行递归算法设计的基本方法。

1. 算法分析

通常，求 $n!$ 可以描述为

$$n! = 1 \times 2 \times 3 \times \cdots \times (n\text{-}1) \times n$$

也可以变换为

$$n! = n \times (n\text{-}1) \times \cdots \times 3 \times 2 \times 1 = n \times (n\text{-}1)!$$

这样，一个整数的阶乘就被描述成为一个规模较小的阶乘与一个数的积。用函数形式描述，可以得到如下的递归模型。

$$\text{fact}(n) = \begin{cases} \text{非法} & (n < 0) \\ 1 & (n = 0) \\ n \times \text{fact}(n\text{-}1) & (n > 0) \end{cases}$$

$\left.\begin{array}{c} \\ \end{array}\right\}$ 终态
—— 初态和中间态

2. 递归函数参考代码

代码 4.4 计算阶乘的递归函数代码。

```
#include<stdio.h>
#include<stdlib.h>
long int fact(long int n) {
    if(n < 0L) {
        printf(" 对不起，这里不对负数求阶乘！\n");          //终态1
        exit900;
    }else if(n == 0L)
        return 1L;;                                    //终态2
    else
        return n * fact(n - 1);                        //中间态被递归调用
}
```

说明：

（1）递归是把问题的求解变为较小规模的同类型求解的过程，并且通过一系列的调用和返回实现。图 4.5 所示为本例的调用——回代过程。

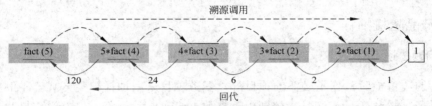

图 4.5　求 fact(5)的递归计算过程

（2）递归过程不应无限制地进行下去，当调用有限次以后，就应当到达递归调用的终点得到一个确定值（例如，图中的 fact(1)=1），然后进行回代。在这样的递归程序中，程序员要根据数学模型写清楚调用结束的条件，以保证程序不会无休止地调用。任何有意义的递归总是由两部分组成：中间态的递归与用终态终止递归。

3. 改进的递归程序代码

分析代码 4.4 的执行过程可以发现，如果 n = 10000，则这个函数在执行过程中，就需要对 n < 0L 判断 10000 次，对 n == 0L 判断 9999 次，显然降低了程序的效率。由于这些判断一定是最后才需要的，因此应当将它们放在最后。

代码 4.5　改进的阶乘计算的递归函数代码。

```
#include<stdio.h>
#include<stdlib.h>

long int fact(long int n) {
    if(n > 0L)
        return n * fact(n - 1);                        //中间态,被递归调用
    else if(n == 0L)
        return 1L;                                    //终态2
    else                                              //终态1
        printf("对不起，这里不对负数求阶乘！\n");
    exit(EXIT_SUCCESS);
}
```

这样，程序的效率就会有不少提高。

4.2　模　拟　算　法

模拟（simulation）又称为仿真，是利用模型在实验环境下对真实系统进行研究。当研究环境是计算机环境时，就是计算机模拟。

现实世界中，从模拟问题的性质来看，可以分为确定性（deterministic）模拟和随机性（stochastic）模拟。确定性模拟采用确定性模型。对于确定性模型，只要设定了输入和各个输入之间的关系，其输出也是确定的，而与实验次数无关。随机性模拟采用随机性模型，在这个模型中，至少有一个随机变量——其后一个值与前一个值无关并且不可预测。

本节通过几个实例分别介绍几种常用的模拟算法。

4.2.1　产品随机抽样

1. 问题描述

产品的质量检验，除了必要的项目外，多数项目采用抽样检验方式。本例要求设计一个抽样程序，假设有 m 个产品，分别用正整数 $1 \sim m$ 进行编号，从中随机抽取 n 个编号。

2. 算法分析

人工方法是在编有 m 个号的纸片中，按照每次随机抽取一张的方式，共抽取 n 次。用计算机进行模拟，可以每次随机地在整数 $1 \sim m$ 之中产生一个数，共产生 n 次，即采用算法：

```
for(int i = 1; i <= n; ++i) {
    //产生一个 1 ~ m 之间的随机数

}
```

下面介绍用计算机生成 $1 \sim m$ 之间随机数的几项方法。

（1）库函数 rand() 的应用。在 C 语言中，可以使用随机数函数 rand() 产生随机数。这是系统的函数库中定义的一个函数。为了使用这个函数需要知道下列 3 点。

① 该函数的原型（提供了该函数的用法）为 int rand(void)。

② 该函数没有参数，只能产生 [0,RAND_MAX] 中的一个随机整数。

③ RAND_MAX 定义和 rand() 的说明在头文件 stdlib.h 中。

（2）库函数 rand() 只能产生 0 ~ RAND_MAX 的随机数，RAND_MAX 是定义在 stdlib.h 中的一个宏，其值与系统字长有关，最小为 32 767，最大为 2 147 483 647。

假设 $m <$ RAND_MAX-1，就需要把一个 1 ~ RAND_MAX 的随机数截短到 0 ~ m 之间。把一个大区间中的数截到小区间的简单办法就是进行模运算。图 4.6 所示为在一个以月为单位的时间轴中，对点 A 做以 12 为模的运算情形，它将所有时间都折合在 [0 ~ 12) 之间，点 A 的值为 8。这样，就把一个大数截短在一个小的区间了。

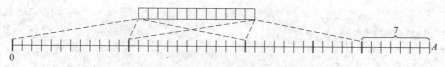

图 4.6　用模运算进行大区间截短变换

在一般情况下，可以使用如下截短移位变换。

① rand() % m：产生[0, m）区间的随机数。

② rand() % (m + 1)：产生[0, m]区间的随机数。

③ rand() % m + 1：产生[1, m]区间的随机数。

④ rand() % m + n：产生[n, m + n）区间的随机数。

⑤ rand() % m + n + 1：产生[n + 1, m + n] 区间的随机数。

注意：当要求的随机数区间很小时，所产生的随机数列的分布会很不均匀。

3. 测试设计

输入：m（产品数量）、n（抽样台数）、s（抽样次数）。

输出：s 组抽样数。各组不重复，每组内的样本编号分布均匀。

4. 初步代码与测试

代码 4.6　随机抽取样本的初步代码。

```c
#include<stdio.h>
#include<stdlib.h>                               //函数rand()要求的头文件

int main(void) {
    int m,n,r;

    printf("请输入产品数量和抽样台数:");
    scanf("%d,%d",&m,&n);
    for(int i = 1;i <= n;++i) {
        r = rand() % m+1;                        //产生一个随机数
        printf("%d;",r);
    }
    printf("\n");
    return 0;
}
```

本例运行 5 次的结果为

```
请输入产品数量和抽样台数:100,5↵
47;31;83;91;57;

请输入产品数量和抽样台数:100,5↵
47;31;83;91;57;

请输入产品数量和抽样台数:100,5↵
47;31;83;91;57;
```

请输入产品数量和抽样台数：<u>100,5</u>↵
47;31;83;91;57;

请输入产品数量和抽样台数：<u>100,5</u>↵
47;31;83;91;57;

结果表明，重复运行上述程序，5 次所得结果相同。对于抽样来说，每次抽样的都是这几个编号的产品，这也就不具有随机性了。形成这种结果的原因在于计算机所生成的随机数序列并非真正的随机数序列，而是一个伪随机数序列。

5. 程序改进

用计算机进行随机模拟，是绕不开伪随机数这个特点的。改进的办法是如何使伪随机数序列不同。

在 C 语言中，可以用库函数 srand(seed)先为 rand()设置随机数序列种子。不同的随机数序列种子，可以产生不同的随机数序列。如果让随机数序列种子具有不重复性，函数 rand()产生的随机数序列就会不相同。通常采用系统时间作为随机数序列种子具有较好的效果，其形式如下：

```
srand((unsigned int) time(NULL));
```

这里，unsigned int 称为无符号整数类型的声明关键字。将之用圆括号括起来，形成一种强制转换操作符，可以将后面的时间（字符串类型）数据转换为无符号整数类型。

srand()的声明也在头文件 stdlib.h 中，time()的说明在头文件 time.h 中。

代码 4.7 改进后的程序代码。

```
#include<stdio.h>
#include<stdlib.h>                        //srand()要求的头文件
#include<time.h>                          //time()要求的头文件

int main(void) {
    int m,n,r;
    printf("请输入产品数量和抽样台数:");
    scanf("%d,%d",&m,&n);

    srand(time(0));                       //用时间函数作为伪随机数序列种子
    for(int i=1;i<=n;++i {
        r=srand()%m+1;                    //产生一个随机数
        printf("%d;",r);
    }
    printf("\n");
     return 0;
}
```

6. 测试结果

5 次运行结果如下：

```
请输入产品数量和抽样台数:100,5↵
30;52;47;49;85;

请输入产品数量和抽样台数:100,5↵
61;74;38;26;78;

请输入产品数量和抽样台数:100,5↵
78;33;1;4;66;

请输入产品数量和抽样台数:100,5↵
63;71;73;5;61;

请输入产品数量和抽样台数:100,5↵
49;8;12;6;56;
```

4.2.2 用蒙特卡洛方法求π的近似值

1. 用蒙特卡洛方法计算π的近似值的基本思路

蒙特卡洛方法（Monte Carlo Method）也称为随机抽样技术（random sampling technique）或统计实验方法，是一种应用随机数进行仿真实验的方法。用蒙特卡洛方法计算π的近似值的基本思路如下：

根据圆面积的公式

$$S=\pi R^2$$

当 $R=1$ 时，$S=\pi$。

由于圆的方程为

$$X^2+Y^2=1$$

因此，1/4 的圆面积为 x 轴、y 轴和上述方程所包围的部分。

如图 4.7 所示，如果在 1×1 的矩形中均匀地落入随机点，则落入 1/4 圆中点的概率就是 1/4 圆的面积。其 4 倍，就是圆面积。由于半径为 1，该面积的值即π的值。

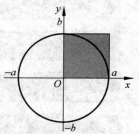

图 4.7　用蒙特卡洛方法
计算π的近似值

2. 测试设计

输入：m（随机点数）。

输出：π的近似值。

期望：要求随着点数增加，输出收敛。

3. 程序代码

代码 4.8　用蒙特卡洛方法计算π的值的程序。

```
#include<stdio.h>
#include<stdlib.h>
#include<time.h>

int main(void) {
    int n=0, m=0;
    double x,y;                                           //坐标

    printf("输入要产生的随机点数:");
    scanf("%d",&m);
    srand(time(00));
    for(int i=1; i<=m; ++i) {                             //在 1×1 的矩形中产生 m 个随机点
        x = (double)rand()/(RAND_MAX);                    //在 0~1 间产生一个随机 x 坐标
        y = (double)rand()/(RAND_MAX);                    //在 0~1 间产生一个随机 y 坐标
        if(x*x+y*y <= 1.0)  ++n;                          //统计落入单位圆中的点数

    }
    printf("\n 计算值为: %f\n",4* (double)n/m);           //计算出 π 的值
    return 0;
}
```

4. 程序测试

本题可以采用结果分析法，分析程序执行结果是否随着随机点数的增加越来越接近。下面是几次试运行的结果：

4.2.3 事件步长法——中子扩散问题

1. 问题描述

中子扩散问题：原子反应堆的壁是铅制的，中子从铅壁的内侧（为了简化问题，设以垂直方向）进入，走一定距离（设此距离为铅原子的直径 d），与铅原子碰撞；之后改变方向（这个方向是随机的），又走一定距离（仍设为 d），与另一个原子碰撞。如图 4.8 所示，如此经过多次碰撞后，中子可能穿透铅壁辐射到反应堆外，也可能将其能量耗尽被铅壁吸收，还可能被反射回反应堆内。显然，铅壁设计得越厚，穿透的概率就越小，反应堆就越

安全。由此，可以根据对原子能反应堆的辐射标准，设计出原子能反应堆的壁厚。

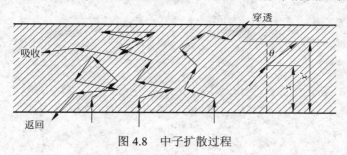

图 4.8　中子扩散过程

2. 建立模型

由于每次碰撞后弹出的角度是随机的，因此中子最后是穿透，还是被吸收或返回，也是随机的，是由大量中子运动的统计规律决定的。要导出铅壁厚和穿透率之间的关系，用解析方法是极为困难的，用计算机模拟会使问题的求解得到简化。

为了建立概率模拟模型，首先分析一个中子在铅壁内的运动情况。

中子在壁内的运动与其每次与铅原子碰撞后的弹射角 θ 有关，这个角是随机的，可以采用下面的公式表示：

$$\theta = 2 * \pi * rand()/RAND\_MAX$$

设中子在壁内与某一铅原子碰撞时距内壁的距离为 x，则下一次碰撞前产生 x 的变化为

$$x = x + d * \cos (2 * \pi * rand()/RAND\_MAX)$$

若以铅原子的直径为单位，可以写为

$$x += \cos (2 * \pi * rand()/ RAND\_MAX)$$

设反应堆的壁厚为 $m * d$，每个中子在铅壁内碰撞 N0 次后其能量就会被铅原子吸收。那么当碰撞次数 $n \geqslant$ N0 时，就可以由 x 的变化表明它是被吸收了（$0 \leqslant x \leqslant m*d$），还是返回到反应堆（$x < 0$），或是扩散到了反应堆外（$x > m*d$）。模拟一个中子的运动，得到一个结果，对大量中子的运动进行模拟的结果，便可以统计出中子的穿透率 np、吸收率 na 和返回率 nr。

3. 测试设计

输入：m（壁厚）、nx（中子数）

输出：穿透率、吸收率和返回率。

期望：

（1）在壁厚一定的情况下，3 个输出应随着中子数的增加而收敛。

（2）在中子数一定的情况下，壁厚越厚，穿透率越低，吸收率越高。

4. 程序参考代码与测试

代码 4.9　中子扩散问题。

```
#include<stdio.h>
#include<math.h>
```

```c
#include<stdlib.h>
#include<time.h>
#define N0 10
#define PI 3.1415926
int main(void) {
    double nr = 0.0, np =0.0, na = 0.0;
    int in, m, nx;
    double x;

    printf("\nDeep of reactor wall:");
    scanf("%d",&m);
    printf("\nTotal of neutrons:");
    scanf("%d",&nx);
    srand(time(00));
    for(int i = 1;i <= nx;++i) {
        x = 0, n = 0;
        do {
            x += cos(2.0 * PI * rand() / (RAND_MAX-1));
            ++n;
            if(x<0) {++nr;break;}
            if(x>m) {++np;break;}
            if(n>N0) {++na;break;}
        }while(1);
    }
    printf("np=%f%%,na=%f&&,nr=%f%%",100 * np / nx,100 * na / nx,100 * nr / nx);
    return 0;
}
```

程序某次运行结果如下：

```
Deep of reactor wall:2↵
Total of neutrons:1000↵
np=23.700000%,na=1.400000%,nr=74.900000%
Deep of reactor wall:5↵
Total of neutrons:1000↵
np=4.100000%,na=19.900000%,nr=76.000000%
```

5. 说明

（1）事件步长法是按照事件发生的顺序对过程进行仿真的方法。在本题中，将中子的每一次碰撞当作一个事件，观察其变化。事件不断积累，就可以得到解。这是事件步长法的一个简单应用。一般说来，事件多是随机出现的，或事件的变化具有一定的随机性。因此，事件步长法与蒙特卡洛方法在许多问题中是同一种方法的不同视角。

（2）%%的作用是产生一个显示字符%，因为只写一个%时，系统会解释为格式字段。

4.2.4 时间步长法——盐水池问题

1. 问题描述

如图 4.9 所示，某盐水池内有 200L 盐水，内含 50kg 食盐。假定以 6L/min 的速度向该盐水池中注入含盐量为 0.2kg/L 的盐水，同时以 4L/min 的速度流出搅拌均匀的盐水，则 30min 后，盐水池中的食盐总量为多少？

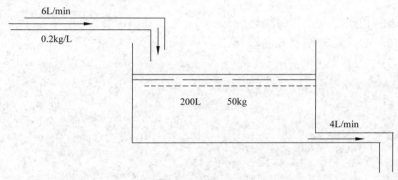

图 4.9　盐水池问题

2. 算法分析

假设该盐水池是先只进不出，或只出不进，问题就比较简单了。先计算进水情况：时间段 period=30min 内流进的盐水量为 6L/min×period=180L，流进食盐量为 6L/min×period×0.2kg/L = 36kg。于是加上原来的食盐量，该盐水池中的食盐总量为 50kg + 36kg = 86kg，盐水总量为 200L + 180L = 380L，盐水含盐量为（86/380）kg/L。

如果进水 30min 后，便只出不进 30min，则流出的盐水总量为 4L/min×30min = 120L，流出食盐量为 4L/min×30min×86kg/380L = 27.157895kg，盐水池中剩余食盐量为 86kg−27.157895kg = 58.842105kg。

实际是进口不断流进，出口不断流出。采用这样的计算，误差太大。那么，如何减少计算的误差呢？显然，只要时间段缩小，精度就可以提高，并且时间段越小，计算的精度就越高。这个小的时间段就称为时间步长。

3. 数据设计

（1）原始数据。在程序中定义使用宏定义：

```
#define  InitTotalSalwater        200.0        // 原来盐水总量,单位：L
#define  InitSalt                  50.0        // 原来食盐总量,单位：kg
#define  SalWaterInSpeed            6.0        // 进盐水速度,单位：L/min
#define  SaltInRate                 0.2        // 进盐水中每升盐含量,单位：kg/L
#define  SalWaterOutSpeed           4.0        // 出盐水速度,单位：L/min
```

（2）变量。在程序中定义：

```
double    totalSalwater,          //存储迭代过程中的盐水总量
          totalSalt,              //存储迭代过程中的食盐总量
          time,                   //时间变量
          timeSpan,               //时间段,单位: min
          timeStep;               //时间步长,单位: s
```

为了计算比较精确，使用秒级的步长 timeStep。

4. 操作代码设计

（1）粗略的代码——伪代码描述。

代码 4.10　盐水池问题的算法框架。

```
// 初始化
totalSalWater = InitTotalSalwater;
totalSalt = InitSalt;

// 迭代过程
for(time = 0; time <  timeSpan*60; time += timeStep) {
    // 考虑只进不出,计算 1 个 timeStep 后池中盐水总量
    池中盐水总量 + 1 个时间步长中流进的盐水量;
    // 考虑只进不出,计算 1 个 timeStep 后池中食盐总量
    池中食盐总量 + 1 个时间步长中流进的食盐量;
    // 考虑只出不进,计算 1 个 timeStep 后池中盐水总量
    池中盐水总量 - 1 个时间步长中流出的盐水量;
    // 考虑只出不进,计算 1 个 timeStep 后池中食盐总量
    池中盐水总量 - 1 个时间步长中流出食盐量;
}
输出食盐总量;
```

（2）部分细化的伪代码。

代码 4.11　部分细化盐水池问题的算法。

```
// 初始化
totalSalWater = InitTotalSalwater;
totalSalt = InitSalt;
// 迭代过程
for(time = 0; time < TimeSpan * 60; time += TimeStep) {
    // 考虑只进不出,计算 1 个 TimeStep 后池中盐水总量
    totalSalWater += SalWaterInSpeed / 60 * TimeStep;
    // 考虑只进不出,计算 1 个 TimeStep 后池中食盐总量
    totalSalt += SalWaterInSpeed * SaltInRate / 60 * TimeStep;
    // 考虑只出不进,计算 1 个 TimeStep 后池中食盐总量
    totalSalt -= totalSalt / totalSalwater * SalWaterOutSpeed/60 * TimeStep;
    // 考虑只出不进,计算 1 个 TimeStep 后池中盐水总量, 准备下一次迭代
    totalSalWater -= SalWaterOutSpeed / 60 * TimeStep;
}
printf('%d 分钟后,盐水池中含有食盐%lf 千克。', TimeSpan,totalSalt);
```

（3）进一步细化的程序代码。

此外，为了便于分析，时间段和时间步长可以在运行中输入。这样，可以得到本例的代码如下。

代码 4.12 部分细化盐水池问题的程序代码。

```c
#include<stdio.h>
#define InitTotalSalwater      200.0            //原来盐水总量,单位: L
#define InitSalt               50.0             //原来食盐总量,单位: kg
#define SalwaterInSpeed        6.0              //进盐水速度,单位: L/min
#define SalInRate              0.2              //进盐水中每升食盐含量,单位: kg/L
#define SalwaterOutSpeed       4.0              //出盐水速度,单位: L/min

int main(void) {
    double          totalSalwater,              //存储迭代过程中的盐水总量
                    totalSalt,                  //存储迭代过程中的食盐总量
                    time,                       //时间变量
                    timeStep,                   //时间步长,单位: s
                    timeSpan;                   //时间段,单位: min

    totalSalwater=InitTotalSalwater;totalSalt=InitSalt;
    printf("请给定时间段（以分为单位）: ");
    scanf("%lf",&timeSpan);
    printf("请给定时间步长（以秒为单位）: ");
    scanf("%lf",&timeStep);
    for(time = 0; time < timeSpan*60; time += timeStep) {
        totalSalwater += SalwaterInSpeed / 60 * timeStep;
        totalSalt += SalwaterInSpeed * SalInRate / 60 * timeStep;
        totalSalt -= totalSalt / totalSalwater * SalwateroutSpeed / 60 * timeStep;
        totalSalwater -= SalwateroutSpeed / 60 * timeStep;
    }
    printf("步长为%lf 秒,经%lf 分钟后,盐水池中含有食盐%lf 千克。\n", timeStep,timeSpan,totalSalts);
    return 0;
}
```

说明：

（1）在这个程序中，采用宏定义的方式定义原始数据。这种方法的好处是修改便利，如要使用不同的原始数据进行程序测试时，只需在预处理命令处集中修改即可，不需要在程序代码中进行分散修改，从而减少了出错的概率。

（2）操作符+=和-=是两种复合赋值操作符，分别是加与赋值、减与赋值复合操作的简洁表示形式。例如，a += b，相当于 a = a + b；a -= b，相当于 a = a-b。类似的操作符还有*=、/=、%=等。一定要注意，这些操作符和++、--都具有赋值功能。

5. 程序测试

本例采用重复结构，可以采用边值分析方法在循环的边界上进行测试。同时，本例采用了步长法进行迭代，因此还须对步长进行数据分析法测试。

（1）对时间段进行边值分析。

① 时间段为 0min，步长为 1s：

② 时间段为 1min，步长为 1s：

③ 时间段为 30min，步长为 1s：

显然，时间段越长，水池中的含盐量越少，这符合题意。

（2）对于步长的变化进行数据分析测试。

① 时间段为 30min，步长为 100s：

② 时间段为 30min，步长为 1800s：

从数据变化规律可以看出，越接近本题开始时的分析结论——步长越长，误差越大。

6. 讨论

除了时间步长法外，根据问题的特点，也可以采用长度步长、重量步长等方法。

4.3　数组元素的排序与查找

排序（sorting）也称为分类，其目的是将一组"无序"的记录序列调整为"有序"的记录序列。排序的方法很多，主要可以分为选择排序、插入排序、交换排序、归并排序等。不同的排序算法，有不同的时间效率和空间效率（多用的存储空间），适合不同的情况。

在多个有序的或无序的数据元素中，通过一定的方法找出与给定关键字相同的数据元素的过程称为查找（search）。通常，查找的输入有一组数据（如一个数组）、一个关键字。查找的输出分两种情形：查找成功，则输出查找到的数据；查找结束，没有相同的关键字，则输出找不到的信息。

4.3.1 直接选择排序

1. 直接选择排序的基本思路

选择排序（selection sort）的基本思路是，把序列分为两部分：已排序序列和未排序序列。开始时，已排序序列没有元素；未排序序列具有全部元素。排序算法是每次从未排序序列中选择一个最大值，放进已排序序列，直到把未排序序列中的元素都放进已排序序列为止。为了节省空间，可以按照下面的算法进行：首先从未排序序列中选择一个最小元素与第 1 个元素交换，然后把第 1 个元素作为已排序序列，其余的元素作为未排序序列；接着再从未排序序列中选择一个最小元素与未排序序列的第 1 个元素交换，使已排序序列增加一个元素……如此重复 N-1 次，就把具有 N 个元素的序列排好了。这种算法称为直接选择排序。图 4.10 所示为采用直接选择排序对于初始序列进行降序排序的情况。

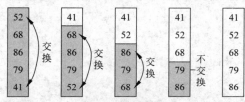

图 4.10　直接选择排序算法示例

2. 测试设计

输入：任意一个数列。
输出：已经排序的数列。

3. 直接选择排序程序

代码 4.13　一个简单选择排序函数。

```
void seleSort(int a[],int size){
    int k,min,temp;
    for(int i = 0; i < size - 1; ++i){
        min = a[i];
        k = i;
        for(int j = i + 1; j < size; j++)       //在后面的数列中选择比 min 小的元素
            if (min > a[j]){
                min = a[j];                       //更新最小值
                k = j;                            //记录当前最小值的位置
            }
        if(k != i){                               //交换,形成已排序序列的最后一个元素
            temp = a[i]; a[i] = a[k]; a[k] = temp;
        }
    }
}
```

说明：在这个算法中，记录了最小元素 min 和它的位置 k。略加分析可以看出，这两者

是互相联系的。为此，可以省略 min，得到下面的算法。

代码 **4.14**　修改后的简单选择排序函数。

```
void seleSort(int a[],int size){
   int k,temp;
   for(int i = 0; i < size - 1; ++i){
      k = i;
      for(int j = i + 1; j < size; j++)      //在后面的数列中选择一个最小元素位置
         if(a[k] > a[j])
            k = j;                            //记录当前最小值的位置
      if(k != i){                             //交换,形成已排序序列的最后一个元素
         temp = a[i]; a[i] = a[k]; a[k] = temp;
      }
   }
}
```

4. 测试

代码 **4.15**　代码 4.14 的测试程序。

```
#include<stdio.h>
#include<stdlib.h>
#include<time.h>
#define N 9
void dispAllElemenNumbers(int score[], int size);      //输出函数原型声明
void seleSort(int a[], int size);                       //选择排序函数原型声明

int main(void) {
   int stuScore[N];                                     //定义一个数组储存学生成绩

   srand(time(00));                                     //用时间函数作为伪随机数序列种子
   for(int i = 0; i < N; ++i){
      stuScore[i] = rand() % 101;                       //产生一个[0,100]间的随机数赋值给下标变量
   }
   printf("排序前的序列:");
   dispAllElemenNumbers(stuScore,N);                    //显示所有元素值
   seleSort(stuScore,N);                                //排序
   printf("排序后的序列:");
   dispAllElemenNumbers(stuScore,N);                    //显示所有元素值
   return 0;
}


void dispAllElemenNumbers(int a[],int size){
   for(int i = 0; i < size; ++i)
      printf("%d,",a[i]);
   printf("\n");
}
```

一次测试结果如下：

```
排序前的序列: 71,33,94,72,11,29,91,35,88,
排序后的序列: 11,29,33,35,71,72,88,91,94,
```

4.3.2 冒泡排序

1. 冒泡排序算法的基本思路

冒泡排序（bubble sort）是一种有代表性的交换排序算法。交换排序的基本思路是，按一定的规则比较待排序序列中的两个数，如果是逆序，就交换这两个数；否则，就继续比较另外一对数，直到将全部数都排好为止。冒泡排序是通过对未排序序列中两个相邻元素的比较交换来实现排序过程。图 4.11 所示为用冒泡排序对数据序列{7,5,3,9,1}进行升序排序的过程，其基本算法是，从待排序序列的一端开始，首先对第 1 个元素（7）和第 2 个元素（5）进行比较，当发现逆序时，进行一次交换；接着对现在的第 2 个元素（7）和第 3 个元素（3）进行比较，当发现逆序时，进行一次交换；如此下去，直到对第 n-1 个元素（9）和第 n 个元素（1）比较交换完为止。这时，最大的一个元素（9）便被"沉"到了最后一个元素的位置上，成为已排序序列中的一个元素，未排序序列成为{5,3,7,1}。接着，再重新对这个未排序序列进行比较交换，将次大元素（7）"沉"到倒数第 2 个元素的位置上。如此重复，直到没有元素需要交换为止。

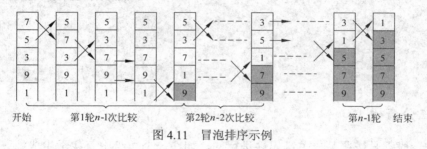

图 4.11　冒泡排序示例

2. 冒泡排序程序

代码 4.16　一个冒泡排序函数。

```
void bubbleSort(int a[], int size) {
   int temp;
   for(int j = 0; j < size - 1; j++)                //总的比较交换轮数
      for(int i = 0; i < size - j; ++ i)            //每轮中的比较交换次数
         if(a[i] > a[i + 1]) {
            temp = a[i];
            a[i] = a[i + 1];
            a[i + 1] = temp;
         }
}
```

说明：

（1）在这个函数中，当 j = 0 时，内层循环变量 i = size -1 后，if（a[i] > a[i + 1]）中的 a[i + 1]将越界。为了避免这种情况，可以将数组元素 a[0]空闲，数据从 a[1]开始存储。与此相对应，函数 bubbleSort( )中的循环也从 1 开始。

（2）在这个算法中，有可能出现某一轮的两两比较后不需要交换的情况。这种情况说明，所有元素的位置都是不需要变动的，即是一个已经排好序的序列了。到此为止，就不需要再进行后面的两两比较交换了。这样可以提高排序的效率。那么，如何判断一轮中有无交换呢？一个简单的方法是在进入一轮前，设置一个交换标志（如 exchange）为-1，只要执行了交换，就让交换标志为 1。这样，用这个交换标志，就可以知道待排序序列是否已经全部有序。

代码 4.17 改进的冒泡排序函数。

```
void bubbleSort(int a[], int size) {
    int temp,exchange;
    for(int j = 1; j < size - 1; j++)    {
        exchange = -1;                      //进入每一轮前设置一个交换标志为-1
        for(int i = 1; i < size - j; ++i)
            if(a[i] > a[i + 1]) {
                temp = a[i];
                a[i] = a[i + 1];
                a[i + 1] = temp;
                exchange = 1;               //只要有交换,就使交换标志改变为1
            }
        if(exchange == -1)                  //交换标志若为-1,就返回
            return;
    }
}
```

4.3.3　二分查找

查找一般都是按照某一关键属性进行的，如在一个数组中查找学生成绩。这个成绩就称为关键属性。从查找的角度看，这些关键属性可能是已经有序（即按照大小已经排列好）的，也可能是无序的。针对这样两种不同的数组，可以采用不同的查找策略。对于无序序列，最直接的查找方法是穷举查找，即按照存储顺序逐一检验，直到找到一个或全部符合要求的数据，或者得到找不到的结论为止。这种查找的效率很低。

如果序列已经有序，则可以采用效率较高的查找算法。二分查找就是一种在有序序列中进行查找的算法。

1. 二分查找的基本思路

如果数组已经有序，则可以采用效率比较高的二分查找算法。二分查找算法的基本思路是：由于序列已经有序，所以可以先测试这个序列中间位置的元素值，若相等，就直接找到；若不等，也可以从被查找值比这个中间值大还是小，来确定被查找元素可能在左右哪个区间，并进一步在这个区间中进行二分查找。如此不断进行，直到找到符合的元素，或得到找不到的结论为止。图 4.12 所示为序列{3,5,7,9,11,13,15,17,19,21,23,25,27,29,31}中查找 23 的过程。

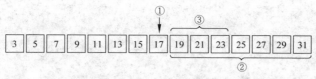

图 4.12 二分查找示例

① 序列{3,5,7,9,11,13,15,17,19,21,23,25,27,29,31}的最小元素位置为 0，最大元素位置为 14，则中间元素的位置为(0 + 14)/2 = 7，值为 17。此值非要查找的 23。

② 由于 23 > 17，所以 23 一定在右子序列{19,21,23,25,27,29,31}中。其中间元素的位置为(8 + 14)/2 = 11，对应元素值为 25。

③ 由于 23 < 25，所以 23 一定在左子序列{19,21,23}中。其中间元素的位置为(8 + 10)/2 = 9，对应元素值为 21。

④ 由于 23 > 21，所以 23 一定在右子区间{23}中。其中间元素的位置为(10 + 10)/2 = 10，对应元素值为 23。找到。

2. 算法描述

设序列区间下界位置为 low，上界位置为 high，中间元素位置为 mid，则可以得到如下规律。

（1）若被查找元素值位于左子序列，则要修改区间上界 high = mid - 1，low 不变，或者说新的查找区间为[low,mid-1]。

（2）若被查找的元素值位于右子序列，则要修改区间下界 low = mid + 1，high 不变，或者说新的查找区间为[mid + 1,high]。

3. 二分查找的实现

上述可以用迭代算法实现，也可以用递归算法实现。

代码 4.18 使用迭代算法的二分查找函数。

```
int binSch(int a[],int size, int k){
    int low = 0, high = size - 1,mid;
    while(low <= high) {
        mid = (low + high)/ 2;              //求中点
        if(k == a[mid])                     //查找成功,返回对应下标
            return mid;
        else if(k < a[mid])
            high = mid - 1;                 //修改区间上界
        else
            low = mid + 1;                  //修改区间下界
    }
    return -1;                              //查找失败,返回-1
}
```

代码 4.19 使用递归算法的二分查找函数。

```
int binSch(int a[],int low,int high,int k){
```

```
if(low <= high) {
int mid = (low + high) / 2;                     //求中点
    if(k == a[mid])
        return mid;                             //查找成功,返回对应下标
    else if(k < a[mid])
        return binSch(a, low,mid - 1,k);        //在左子序列继续查找
    else
        return binSch(a, mid + 1,high,k);       //在右子序列继续查找
    }
    return -1;                                  //查找失败,返回-1
}
```

4.4　常用算法设计策略

4.4.1　分治

分治法是把一个复杂的问题分成两个或更多的相同或相似的子问题,再把子问题分成更小的子问题……直到最后子问题可以简单地直接求解,原问题的解即子问题的解的合并。

分治法所能解决的问题一般具有以下几个特征。

(1) 该问题的规模缩小到一定的程度就可以容易地解决。

(2) 该问题可以分解为若干规模较小的相同问题,即该问题具有最优子结构性质。

(3) 利用该问题分解出的子问题的解可以合并为该问题的解。

(4) 该问题所分解出的各子问题是相互独立的,即子问题之间不包含公共的子子问题。

本节通过用二分法对一元方程求根来介绍分治法的基本思想。

1. 用二分法对一元二次方程求根的基本思想

一般说来,方程 $f(x)=0$ 的根的分布是非常复杂的,要找出它们的解析表达式也是非常困难的。已经有人证明,像 $x-e^x=0$ 以及 5 次以上的 $f(x)=0$,都找不出用初等函数表示的根的解析表达式。在这种情形下,只能借助数值分析的方法,得到近似的解。二分法就是一种求解多项式方程时常用的一种方法,其基本原理如图 4.13 所示。

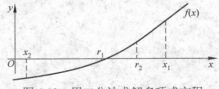

图 4.13　用二分法求解多项式方程

若连续函数 $f(x)$ 在区间 $[x_1,x_2]$ 上有 $f(x_1)$ 与 $f(x_2)$ 符号相反,则它在此区间内至少有一个 0 点。若取 root 为 x_1 和 x_2 的中点,如果 root 不是 $f(x)$ 的根,则在分隔成的两个子区间中,必有一个子区间两端的函数值符号仍然相反。该子区间中也必然至少有一个根。使用 root 虽然不一定能直接找到根,但把含根的区间缩小了一半。这样,不断对两端函数值异号的子

区间进行二分，要么正好碰上一个根，要么最后可以把子区间缩小到非常接近根的域。若已经符合精度要求，也就算是找到根了。这一过程，就是一个迭代过程。但是，还需要进一步解决如下两个问题。

（1）如何判断根在哪个子区间。可以肯定地说，在一个区间中点放上一个 root，必然有一个端点处的函数值与 root 处的函数值同号，另一个端点处的函数值与 root 处的函数值异号。显然，当 root 不是函数的根时，根一定存在于 root 与函数值异号的端点之间。

为此，还要进一步判断两个函数值是否异号。这个问题非常简单，对于 $f(x_1)$ 和 $f(x_2)$ 只要它们的乘积小于 0，它们就一定异号，即

$$f(x_1) \times f(x_2) < 0$$

（2）迭代条件的确定。进行迭代计算时，要经过有限步骤准确地得到一元方程的解几乎不可能。通常要先给出允许的最大误差 ERR，当 $|root - x_1| \leqslant ERR$ 时，才可终止迭代过程，即用 x_1 近似地代替 root。但是，由于 root 是未知的。实际应用中，采用两个近似解 $|x_1 - x_2|$ 近似地代替 $|root - x_1|$，即当 $|x_2 - x_1| \leqslant ERR$ 时可以终止迭代过程。相对于前面几例可以精确地控制迭代过程，本例的这种迭代被称为近似迭代。

2. 测试设计

下面从两个方面进行讨论。

1）方程的类型

为了便于理解和验证，本例选用一元二次方程。一般说来，一元二次方程根的存在情况，可以由判别式 $b^2\text{-}4ac$ 判断。因此，程序的测试可以按照判别式，采用等价分类法进行。

为此，要求的输入有一元二次方程的 3 个系数。为了针对根的存在情形便于修改，可以采用如下两种措施之一。

（1）用宏定义 3 个系数。

（2）由键盘输入 3 个系数。

2）原始区间的指定

原始区间的指定，也是测试中应当考虑的问题。一般说来，当一个区间的两端具有不同符号的函数值时，在该区间就至少存在一个根。但是，也并非两端具有同号的函数值就不存在根，也许会有两个根。

但是，这样就把问题搞复杂了。本例只希望介绍近似迭代方法。因此，这两方面就从简，只要运行结果满足估计即可。为此，区间要选择在根的附近，即肯定原始区间两端的函数值一定是异号的。

3. 参考代码

代码 4.20 二分法解方程的程序初步代码。

```
// 功能：用二分法求解一元方程
#include <stdio.h>
```

```
#include<math.h>
#define A 1.0
#define B -1.0
#define C -1.0
#define ERR 0.001                                              //定义求解精度

double equation(double x) {                                    //定义方程多项式计算函数
    return A * x * x + B * x + C;
}

int main(void) {
    double x1,x2;                                              //求解区间
    double root;                                              //近似解

    printf("请输入求解区间：");
    scanf("%lf,%lf",&x1,&x2);
    if(equation(x1) * equation(x2) > 0){
        printf("\n 方程在此区间无解！\n");
        return 0;                                             //退出程序
    }
    else {
        while(fabs (x1 - x2) > ERR) {
            root = (x1 + x2) / 2.0;                            //用二分点作为近似解
            if(equation(x1) * equation(root) <= 0)            //判断 root 在哪个区间
                x2 = root;                                    //区间边界迭代
            else
                x1 = root;                                    //区间边界迭代
        }
    }
    printf("\n 方程的解是：%lf\n", (x1 + x2) / 2);
    return 0;
}
```

说明：

（1）fabs(x)是一个库函数，用于计算参数 x 的绝对值。这个函数定义在 math.h 中，要使用它，必须用文件包含命令#include <math.h>将头文件包含在当前程序中。

（2）本例有多个地方要进行方程给定的多项式的求解。这样，就需要在多个地方写一段相同的代码来计算函数值。只是每段前面要再写一个赋值语句，给 x 以不同的值。为了缩减这样的累赘，可以用函数 equation()来代替这段可以被多次执行的代码。

4. 程序测试

根据前面的测试设计中的分析，需要在方程的系数确定之后再给定原始区间。给定的方法是粗略地进行根的估计。这个区间不能给得太大。因为区间太大，会出现包含两个根的情况。当然，不是不可以编程解决，只是那样就会喧宾夺主，把初学者搞糊涂。

下面是考虑系数为{1，-1，-1}时的测试。对于这个方程，其根分别在-0.65 和 1.65 附近。所以可以选两个区间[-2，0]和[0，3]进行测试。先进行[-2，0]的测试，得到如下结果。

```
请输入求解区间: -2,0
方程在此区间无解!
```

怎么会在这个区间没有解呢？这肯定是程序存在错误。为了找出错误，先从源头上找起，在输入语句之后，立即用一条输出语句将之输出回显。

```
int main(void) {
    double x1,x2;                              //求解区间
    double root;                              //近似解

    printf("请输入求解区间: ");
    scanf("%lf%lf",&x1,&x2);
    printf("%lf,%lf\n",x1,x2);
    ⋮
    return 0;
}
```

运行之，得到如下结果。

```
请输入求解区间: -2,0
-2.000000,-92559631349317831000000000000000000000000000000000000.000000
方程在此区间无解!
```

可以看到，是第 2 个数据输入错误。原因在什么地方？仔细检查，发现是两个格式字段之间的逗号输入成全角了。改正以后，运行正常。这个错误是比较难发现的。因为格式字符串中的非格式字段中的字符，要求照样输入即可，编译器并不对其进行检查。安全的方法是不在 scanf()的格式串中加入多余的分隔字符，要求用户一律用空格分隔输入的数据。

为了检查精度提高对于收敛性的影响，选用了不同的误差要求。测试情况见表 4.1。

表 4.1　代码 4.20 在不同测试区间内，选用不同的误差时的测试结果

原始区间	0.1	0.01	0.001	0.0001	0.000 01
[-2, 0]	-0.593 750	-0.621 094	-0.617 676	-0.618 011	-0.618 031
[0, 3]	1.640 625	1.620 117	1.618 286	1.618 057	1.618 032

5. 结果分析与讨论

一般对于整型数值的迭代（递推），可以采用相等比较结束迭代（递推）过程，属于精确迭代；对于浮点类型数值的迭代（递推），不能采用相等比较结束迭代（递推）过程，只能采用两个值之差是否小于预先规定的误差来结束迭代（递推）过程，属于近似迭代。

4.4.2　回溯

回溯法（探索与回溯法）是一种选优搜索法，按选优条件向前搜索，以达到目标。但当探索到某一步时，发现原先的选择并不优或达不到目标，就退回一步重新选择，这种走不通就退回再走的技术称为回溯法，而满足回溯条件的某个状态的点称为"回溯点"。

其基本思想是，在包含问题的所有解的解空间树中，按照深度优先搜索的策略，从根结点出发深度探索解空间树。当探索到某一结点时，要先判断该结点是否包含问题的解，如果包含，就从该结点出发继续探索下去；如果该结点不包含问题的解，则逐层向其祖先结点回溯。而若使用回溯法求任一个解时，只要搜索到问题的一个解就可以结束。

本节以穿越迷宫为例介绍回溯法的基本思想。

1. 问题描述

克里特岛（Crete）位于地中海北部，是希腊的第一大岛，它是诸多希腊神话的源地。相传在远古时代，有位名叫弥诺斯的国王统治着这个地方。弥诺斯在这里建造了有无数宫殿的迷宫（maze）——宫殿的通道曲折复杂，进去很难找到出口。国王在宫殿深处供养着一头怪兽——弥诺陶罗斯。为了养活它，国王要希腊的雅典每 9 年进贡 7 对青年男女来。

当第 4 次轮到雅典进贡时，雅典国王爱琴（Aegean）的儿子狄修斯王子已长成英俊青年，他不忍人民再遭受这种灾难，决定跟随不幸的青年男女一起去克里特岛杀死弥诺陶罗斯。

试用 C 程序找出一条探索迷宫的路径。

2. 狄修斯方法的基本思路

为了说明该题的解法，首先来看看聪明的阿里阿德涅公主教给狄修斯王子探索迷宫的方法。阿里阿德涅公主送给狄修斯王子一把剑和一团线，要狄修斯按照下面的规则边走边放线。

① 凡是走过的路径，都铺上一条线。

② 每到一个岔口，先沿没有放过线的路走。

③ 凡是铺有两条线的路一定是死胡同，不应再走。

这个规则说明了一种回溯算法：向一个特定的方向探索前进，找不到解，就返回去，找另一条可能的路径往下搜索；凡是已搜索过的状态（位置），不再搜索。这种算法称为回溯（backtracking）。回溯是人们求解复杂问题时常用的一种方法。

3. 迷宫的数据结构与算法设计

迷宫的表示方法很多，最直接的方法是采用矩阵模拟法，即把迷宫用一个二维数组来模拟。在图 4.14 中，把图 4.14（a）所示的迷宫模拟为图 4.14（b）所示的二维数组，用 0 表示可通行部分，用 2 表示不可通行部分。后面的解法都是基于该矩阵的。除此之外，还有状态图、邻接矩阵等表示法，它们都要使用二维数组，这里暂不介绍。

用数组 maze 存储迷宫矩阵，则迷宫问题的求解，可以归结为在任一个结点 maze[i][j] 上，向 4 个候选结点，即 maze[i][j + 1]、maze[i + 1][j]、maze[i][j-1]、maze[i-1][j] 的搜索前进过程，如图 4.14（c）所示。

这样将会出现如下 3 种情形。

（1）若 4 个候选结点中有 3 个结点为不可到达结点，则称该结点为"死点"（死胡同尽

入口 → [迷宫图] → 出口	2, 2, 2, 2, 2, 2, 2 2, 0, 0, 0, 0, 0, 2 2, 0, 2, 0, 2, 0, 2 2, 0, 2, 0, 2, 0, 2 2, 2, 0, 2, 0, 2, 2 2, 0, 0, 0, 0, 0, 2 2, 2, 2, 2, 2, 2, 2 →	$i-1, j$ $i, j-1$　i, j　$i, j+1$ $i+1, j$
(a) 一个迷宫	(b) 模拟矩阵	(c) 一个结点 (i, j) 上的搜索

图 4.14　迷宫的模拟表示

头）。为防止以后再搜索该结点，应将其设置为不可到达点——令 maze[i][j] = 2，相当于狄修斯放了第 2 条线，也相当于将该点垒住。

代码 4.21　判断死点并进行处理的算法。

```
if(maze[i-1][j]  == 2 && maze[i][j + 1] == 2 && maze[i + 1][j] == 2)
   { maze[i][j] = 2; j --; }
else if(maze[i][j + 1] == 2 && maze[i + 1][j] == 2 && maze[i][j-1] == 2)
   { maze[i][j] = 2; i --; }
else if(maze[i + 1][j] == 2 && maze[i][j-1] == 2 && maze[i-1][j] == 2)
   { maze[i][j] = 2; j ++ ; }
else if(maze[i][j-1] == 2 && maze[i-1][j] == 2 && maze[i][j + 1] == 2)
   { maze[i][j] = 2; i ++ ; }
```

（2）若该点不为死点，下一步将向一个候选结点搜索，称其为已通过点，记以标志，即令 maze[i][j] = 1，相当于狄修斯放了一条线。同时，不管该点是否岔口，一律先选未通过结点，即先选值为 0 的结点走，再走值为 1 的点。

代码 4.22　走已通点的算法。

```
if(maze[i-1][j] == 0)                           //按顺时针顺序先走没有走过的点
     { i--; maze[i][j] = 1; }
else if(maze[i][j + 1] == 0)
     { j++ ; maze[i][j] = 1; }
else if(maze[i + 1][j] == 0)
     { i++ ; maze[i][j] = 1; }
else if(maze[i][j-1] == 0)
     { j--; maze[i][j] = 1; }
else if(maze[i-1][j] == 1)                      //按顺时针顺序走已走过的点
     { maze[i][j] = 2; i--; }
else if(maze[i][j + 1] == 1)
     { maze[i][j] = 2; j++; }
else if(maze[i + 1][j] == 1)
     { maze[i][j] = 2; i++; }
else if(maze[i][j-1] == 1)
     { maze[i][j] = 2; j--; }
```

这里没有将原来为 1 的点置 2，是因为岔口往往会经过多次，置 2 就将其当作不通处理了，使某些支路无法搜索。

（3）探索结束的条件为 i == Ei && j == Ej，即继续探索的条件为 i != Ei || j != Ej。

4. 程序代码及其执行结果

代码 4.23 穿越迷宫的完整程序。

```c
#include<stdio.h>
int main(void){
    int maze[][7] = {{2,2,2,2,2,2,2},
                     {2,0,0,0,0,0,2},
                     {2,0,2,0,2,0,2},
                     {2,0,0,2,0,2,2},
                     {2,2,0,2,0,2,2},
                     {2,0,0,0,0,0,2},
                     {2,2,2,2,2,2,2}};
    int Si = 1,Sj = 1,Ei = 5,Ej = 5;                    //入口与出口
    int i = Si,j = Sj;
    int count = 0;                                      //记录搜索步数变量
    while(j != Ej || i != Ei)    {                      //在点（i,j）上探索,不达出口时,反复进行搜索
        //****处理死点*****
        if(maze[i-1][j] == 2 && maze[i][j + 1] == 2 && maze[i + 1][j] == 2)
            { maze[i][j] = 2; j --; }
        else if(maze[i][j + 1] == 2 && maze[i + 1][j] == 2 && maze[i][j-1] == 2)
            { maze[i][j] = 2; i --; }
        else if(maze[i + 1][j] == 2 && maze[i][j-1] == 2 && maze[i-1][j] == 2)
            { maze[i][j] = 2; j ++; }
        else if(maze[i][j-1] == 2 && maze[i-1][j] == 2 && maze[i][j + 1] == 2)
            { maze[i][j] = 2; i ++; }
        else maze[i][j] = 1;

        //**** 按顺时针顺序先走没有走过的点 ****
        if(maze[i-1][j] == 0)
            { i--; maze[i][j] = 1; }
        else if(maze[i][j + 1] == 0)
            { j++; maze[i][j] = 1; }
        else if(maze[i + 1][j] == 0)
            { i++; maze[i][j] = 1; }
        else if(maze[i][j-1] == 0)
            { j--; maze[i][j] = 1; }

        //**** 按顺时针顺序走已走过的点 ****
        else if(maze[i-1][j] == 1)
            { maze[i][j] = 2; i--; }
        else if(maze[i][j + 1] == 1)
            { maze[i][j] = 2; j++; }
        else if(maze[i + 1][j] == 1)
            { maze[i][j] = 2; i++; }
        else if(maze[i][j-1] == 1)
            { maze[i][j] = 2; j--; }
        count++;                                        //记录走过的点数

        //****  打印探索结果 ****
        for(int i = 0; i <= 6; i++){
```

· 176 ·

```
    for(int j = 0; j  <= 6; j++)
        printf("%d",maze[i][j]);
    printf("\n");
    }
    printf("count = %d\n",count);                //打印搜索步数
    return 0;
}
```

执行结果如下：

```
2,2,2,2,2,2,2
2,1,2,2,2,2,2
2,1,2,2,2,2,2
2,1,1,2,2,2,2
2,2,1,2,2,2,2
2,0,1,1,1,1,2
2,2,2,2,2,2,2
count = 19
```

结果矩阵中的 1 为搜索后找到穿过迷宫的路线；0 为未搜索过的结点。

4.4.3　贪心策略

1. 概述

对任何问题的求解都希望得到最优解，这样的愿望可以有多种实现策略。其中一种策略是将问题分解为一些子问题或一些子步骤，并且每个子问题或子步骤的最优解容易得到。在这种情况下，只要要求不太苛刻，就可以用局部最优解组合成问题的解来代替最优解。因为，按照这一思路得到的解可能是次优解或次次优解，起码不是最坏解。

例如，有图 4.15（a）所示的 A、B、C、D、E 5 个景点，图中标出了 5 个景点之间的交通费用。有一游客想从 A 出发，以最小费用走过每一个景点，最后返回 A。这就是一个求最优解的问题。图 4.15（b）为按照贪心法给出的旅游方案。

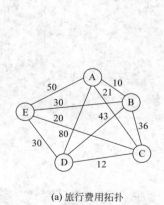

(a) 旅行费用拓扑　　　　　　　　　　　　(b) 贪心法求解过程

图 4.15　旅行费用问题

从 A 点开始，直接连接的是 B、C、D、E，共 4 点。按照贪心策略，从 A 点出发，到下一站，费用最小的是 B（10）；从 B 出发，到下一站，费用最小的是 E（30）；如此类推，局部寻优的过程可以用图 4.15（b）表示，得到的路径为 A—B—E—C—D—A，总费用为 10＋30＋20＋12＋80＝152。显然，这一结果并非最优。因为，最优路径为 A—B—E—D—C—A，总费用为 10＋30＋30＋12＋21＝103。但这也不是最坏解。

2. 贪心法的基本算法

贪心算法的基本过程如下。

（1）建立计算模型。

（2）将求解问题分成若干子问题。

（3）对每一子问题求解，得到各自问题的最优解。

（4）将子问题的局部最优解合成为原来问题的一个解。

3. 旅行费用问题的贪心法求解模型

1）数据结构

数据结构也是计算模型的一部分，有时是主要部分。对于本题，数据结构如下。

（1）费用网络描述（用图的邻接矩阵的描述）：

```
int expense[4][] ={{  0, 10, 21, 80, 50},
                   { 10,  0, 36, 43, 30},
                   { 21, 36,  0, 12, 20},
                   { 80, 43, 12,  0, 30}
                   { 50, 30, 20, 30,  0}};
```

（2）定义枚举变量。

```
enum scenes{a,b,c,d,e};
```

这样，就会形成如下对应关系：

```
expense[a][b]  ~  expense[0][1]  ~  10
expense[a][c]  ~  expense[0][2]  ~  21
expense[a][d]  ~  expense[0][3]  ~  80
expense[b][c]  ~  expense[0][4]  ~  50
expense[b][c]  ~  expense[1][2]  ~  36
expense[b][d]  ~  expense[1][3]  ~  43
expense[a][e]  ~  expense[1][4]  ~  30
...
```

2）基本贪心过程

代码 4.24 旅行费用问题的贪心算法框架。

```
{
    初始化所有结点的费用标志;
```

```
    设置出发结点 v;
    for(i = 1; i <= n-1; i++)    {
        s = 从 v 至所有未曾到过的景点中费用最少的景点;
        累加费用;
        v = s;                                            //新的起点
        设置 v 的已访问标志;
    }
    从最后一个景点返回第一个景点,累加费用;
}
```

4. 旅行费用问题的程序代码

代码 4.25　贪心法计算旅行费用问题的 C 程序。

```
#define N 5                                      //结点个数
int main(void){
    int expense[N][N] ={{0,10,21,80,50},
                        {10,0,36,43,30},
                        {21,36,0,12,20},
                        {80,43,12,0,30},
                        {50,30,20,30,0}};
    enum scenes{a,b,c,d,e};
    enum scenes v,s;
    enum scenes start;
    unsigned int sum = 0,min;
    int flag[N] = {0,0,0,0,0};
    v = a;                                       //设置出发结点
    start = v;                                   //保留出发结点

    for(int i = 1; i <= N-1; i++) {
       min = 65535;                              //设置一个尽量大的值
       for(int j = a; j <= N-1; j++){
          if(flag[j] == 0&&expense[v][j] != 0)
              if(expense[v][j] < min){
                  min = expense[v][j];
                  s = j;
              }
       }
       sum = sum + min;
       flag[v] = 1;                              //v 已被访问标志
       v = s;                                    //新的起点
    }
    sum = sum + expense[v][start];               //从最后一个景点返回第一个景点,累加费用
    printf("sum = %d\n",sum);
    return 0;
}
```

4.4.4 动态规划

1. 动态规划的基本特点

从解的性质看，可以把问题按照图 4.16 进行分类。

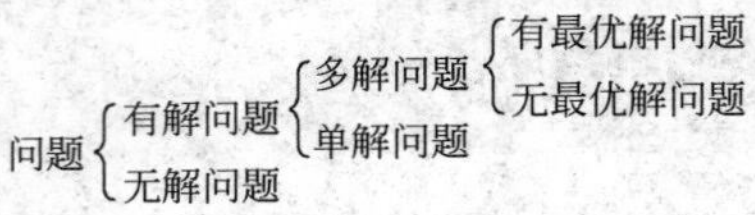

$$
\text{问题}
\begin{cases}
\text{有解问题}
\begin{cases}
\text{多解问题}
\begin{cases}
\text{有最优解问题} \\
\text{无最优解问题}
\end{cases} \\
\text{单解问题}
\end{cases} \\
\text{无解问题}
\end{cases}
$$

图 4.16　基于解性质的问题划分

动态规划（dynamic programming）是一种适合于有最优解问题的解题方法。它的基本思想是将问题的求解过程分解成若干阶段，并且每一个阶段的决策要为后一阶段的决策提供有用的信息：在进行前一阶段的决策时，根据某些条件，舍弃肯定不能得到最优解的局部解，从而在最后阶段得到问题的最优解。

动态规划的本质还是分治思想，也是将较大问题分解为较小的同类子问题。在递归地进行自顶向下求解问题时，每次产生的子问题不总是新问题，有些子问题会被反复计算多次，形成重叠子问题（overlapping subproblem）被重复计算，消耗大量资源。而动态规划对每一个子问题只求解一次，然后把解存储在一个表格（备忘录）中。以后遇到该子问题时，只要简单地查表就可以得到结果，大大提高了计算效率。

当然，用穷举方法也可以从所有可能的解中选取出最优，但穷举是一种效率较低的方法，而动态规划能在每一个阶段都舍弃不能达到最优解的局部解，大大减少了工作量。

2. 实施动态规划的 3 个关键要素

动态规划是一种适合于有最优解问题的解题方法，但是它能不能实施，还要看问题是否具备 3 个关键要素：最优化原理、无后效性和子问题重叠性。

（1）最优化原理是说，子问题的局部最优将导致全局最优。或者说，一个问题的最优解取决于其子问题的最优解，而与非最优解没有关系。最优化原理要求问题具有最优子结构性质，即问题的最优解中包含其子问题的最优解。这样就提供了使用动态规划进行问题求解的重要线索。如果所有子问题都可以被计算，并且在计算中保存已计算子问题的最优解，那么，当这些子问题被重复引用时，则无须重新计算。

（2）无后效性可以用一句话概括："当前的状态是历史的总结，过去已经成为历史。"也就是说，计算过程中的任何一步已经总结了过去，过去的计算步骤不需再考虑。但是要求过去的计算是正确的，是向正确靠拢的。例如，计算 $1 + 2 + \cdots + N$，当计算到 3 时，结果为 6，就已经总结了过去，过去的计算步骤无须再考虑。

（3）子问题重叠性实际上是一种以空间换时间的策略，即在吸纳过程中需要存储中间的各种状态。

3. 用动态规划方法的一般步骤

实际应用中，经常不按照上面的步骤设计动态规划，而是按以下几个步骤进行。

① 将最优解问题分为几个阶段，分析最优解的性质，并刻画其结构特征。

② 设置各个阶段最优值的函数，并归纳出各个阶段状态之间的转移关系。

③ 以自底向上的方式或自顶向下的记忆化方法（备忘录法）计算出最优值。

④ 根据计算最优值时所得到的信息，构造一个最优解。

注意：步骤①～③是动态规划算法的基本步骤。在只需要求出最优值的情形，步骤④可以省略，若需要求出问题的一个最优解，则必须执行步骤④。此时，在步骤③中计算最优值时，通常需记录更多的信息，以便在步骤④中，根据所记录的信息，快速地构造出一个最优解。

4. 0-1 背包问题

例 4.2 0-1 背包问题。

1）题目

该题非常有名，只要是计算机专业的人应该都听说过。

背包问题：有 N 件物品和一个容量为 V 的背包。第 i 件物品的体积是 c[i]，价值是 v[i]。求解将哪些物品装入背包可使价值总和最大。例如，背包的体积为 10，有 5 个商品，体积分别为 c[5] = {3,5,2,7,4}，价值分别为 v[5] = {2,4,1,6,5}。

这是最基础的背包问题，特点是：每种物品仅有一件，可以选择放或不放。可以将背包问题的求解看作进行一系列的决策过程，即决定哪些物品应该放入背包，哪些不放入背包，所以称为 0-1 背包问题。

2）问题分析

如果一个问题的最优解包含了物品 n，即 $X_n = 1$，那么其余 X_1, X_2, $\cdots$, X_{n-1} 一定构成子问题 1，2，$\cdots$，n-1 在容量 $C - Cn$ 时的最优解。

如果这个最优解不包含物品 n，即 $X_n = 0$；那么其余 X_1, X_2, $\cdots$, X_{n-1} 一定构成了子问题 1，2，$\cdots$，n-1 在容量 C 时的最优解。

于是，可以得到如下递归定义问题的最优解：

$$f[i][v] = \max\{ f[i-1][v] , f[i-1][v - c[i]] + v[i]\}$$

3）程序

代码 4.26 0-1 背包问题求解代码。

```c
#include<stdio.h>

#define max(a,b) ((a) > (b) ? a : b)
int c[5] = {3,5,2,7,4};
int v[5] = {2,4,1,6,5};
int f[6][10] = {0};
//f[i][v] = max{f[i-1][v], f[i-1][v - c[i]] + w[i]}

int main(void)
```

```
{
    for(int i = 1; i < 6; i++)
        for(int j = 1; j < 10 ;j++)
        {
            if(c[i] > j)                                    //如果背包的容量放不下c[i],则不选c[i]
                f[i][j] = f[i-1][j];
            else
            {
                f[i][j] = max(f[i-1][j], f[i-1][j - c[i]] + v[i]);  //转移方程式
            }
        }
    std::cout<<f[5][9];
    return 0;
}
```

4.5 算法综述

4.5.1 算法及其要素

1. 算法的概念

中文中的"算法"一词最早出自《周髀算经》；而英文 algorithm 来自于 9 世纪波斯数学家 al-Khwarizmi，他在数学上提出了 algorithm 这个概念。在 18 世纪，algorism 演变为 algorithm，含义也从与算术中的运算规则演变为解题方案的准确而完整的描述，成为 "一系列解决问题的清晰指令"的代名词，代表着用系统的方法描述解决问题的策略机制。经典的算法有很多，如欧几里得算法、割圆术、秦九韶算法。

随着计算机技术的发展和广泛应用，算法作为程序的灵魂，引起了人们的极大重视，人们进行了深入而广泛的研究和开发。目前已经开发出大量算法，如基本算法、数据结构的算法、数论与代数算法、计算几何的算法、图论的算法、动态规划以及数值分析、加密算法、排序算法、检索算法、随机化算法、并行算法、厄米变形模型、蚁群算法、随机森林算法等。

2. 计算机算法要素

计算机算法是一系列清晰而完整的计算机指令集合。这些指令是计算机可以直接或间接执行的指令。这些指令可以分为三大类型：数据说明、数据操作指令和流程控制指令。

1）数据说明

数据是事物属性和状态的抽象。数据的运算性质影响着程序的效率和成败。一个完整的算法应当对于数据值的性质，数据被计算、表示、存储的性质，以及数据之间的组织关系加以说明。

2）数据操作指令

数据操作（数据运算）指令一般以表达式的形式出现。表达式中的数据操作通常用两

种形式描述。

（1）符号形式——操作符。通常计算机的基本运算和操作有如下 4 类。

① 算术运算：加、减、乘、除等运算。

② 逻辑运算：或、与、非等运算。

③ 关系运算：大于、大于或等于、小于、小于或等于、等于、不等于等运算。

④ 数据传输：输入、输出、赋值等运算。

（2）过程（函数）调用。

3）流程控制指令

一般说来，算法中的指令被默认为顺序执行。为了构造复杂问题的算法和提高算法的效率，必要时可以改变算法的执行顺序。算法执行顺序的改变通过跳转指令实现，并分为有条件跳转和无条件跳转两种。

跳转指令的使用，可以使算法呈现如下 4 种流程结构。

（1）顺序结构：不使用跳转指令的部分。

（2）选择结构：使用有条件跳转指令，使某一段或几段算法可以有条件地执行。

（3）重复结构：使用跳转指令，使某段流程可以重复执行。

（4）随意跳转：多个跳转指令交错使用，形成多个流程相互交错的结构。

前 3 种结构使流程在总体上表现为单入口、单出口的流程结构，容易阅读与修改，是目前提倡使用的 3 种基本算法结构，在高级语言程序中称为 3 种结构化的基本算法结构。而最后一种结构打破了单入口、单出口的特点，不易阅读与修改，是算法设计的大忌，一般都不主张使用。已经证明，用 3 种结构化的基本结构可以构成任何复杂度算法。

4.5.2　算法的中间描述工具

算法最终是要被执行的，即最终要被描述成可以直接执行的形式。对于计算机算法来说，最终要用程序设计语言描述出来。但是，程序设计语言具有一定的专业性，一般人不容易理解，为了进行交流和设计人员初期的思路整理，在逐步细化的初期，一般建议用中间描述工具描述算法。常用的算法中间描述工具有多种。下面介绍几种常用的工具。

1. 用自然语言描述算法

自然语言是最容易理解的语言。用自然语言描述算法，便于与所有人交流，也与设计者自己思路完全一致，所以是算法设计开始时常用的方法。

此外，也可以直接用自然语言描述。例如，在 3 个数中找最大数的算法可以描述如下。

（1）输入 3 个数。

（2）在 3 个数中找最大数。

（3）输出最大数。

除了采用这种描述形式外，还可以采用图示的形式。例如，图 4.10 和图 4.11 也可以被看作是用自然语言描述的两种排序算法。

自然语言虽然通俗易懂，但往往有二义性，在理解上容易出现歧义。此外，用自然语言描述计算机程序中的分支和多重循环等算法，容易出现错误，描述不清。因此，只有在较小的算法中应用自然语言描述，才方便简单。

2. 算法的图形描述工具举例

1）程序流程图

程序流程图是由一些简单的框图组成表示解题步骤及顺序的方法。美国国家标准化协会（ANSI）规定了一些常用的流程图符号，如图 4.17 所示。

起止框　　　　处理框　　　　判断框　　　　输入输出框　　　　流程线

图 4.17　常用程序流程图符号

（1）起止框：表示一个算法的开始和结束。

（2）处理框：将要进行的操作内容简洁明了地写到框中。

（3）判断框：在判断框中写入算法中需要判断的条件。满足条件，执行一条路径；不满足条件则执行另一条路径。

（4）输入输出框：记录从外部输入数据到计算机内部或者从计算机内部输出数据到计算机外部。

（5）流程线：指向算法即将运行的方向。

图 4.18 为用程序流程图描述的 3 种基本算法结构。

图 4.19 为用程序流程图描述的求 1+2+…+6 的算法。

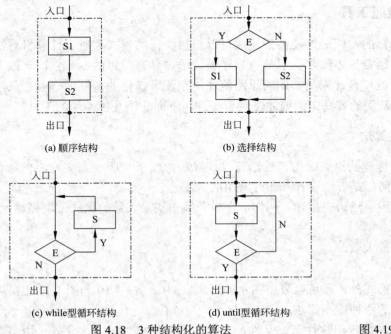

(a) 顺序结构　　　　　　(b) 选择结构

(c) while 型循环结构　　　(d) until 型循环结构

图 4.18　3 种结构化的算法　　　图 4.19　求 1+2+…+6 的算法

2）N-S 图

N-S 图是美国学者 Nassi 和 Shneiderman 于 1973 年提出的一种改进的程序流程图。图 4.20 为几种基本的 N-S 图结构。显然，N-S 图的最大特点是去掉了程序流程图中的箭头，从而使算法不会出现随意跳转的结构。

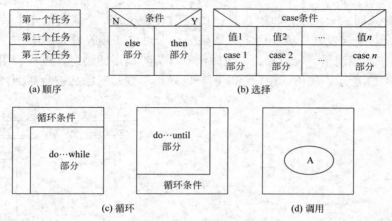

图 4.20　几种基本的 N-S 图结构

图 4.21 为求 10!算法的 N-S 流程图。

3. 用伪代码描述算法

伪代码（pseudocode）又称为虚拟代码，是计算机程序设计语言和自然语言的中间形式，通常是部分程序设计语言，部分自然语言。进一步说，是用了程序设计语言的控制结构框架，部分自然语言。

图 4.21　10!的 N-S 流程图

使用伪代码描述算法，在初期自然语言的成分多一些，程序设计语言的成分少一些，随着不断细化，逐步将自然语言部分转换成程序设计语言。等到将全部自然语言的部分转换成程序设计语言后，程序设计就完成了。在前面的章节中，已经使用了这种方法，这里不赘述。

4. 用序列图描述对象之间的交互

在面向对象的程序设计中，算法存在于两方面：一方面是在每个类的成员函数中；另一方面是在要描述对象之间的相互作用上。在 C++中，这些活动要由函数 main()执行。在设计 main()的初期，常常用序列图（sequence diagram）描述其算法。

序列图是对象之间传送消息的时间顺序的可视化表示，由对象（object）、生命线（lifeline）、激活（activation）、消息（messages）、分支与从属流等图形元素构成。

1）对象及其生命线

对象是指类的实例，用矩形框表示；生命线是一条垂直的虚线，用来表示序列图中的对象在一段时间内的存在。图 4.22 所示为客户、取款机和银行 3 个对象及其生命线。其中带有下画线的对象是指一个对象特例。

在序列图中，对象有 3 种状态：激活、运行（存在）和销毁。

2）消息

消息是对象间的一种通信机制，是指由发送对象向另一个或其他几个接收对象发送信号，或由一个对象（发送者或调用者）调用另一个对象（接收者）的操作。在序列图中消息分为 5 类：递归调用、普通操作、返回消息、异步调用的消息、过程调用的消息。它们的画法如图 4.23 所示。图中，生命线上的竖向矩形框表示对象从被激活到被销毁之间的运行状态。

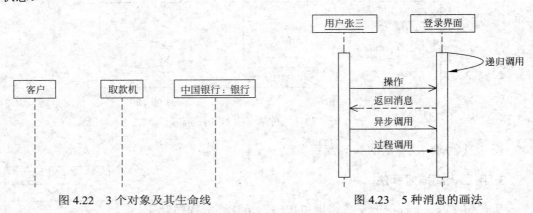

图 4.22　3 个对象及其生命线　　　　　图 4.23　5 种消息的画法

按照一个消息发出后，需要不需要等待接收者的响应消息才执行下一个动作，消息分为同步消息和异步消息。图 4.24 和图 4.25 为两种消息的示例。

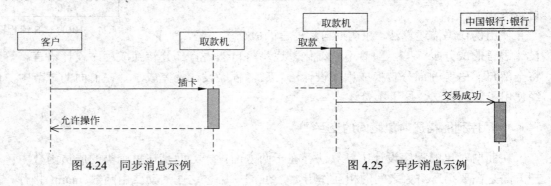

图 4.24　同步消息示例　　　　　图 4.25　异步消息示例

3）约束

约束的符号很简单，格式是[Boolean Test]。图 4.26 为约束示例。

4）注释

注释表示附加的说明。图 4.27 为注释示例。

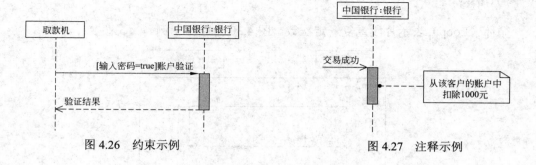

图 4.26　约束示例　　　　　　　　　图 4.27　注释示例

5）抉择

抉择（Alt）用来指明在两个或更多的消息序列之间的互斥的选择，相当于经典的 if…else…。图 4.28 为抉择示例。

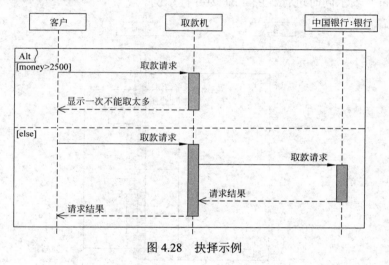

图 4.28　抉择示例

6）选项

选项（Opt）包含了可能发生或不发生的序列。图 4.29 为选项示例。

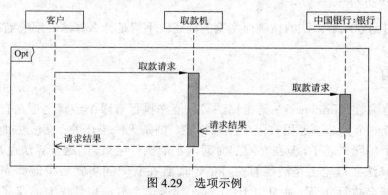

图 4.29　选项示例

7）循环

循环（Loop）表示片段重复一定次数。图 4.30 为循环示例。

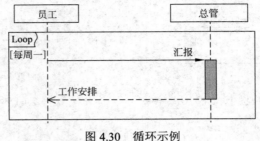

图 4.30　循环示例

8）并行

并行（Par）表示同时进行。图 4.31 为并行示例。

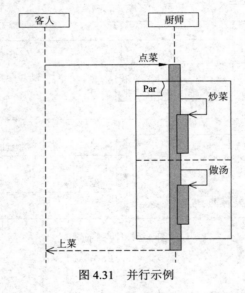

图 4.31　并行示例

4.5.3　算法的特征

算法是对问题求解方法的精确而完整的描述。不管是什么算法，都应当满足如下 5 个特性。

1. 有穷性

算法的有穷性（finiteness）是指算法必须能在执行有限个步骤之后在有限的时间内终止。显然，若一个算法不能用有限个步骤描述，则是无法描述的；另一方面，若一个算法即使用有限个步骤描述了，但在有限的时间内不能执行结束，则这个算法也是没有意义的。例如，有的算法在理论上是满足有穷性的，而且在有限的步骤后也能够完成，但是实际上计算机可能会执行 1 天、1 年、10 年等，那么这个算法也就没有意义了，因为这样就忽视了一个概念，即算法的核心是速度。总而言之，有穷性没有特定的限度，而取决于实际需要。

2. 确定性

确定性（definiteness）指一个算法中的每一个步骤的表述都应该是确定的、没有歧义的语句。比如说"a 大于 0"，包括不包括 0 呢？表达不够清晰。

3. 有零个或多个输入

一个程序中的算法和数据是相互联系的，算法中需要输入的是数据的量值。输入可以是多个，也可以是零个。零个输入并不是这个算法没有输入，只是这个输入被隐藏在了算法本身当中而没有直观地显现出来。

4. 有一个或多个输出

输出就是算法实现所得到的结果，是算法经过数据加工处理后所得到的结果。没有输出的算法是没有意义的。有的算法输出的是数值，有的算法输出的是图形，有的输出并不是显而易见的。

5. 可行性

算法的可行性（effectiveness）也称为有效性，是指组成算法的每一步都是可以执行的。如果有哪一步不可执行，这样的算法也是没有意义的。

4.5.4 算法评价

算法设计如同写作文，对于同一个问题，可以有多种不同的求解思路。从应用的角度评价算法着眼于以下 5 个方面。

1. 正确性

算法的正确性是评价一个算法优劣的最重要的标准。

2. 可读性

为了在设计时容易交流思路，检查错误，算法应当是容易阅读的。

3. 健壮性

健壮性是指一个算法对不合理数据输入的反应能力和处理能力，也称为容错性。

4. 可执行性

算法的可执行性主要指算法执行时消耗计算机资源的情况，主要从时间和空间两个方面考虑，分别称为算法的时间复杂度和空间复杂度。

1）算法的时间复杂度

算法的时间复杂度主要是计算一个算法所用的时间。算法所用的时间主要包括程序编译时间和运行时间。由于一个算法一旦编译成功可以多次运行，因此忽略编译时间，在这里只讨论算法的运行时间。

算法的运行时间依赖于加、减、乘、除等基本运算的数量以及参加运算的数据的大小和计算机硬件与操作环境等。要想准确地计算时间是不可行的，而影响算法时间最为主要的因素是问题的规模。同等条件下，问题的规模越大，运行的时间也就越长。例如，求 $1+2+3+\cdots+n$ 的算法，即 n 个整数的累加求和，这个问题的规模为 n。因此，运行算法所需的时间 T 是问题规模 n 的函数，记作 $T(n)$。

为了客观地反映一个算法的执行时间，通常用算法中基本语句的执行次数来度量算法的工作量。而这种度量时间复杂度的方法得出的不是时间量，只是一种增长趋势的度量，记作 $T(n)$，n 为问题的规模。显然，当问题规模 n 增大时，$T(n)$ 也随之变大。用数学语言可以描述为：若有某个辅助函数 $f(n)$，使得当 n 趋近于无穷大时，$T(n)/f(n)$ 的极限值为不等于零的常数，则称 $f(n)$ 是 $T(n)$ 的同数量级函数，记作 $T(n)=O(f(n))$，称 $O(f(n))$ 为算法的渐进时间复杂度，简称时间复杂度。可以看出，随着模块 n 的增大，算法执行的时间的增长率和 $f(n)$ 的增长率成正比，所以 $f(n)$ 越小，算法的时间复杂度越低，算法的效率越高。

2）算法的空间复杂度

算法的空间复杂度是指在算法的执行过程中需要的辅助空间数量。辅助空间数量指的不是程序指令、常数、指针等所需要的存储空间，也不是输入数据所占用的存储空间，辅助空间是除算法本身和输入输出数据所占据的空间外，算法临时开辟的存储空间。算法的空间复杂度分析方法同算法的时间复杂度相似，设 $S(n)$ 是算法的空间复杂度，通常可以表示为

$$S(n)=O(f(n))$$

同时间复杂度相比，空间复杂度的分析要简单得多。

4.6 知识链接

4.6.1 数据结构

1. 数据结构概述

随着计算机的普及和深入应用，问题求解时所涉及的数据越来越复杂，不仅有呈个体性的数据，还有呈群体性的数据。因此，在程序设计时，不仅要考虑被处理的每个数据的类型和值，还要考虑另外 3 个问题：数据的逻辑结构、存储结构和运算算法。

1）数据的逻辑结构

数据的逻辑结构也称为应用结构，指数据元素之间的逻辑关系，即在应用时数据之间

的相互关系的判定依据。图 4.32 列出了目前已经定型的一些数据逻辑关系及其分类情况。

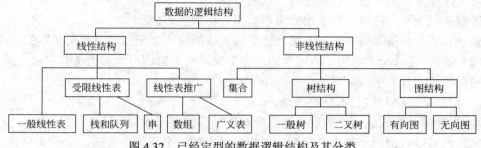

图 4.32　已经定型的数据逻辑结构及其分类

　　其中，比较典型的线性数据结构有数组、串、栈和队列；典型的非线性数据结构有图 4.33 所示的集合、线性表、树和图。

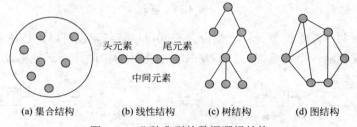

图 4.33　几种典型的数据逻辑结构

　　（1）集合结构。集合结构是一种松散结构，仅仅指有关数据属于某一集合，如图 4.33（a）所示。

　　（2）线性结构。线性结构是一种有序集合。如图 4.33（b）所示，它由 3 种元素组成。

　　① 一个头元素：没有前驱元素，只有一个后继元素。

　　② 一个尾元素：没有后继元素，只有一个前驱元素。

　　③ 若干中间元素：每一个都只有一个前驱元素和一个后继元素。

　　典型的线性结构有数组、栈和队列。

　　（3）树结构。如图 4.33（c）所示，树结构由 3 种元素组成。

　　① 一个根结点：没有前驱结点，有若干后继结点。

　　② 若干叶结点：每个都只有一个前驱结点，无后继结点。

　　③ 若干中间结点：每个都只有一个前驱结点和若干后继结点。

　　（4）图结构。如图 4.33（d）所示，图是一种复杂的非线性结构，在图结构中，每个元素都可以有零个或多个前驱，也可以有零个或多个后继。

　　2）数据的存储结构

　　存储结构也称为物理结构，指数据结构在计算机中的实现方式（又称为映像），即在程序中各种逻辑关系如何表示和描述，包括数据元素的表示和关系的表示。其细节还与计算机程序设计语言的描述能力与规则有关。一般说来，数据存储结构有如下 4 种主要形式。

　　（1）顺序结构。顺序结构占有一片连续的存储空间，所有元素在这个空间中按照与逻辑顺序一致的顺序存放。例如，在一维数组中，元素的内存地址与下标顺序一致；而在二维数组中，元素的顺序按照行优先或列优先排列。

优点：便于随机访问，如数组元素可以用下标随机访问。

缺点：插入、删除效率低，在某个位置插入或删除一个元素，要移动其后的所有元素。

（2）链式（linked）结构：不连续的内存空间，就是给结点附加上指针字段，即将结点所占的存储单元分为两部分。

① 数据项：存放结点本身的信息。

② 指针项：存放此结点的后继结点所对应的存储单元的地址。

指针项可以包括一个或多个指针，以指向结点的一个或多个后继，如图 4.34 所示。

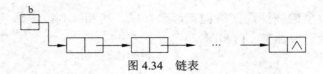

图 4.34 链表

采用链表有两个基本的好处：一是内存空间可以连续，也可以不连续；二是，如图 4.35 所示，当插入或删除一个元素时，只需修改一个指针的指向，而无须移动多个元素。

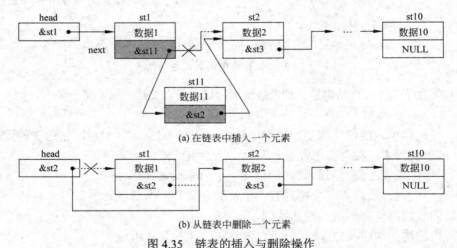

图 4.35 链表的插入与删除操作

在上述单链表中，每个结点只有一个后向指针。为了某些方便，有的链表中，每个结点也可以采用后向和前向两个指针，另外还可以让最后一个结点再指向头结点，形成循环链表。

链表结构的缺点是不能随机访问。

（3）索引结构。当要处理的数据含有多项时，为了某种应用的需要，可以选择其中某项，建立每个数据元素的该项值与该数据元素的地址对应表，以便快速进行数据查询。

优点：对顺序查找的一种改进，查找效率高。

缺点：需要额外空间存储索引表。

（4）散列结构：选取某个函数计算数据元素的存储位置。

优点：查找基于数据本身即可找到，查找效率高，存取效率高。

缺点：存取随机，不便于顺序查找。

3）数据的运算算法

不同的数据逻辑结构有其特定的操作和算法，而这些操作和算法的实现又与存储结构相关。

2. 栈

栈（stack）是线性表中的一种典型的数据结构。如图 4.36 所示，这种线性表具有两个重要指针：栈底指针——指向该线性表的一端，这个端是封闭的；栈顶指针——指向该线性表的另一端，这个端是开放端，即进行操作的端。数据元素只能通过栈顶进出堆栈，从而呈现先进后出（First-In Last-Out，FILO）的特点，即先进入这种数据结构的数据，后出来。通常把数据的进栈操作称为压入（push），把数据的出栈操作称为弹出（pop）。

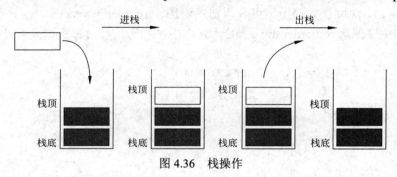

图 4.36　栈操作

栈是一种应用广泛的数据结构，凡是具有 FILO 或 LIFO 特征的数据都可以用其进行组织，例如函数调用和返回、数字转字符、表达式求值、走迷宫等。

栈的应用主要涉及 3 个算法。

（1）初始化栈：开辟栈空间，设置栈底指针和栈顶指针。

（2）压栈算法：要注意压栈的条件是栈未满。

（3）出栈算法：要注意出栈的条件是栈未空。

3. 队列

队列（queue）是线性表中另一种典型的数据结构。如图 4.37 所示，这种线性表也有两个指针：队首（front）指针——指向出队端；队尾（rear）指针——指向入队端。也就是说，这种数据结构只能一端进，另一端出，就像任何先到先服务的排队情况一样，具有先进先出（First-In First-Out，FIFO）特点。

图 4.37　队列操作

队列的应用主要涉及 3 个算法。

（1）初始化队列：开辟队列空间，设置队尾指针和队首指针。

（2）入队算法：要注意入队的条件是队空间未满。

（3）出队算法：要注意出队的条件是队空间未空。

由于在不断地入队、出队操作中，会使队列在队空间中不断向末端行走，而将首端空出。所以，一般会把队列定义成环形队列，即一旦队尾指针指向最末端时，只要队首指针前面有空闲位置，就可以将队尾指针的下一个位置移到队列的另一端。

4. 树的遍历

在问题求解时，常常可以把问题的状态变化表示为树结构。这样，问题的求解就变成对树结构的遍历（traversal）——搜索，并且按照搜索的路线，形成如图 4.38 所示的两大类遍历算法：深度优先遍历（Depth-First Traversal，DFT）和广度优先遍历（Breadth-First Traversal，BFT）。深度优先遍历又可分为前序遍历（preorder traversal）、后序遍历（postorder traversal）和中序遍历（inorder traversal），其中中序遍历只有对二叉树才有意义。

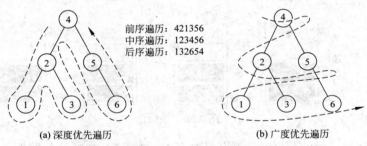

前序遍历：421356
中序遍历：123456
后序遍历：132654

(a) 深度优先遍历　　　　　　(b) 广度优先遍历

图 4.38　图的两种遍历

深度优先遍历算法常常要借助栈进行处理，而广度优先遍历常常要借助队列进行处理。

5. 图的重要算法

图的引用也很多，下面仅举两例。

1）图的遍历

当把问题的状态关系表示成图结构时，问题的求解即成为对图的遍历问题。图的遍历可以将其转换成树，也可以选择深度优先或广度优先遍历方法。

2）最短路径算法

最短路径问题是图论研究中的一个经典算法问题，旨在寻找图（由结点和路径组成的）中两结点之间的最短路径。最常用的路径算法有 Dijkstra 算法、A*算法、SPFA 算法、Bellman-Ford 算法、Floyd-Warshall 算法、Johnson 算法。关于它们，超出本书内容，这里不介绍。

4.6.2　文本压缩算法

现代意义的文本（text）指"任何由书写所固定下来的任何话语"。自从 Web 技术出现以后，互联网和各类信息系统每天都不断产生大量文本数据。据统计，Web 网页总量已逾数百亿，每天新增数千万，其中 99%的可分析信息是以文本形式存在的。此外，数字图书馆、数字化档案馆、电子政务等也产生着大量文本数据，文本处理日趋重要，文本算法日益丰富。

文本压缩是提高文本传输与存储效率、降低运行费用的关键技术，也是有关文本的热门技术。现在已经开发出很多种文本压缩算法，而且新的文本压缩算法还在继续研发中。图 4.39 列出了几种典型的文本压缩算法。这些文本压缩算法分为有损压缩和无损压缩两大类。有损压缩即压缩以后不可完全恢复，主要应用于图像和数字化语音的压缩；无损压缩是压缩后可以完全恢复的压缩。

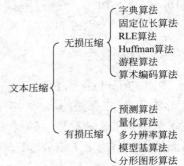

图 4.39　常用文本压缩算法及其分类

下面介绍其中几种典型的压缩算法。

1. 字典算法

字典算法是最为简单的系列压缩算法，其中最早的是 1977 年由两位以色列人 A. Lempel 和 J. Ziv 提出的 LZW 算法，后来不断改进，形成了包括 LZ77 算法、LZSS 算法、LZ78 算法、LZW 算法等的系列，统称 LZ 算法。如图 4.40 所示，其基本思想是把文本中出现频率较高的字符组合做成一个对应的字典列表，并用特殊代码来表示这个字符。基于字典的 LZ 系列编码 LZ78 和 LZW 两种算法的编译码方法较为复杂，实现起来较为困难，而 LZ77 算法的压缩率又相对较低，比较而言 LZ77 算法在单片机上实现起来较为理想，其压缩率较高，编译码算法也较为简单。

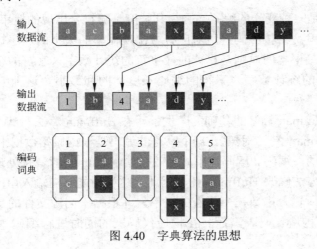

图 4.40　字典算法的思想

2. 固定位长算法

固定位长（Fixed Bit Length Packing）算法是把文本用需要的最少的位来进行压缩编码。例如 8 个十六进制数 1、2、3、4、5、6、7、8。转换为二进制为 00000001、00000010、00000011、00000100、00000101、00000110、00000111、00001000。每个数只用到了低 4 位，而高 4 位没有用到（全为 0），因此对低 4 位进行压缩编码后得到 0001、0010、0011、0100、0101、0110、0111、1000。然后补充为字节得到 00010010、00110100、01010110、01111000。所以原来的 8 个十六进制数缩短了一半，得到 4 个十六进制数：12、34、56、78。

3. RLE 算法

RLE（Run Length Encoding）算法用重复字节和重复的次数简单描述来代替重复的字节。图 4.41 为 RLE 算法的一个实例：将出现 6 次的符号 93 用 3 字节来代替：一个标记字节（0 在本例中）重复的次数（6）和符号本身（93），即 RLE 解码器遇到符号 0 的时候，它表明后面的 2 字节决定了需要输出哪个符号以及输出多少次。

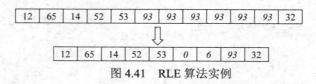

图 4.41　RLE 算法实例

4. Huffman 算法

Huffman 算法最初来自美国数学家 David Huffman 在 20 世纪 50 年代初提出的一种压缩编码方法，其主导思想是根据字符出现的概率来构造平均长度最短的编码，并且保持编码的唯一可解性。也就是说，在源数据中出现概率越高的字符，相应码字越短；出现概率越小的字符，其码字越长，从而达到用尽可能少的码符号来表示源数据，达到压缩的效果。

Huffman 编码是一种变长的编码（因为其长度是随符号出现的概率而不同），在编码过程中，若各码字长度严格按照码字所对应符号出现概率的大小的逆序排列，则编码的平均长度是最小的。它最根本的原则是累计的（字符的统计数字×字符的编码长度）为最小，也就是权值（字符的统计数字×字符的编码长度）的和最小。这种编码方法也称为静态 Huffman 算法。

后来在静态 Huffman 算法的基础上产生了动态 Huffman 算法，其基本思想就是构造一棵动态变化的 Huffman 树。对第 $t+1$ 个字符的编码是根据原始数据中前 t 个字符得到的 Huffman 树来进行的，编码和解码使用相同的初始 Huffman 树，每处理完一个字符，编码和解码使用相同的方法修改 Huffman 树。因此，这棵树能够随输入串的输入而不断地调整修改，保证它反映所输入串数据变化着的概率，并根据不同源文件的具体内容，采用完全不同的方法动态地构造代码表，而且在构造代码表的同时进行编码压缩。其压缩算法如图 4.42 所示。

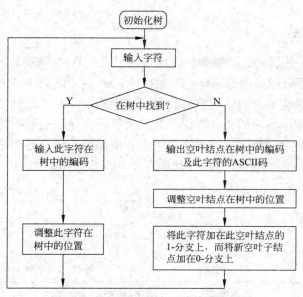

图 4.42　Huffman 静态压缩算法流程图

例 4.3　对图 4.43 所示的数据进行 Huffman 编码。

| 32 | 22 | 22 | 43 | 49 | 22 | 22 | 17 | 48 | 43 |

图 4.43　欲压缩的 10 个字节

根据输入数据，可以得到图 4.44 中的 Huffman 树和 Huffman 表，得到图 4.45 所示的结果。

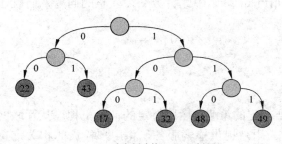

符号	频率	编码
22	4	00
43	2	01
17	1	100
32	1	101
48	1	110
49	1	111

(a) 动态创建的Huffman树　　　　　　　(b) Huffman编码表

图 4.44　Huffman 树和 Huffman 表

| 101 | 00 | 00 | 01 | 111 | 00 | 00 | 100 | 110 | 01 |

图 4.45　Huffman 编码结果

可以看出，压缩后的数据流是 24b（3B），原来是 80b（10B）。

解码的时候，从上到下遍历树，为压缩的流选择从左/右分支，每次碰到一个叶子结点的时候，就可以将对应的字节写到解压输出流中，然后再从根开始遍历。

5. 算术编码算法

算术编码是基于统计的、无损数据压缩效率最高的算法。它与 Huffman 编码的一个很大的不同就是跳出了分组编码的范畴，从全序列出发，采用递推形式的连续编码。如图 4.46所示，算术编码不是将单个的信源符号映射成一个码字，而是将整段要压缩的数据序列映射到一段实数半封闭范围内的某一区段。其长度等于该序列的概率，即是所有使用在该信息内的符号出现概率全部相乘后的概率值。当要被编码的信息越来越长时，用来代表该信息的区段就会越来越窄，用来表达这个区段所需的二进位就越多。

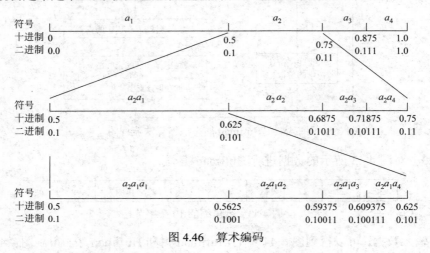

图 4.46 算术编码

这种算法不用一个特定码字代替输入符号，不需要传送 Huffman 表，而用一个单独的浮点数来代替一串输入符号，避开了 Huffman 编码中比特数必须取整的问题，而且还有自适应能力的优点。

4.6.3 搜索引擎网页排序算法

1. 搜索引擎概述

搜索引擎（Search Engine）是指根据一定的策略、运用特定的计算机程序从互联网上搜集信息，在对信息进行组织和处理后，为用户提供检索服务，将用户检索的相关信息展示给用户的系统或组织。其工作分为如下 4 大步。

1）爬行

搜索引擎的核心部件是一种称为"网络机器人（Crawlers）"或"搜索引擎蜘蛛（Search Engine Spider）"的软件。搜索引擎蜘蛛是通过网页的链接地址来寻找网页，从网站的某一个页面（通常是首页）开始，读取网页的内容，找到在网页中的其他链接地址，然后通过这些链接地址寻找下一个网页，这样一直循环下去，直到把这个网站所有的网页都抓取完为止。

"搜索引擎蜘蛛"（以下简称"蜘蛛"）搜集网页信息有两种方式。

（1）主动派出蜘蛛，即每隔一段时间（Google 一般是 28 天），主动派出"蜘蛛"程序，对一定 IP 地址范围内的互联网网站进行检索，一旦发现新的网站，它会自动提取网站的信息和网址加入到自己的数据库。在抓取网页的时候，可以采用广度优先策略或深度优先策略。

（2）定向网站搜索，即网站拥有者主动向搜索引擎提交网址，它在一定时间内（2 天到数月不等）定向向这些网站派出"蜘蛛"程序，扫描这些网站并将有关信息存入数据库，以备用户查询。搜索引擎是通过一种具有特定规律的软件跟踪网页的链接，从一个链接爬到另外一个链接，像蜘蛛在蜘蛛网上爬行一样，所以被称为"蜘蛛"，也被称为"机器人"。搜索引擎蜘蛛的爬行是被输入了一定规则的，它需要遵从一些命令或文件的内容。

2）抓取

搜索引擎是通过蜘蛛跟踪链接爬行到网页，并将爬行的数据存入原始页面数据库。其中的页面数据与用户浏览器得到的 HTML 是完全一样的。搜索引擎蜘蛛在抓取页面时，也做一定的重复内容检测，一旦遇到权重很低的网站上有大量抄袭、采集或者复制的内容，很可能就不再爬行。

3）预处理

搜索引擎将蜘蛛抓取回来的页面，进行各种步骤的预处理。内容包括提取文字、中文分词（把两个标点符号之间的汉字分成词）、去停止词、消除噪声（搜索引擎需要识别并消除这些噪声，比如版权声明文字、导航条、广告等）、索引排序、链接关系计算、特殊文件处理等。

4）排名

用户在搜索框中输入关键词后，排名程序调用索引库数据，计算排名显示给用户，排名过程与用户直接互动。由于互联网网页量巨大，而且变化无穷，因此每一个搜索引擎虽然能达到每时都有小的更新外，排名情况一般会按日、周、月等进行不同幅度的更新。

网页排名的两个关键因素是排名规则和排名算法。不同的搜索引擎制定的排名规则不同。下面介绍几种典型的网页排序算法。

2．典型的网页排序算法

1）PageRank 算法

PageRank，即网页排名，又称为网页级别、Google 左侧排名；更有意思的是，它还被称为佩奇排名。这个算法是 Google 公司创办人拉里·佩奇（Larry Page）和谢尔盖·布林于 1998 年在斯坦福大学发明的。

百度知道对 PageRank 的定义是：Google 排名运算法则（排名公式）的一部分，是 Google 用于标识网页的等级/重要性的一种方法，也是 Google 用于衡量一个网站好坏的唯一标准。在糅合了诸如 Title 标识和 Keywords 标识等所有其他因素之后，Google 通过

PageRank 算法来调整结果，使那些更高"等级/重要性"的网页在搜索结果中的排名获得提升，从而提高搜索结果的相关性和质量。

在互联网上，如果一个网页被很多其他网页链接，说明它受到普遍的承认和信赖，那么它就重要，排名就高。这就是 PageRank 算法的核心思想。也就是说，它基于"从许多优质的网页链接过来的网页，必定还是优质网页"的回归关系，来判定网页的重要性。该算法认为从网页 A 导向网页 B 的链接可以被看作页面 A 对页面 B 的支持投票，并根据这个投票数来判断页面的重要性。到一个页面的超链接相当于对该页投一票。一个有较多链入的页面会有较高的等级；相反，如果一个页面没有任何链入页面，那么它没有等级。当然，不仅仅只看投票数，还要对投票的页面进行重要性分析，越是重要的页面所投票的评价也就越高。

PageRank 算法还定义了一个网页重要性的单位——PageRank（PR），以其值作为网页的等级。PR 通过对由超过 5 亿个变量和 20 亿个词汇组成的方程进行计算，能科学公正地标识网页的等级或重要性。PR 级别为 1～10，PR 值越高说明该网页越重要。例如，一个 PR 值为 1 的网站表明这个网站不太具有流行度，而 PR 值为 7～10 则表明这个网站极其重要。PageRank 级别不是一般的算术级数，而是按照一种几何级数来划分的。PageRank3 不是比 PageRank2 好一级，而可能会好到数倍。

影响一个网站 PR 值的因素比较多，但主要是以下 3 个方面。

（1）该网站外部链接的数量和质量。

（2）Google 在该网站抓取的页面数。

（3）网站被世界知名网站 DMOZ 和 Looksmart 收录的情况。

Google PR 值一般一年更新 4 次，所以刚上线的新网站不可能获得 PR 值。

PageRank 算法的优点在于它对互联网上的网页给出了一个全局重要性排序，并且算法的计算过程可以离线完成。这样有利于迅速响应用户的请求。此外，PageRank 算法以网页相互链接评级别论高低，从而对关键字垃圾起到巨大的遏制作用。所谓关键字垃圾是指一些垃圾网站为了提高点击率，用一些与站点内容无关的关键字垃圾壮声威，比如用明星的名字、用公共突发事件称谓等。其目的或是为了骗取广告点击率，或是为了传播病毒。还有一些无赖式的博客评论也从中搅局，在网上招摇过市，骗取网民的注意力。这些都被网络技术人员视为垃圾。

PageRank 算法有如下一些弊端。

（1）主题无关性。指没有区分页面内的导航链接、广告链接和功能链接等，容易对广告页面有过高评价。

（2）旧的页面等级会比新页面高。因为新页面，即使是非常好的页面，也不会有很多链接，除非它是一个站点的子站点。

（3）可能导致超链中介、出卖链接、购买链接、链接工厂（link farm，只有链接没有内容）等超链作弊行为。

2）HillTop 算法

HillTop 算法是 Google 的一个工程师 Bharat 在 2001 年获得的专利，其指导思想与

PageRank 一致，也是通过反向链接的数量和质量来确定搜索结果的排序权重。但 HillTop 算法主要看重来自具有相同主题的相关文档链接，将之称为"专家"，认为它们比主题不相关的链接价值要更高。因此，Hilltop 算法包括两个主要的方面：寻找专家和目标排序。通过对搜索引擎抓取的网页进行预处理，找出专家页面。对于一个关键词的查询，首先在专家中查找，并排序返回结果。

HillTop 算法具有相关性强、结果准确的优点。但是，由于专家页面的质量决定了算法的准确性，而专家页面的质量和公平性难以保证，特别是当没有足够的专家页面存在时，返回空。此外，它忽略了大量非专家页面的影响，不能反映整个 Internet 的民意。所以 Hilltop 算法适合对于查询排序进行求精。

3）Direct Hit 算法

Ask Jeeves 公司的 Direct Hit 算法是一种注重信息的质量和用户反馈的排序方法。它的基本思想是，搜索引擎将查询的结果返回给用户，并跟踪用户在检索结果中的点击。如果返回结果中排名靠前的网页被用户点击后，浏览时间较短，用户又重新返回点击其他的检索结果，那么可以认为其相关度较差，系统将降低该网页的相关性。另一方面，如果网页被用户点击打开进行浏览，并且浏览的时间较长，那么该网页的受欢迎程度就高，相应地，系统将增加该网页的相关度。因此，这是一种动态排序。

统计表明，Direct Hit 算法只适合于检索关键词较少的情况，因为它实际上并没有进行排序，而是一种筛选和抽取，在检索数据库很大、关键词很多的时候，返回的搜索结果成千上万，用户不可能一一审阅。因此，这种方式也不能作为主要的排序算法来使用，而是一种很好的辅助排序算法，目前在许多搜索引擎当中仍然在使用。

3. 搜索引擎反作弊算法

随着互联网商业化的加速，网页在搜索引擎的排名越来越受到关注，被以为蕴藏了极大商机。因此，各个网站都倾注了极大力量进行页面优化，促成网页优化产业的成长。但是，过度的网页优化，甚至超链中介、出卖链接、购买链接等超链作弊行为也层出不穷，极大地损害了搜索引擎用户的利益，也使搜索引擎受到越来越多的指责。为了保护自己的利益，各搜索引擎都增加了反过度优化、反超链作弊职责。这些也是通过一些算法实现的。其中，有代表性的算法是百度的石榴算法和绿萝算法、谷歌的熊猫算法和企鹅算法。关于它们的具体内容这里不介绍。

4.6.4 数据挖掘算法

1. 数据挖掘及其基本过程

数据挖掘（Data Mining，DM）是从大量的、不完全的、有噪声的、模糊的、随机的实际数据中，提取隐含在其中的、人们所不知道的但又是潜在有用信息和知识的过程。最经典的案例是 20 世纪 90 年代发生在美国沃尔玛超市中的啤酒与尿布的故事。故事起源于技术人员对于超市中商品关联性的分析，他们从大量数据中用关联分析法发现：啤酒与尿布关联性很大，而且多数是一起购买的。经过调查，他们了解到一个事实：在美国有婴儿的家庭中，一般是母亲在家中照看婴儿，并要求年轻的父亲在下班途中把尿布捎回来。父亲在购买尿布的同时，往往会顺便为自己购买啤酒。为此，沃尔玛开始在卖场尝试将啤酒与尿布摆放在相同的区域，让年轻的父亲可以同时找到这两件商品，并很快地完成购物，从而获得了很好的商品销售收入。数据挖掘也就是在这一时期兴起的。

图 4.47 为数据挖掘的一般过程。在这个过程中，有两个关键。

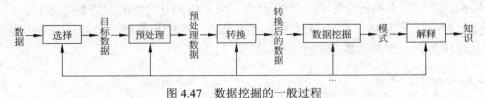

图 4.47　数据挖掘的一般过程

（1）指定数据挖掘任务中要找的模式（pattern）类型。

（2）选择合适的数据挖掘算法。

2. 数据挖掘模式

一般地，数据挖掘模式可以分为描述和预测两类。描述性挖掘任务刻划数据库中数据的一般特性；预测性挖掘任务在当前数据上进行推断，以进行预测。数据挖掘是用来发现有用信息和知识的一项技术。具体地说，数据挖掘模式可以分为如下 5 种。

（1）分类。分类是找出数据库中的一组数据对象的共同特点，并按照分类模式将其划分为预测值是离散的不同类，例如商家将用户在一段时间内的购买情况划分成不同的类，根据情况向用户推荐关联类的商品，从而增加商铺的销售量。

（2）聚类。聚类类似于分类，但与分类的目的不同，是针对数据的相似性和差异性将一组数据分为几个组或群。属于同一组的数据间相似性要很大，差别要小；不同组之间的数据相似性要很小，数据关联性要很低。

（3）回归分析。回归分析应用于预测数据属性是连续性的情况。例如，在市场营销中，回归分析可以被应用到各个方面。例如通过对本季度销售的回归分析，对下一季度的销售趋势做出预测并做出针对性的营销改变。

（4）关联规则。关联规则是隐藏在数据项之间的关联或相互关系，即可以根据一个数据项的出现推导出其他数据项的出现。例如，在互联网上，可以根据顾客购买的历史和经常浏览的网页，推测出客户感兴趣的商品，在客户上网时主动推给客户，或在客户购买一件商品时，向客户推出他可能还感兴趣的商品。在众多的关联规则中，常见的是序列模式。序列模式是数据间的关联性呈现顺序关系的模式，在序列模式中重要的是时间序列模式——数据随时间变化的趋势。

（5）神经网络方法。神经网络作为一种先进的人工智能技术，因其自身自行处理、分布存储和高度容错等特性非常适合处理非线性的以及那些以模糊、不完整、不严密的知识或数据为特征的处理问题。它的这一特点十分适合解决数据挖掘的问题。典型的神经网络模型主要分为三大类。

① 用于分类预测和模式识别的前馈式神经网络模型，其主要代表为函数型网络、感知机。

② 用于联想记忆和优化算法的反馈式神经网络模型，以 Hopfield 的离散模型和连续模型为代表。

③ 用于聚类的自组织映射方法，以 ART 模型为代表。虽然神经网络有多种模型及算法，但在特定领域的数据挖掘中使用何种模型及算法并没有统一的规则，而且人们很难理解网络的学习及决策过程。

（6）Web 数据挖掘。这已经在 4.6.3 节进行了专门的介绍。需要说明的是，当前越来越多的 Web 数据都是以数据流的形式出现的，因此对 Web 数据流挖掘就具有很重要的意义。此外，目前 Web 数据挖掘还面临着一些问题，如用户的分类问题、网站内容的时效性问题，用户在页面停留的时间问题，页面的链入与链出数问题等。在 Web 技术高速发展的今天，这些问题仍旧值得研究并加以解决。

3．分类算法举例

分类是将一个未知样本分到几个预先已知类的过程。进行数据分类的过程一般分为两步：第一步是建立一个模型，描述预先的数据集或概念集。通过分析由属性描述的样本（或实例、对象等）来构造模型。假定每一个样本都有一个预先定义的类，由一个被称为类标签的属性确定。为建立模型而被分析的数据元组形成训练数据集。该步也称为有指导的学习。

在众多的分类模型中，应用最为广泛的分类模型是决策树模型（Decision Tree Model）、朴素贝叶斯模型（Naive Bayesian Model）、统计方法和粗糙集方法等。

1）决策树模型

决策树是一个预测模型，它把事物的属性与其值描述为一种树结构的映射关系。树中每个结点表示某个事物（对象），而每个分叉路径则代表某个可能的属性值，而每个叶结点则对应从根结点到该叶结点经历的路径所表示的对象值。决策树仅有单一输出，若欲有多数输出，可以建立多个独立的决策树以处理不同的输出。决策树同时也可以依靠计算条件概率来构造。决策树如果依靠数学的计算方法可以取得更加理想的效果。

决策树一般都是自上而下生成的。选择分割的方法有好几种，但是目的都是一致的：对目标类尝试进行最佳的分割。代表性的决策树算法有 ID3、C4.5、CART 等。

2）贝叶斯模型

贝叶斯分类的基础是概率推理，即各种条件存在不确定性，仅知其出现概率（先验概率）的情况下，来完成推理和决策任务。或者说，贝叶斯分类器的分类原理是通过某对象的先验概率，利用贝叶斯公式计算出其后验概率，即该对象属于某一类的概率，选择具有最大后验概率的类作为该对象所属的类。

应用贝叶斯分类器进行分类主要分为两个阶段。

（1）第一阶段是贝叶斯网络分类器的学习，即从样本数据中构造分类器，包括结构学习和 CPT 学习。

（2）第二阶段是贝叶斯网络分类器的推理，即计算类结点的条件概率，对分类数据进行分类。

这两个阶段的时间复杂性均取决于特征值间的依赖程度。因而在实际应用中，往往需要对贝叶斯网络分类器进行简化。根据对特征值间不同关联程度的假设，可以得出各种贝叶斯分类器，Naive Bayes、TAN、BAN、GBN 就是较典型的贝叶斯分类器。

其中，Naive Bayes（朴素贝叶斯）分类器基于样本每个特征与其他特征都不相关的假设，例如，一种水果其具有黄、扁圆、高 2～3cm、直径大约 4cm 等特征，该水果可以被判定为是橘子。朴素贝叶斯分类器认为这些属性在判定该水果是否为橘子的概率分布上具有独立性。朴素贝叶斯分类器依靠精确的自然概率模型，或者说朴素贝叶斯模型能工作并没有用到贝叶斯概率或者任何贝叶斯模型。

3）支持向量机算法

支持向量机（Support Vector Machine，SV 机或 SVM）属于一般化线性分类器，被广泛地应用于统计分类以及回归分析中。具体的算法过程如下。

（1）在 n 维空间中找到一个分类超平面，将空间上的点分类。图 4.48 就是一个线性分类的例子。一般而言，一个点距离分类超平面的远近，用于表示分类预测的确信或准确程度。SVM 就是要最大化这个 Gap（间隔）值。而在虚线上的点便称为支持向量（Support Verctor）。

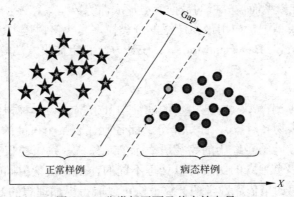

图 4.48　分类超平面及其支持向量

（2）遇到线性不可分的样例时，就把样例特征映射到高维空间中去。如图 4.49 所示，

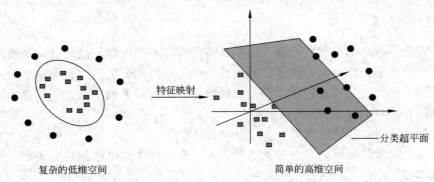

图 4.49　将样例特征映射到高维空间

在这个高维空间里建立有一个最大间隔超平面。在分开数据的超平面的两边建有两个互相平行的超平面。分隔超平面使两个平行超平面的距离最大化。假定平行超平面间的距离或差距越大，分类器的总误差越小。

4）AdaBoost 算法

AdaBoost（Adaptive Boosting，自适应增强）算法可以建立在任何一种分类模型，如决策树、NB、SVM 等之上。

AdaBoost 的核心思想是通过不断迭代地用前面分错的样本训练下一个分类器，逐步强化，最后构成一个最终分类器（强分类器）。整个过程如下所示。

（1）先通过对 N 个训练样本的学习得到第一个弱分类器。

（2）将分错的样本和其他的新数据一起构成一个新的 N 个的训练样本，通过对这个样本的学习得到第二个弱分类器。

（3）将前面的分类器都分错了的样本加上其他的新样本构成另一个新的 N 个的训练样本，通过对这个样本的学习得到第三个弱分类器。

（4）得到经过提升的强分类器。

4．聚类分析算法举例

1）K 邻近分类算法

K 最近邻（K-Nearest Neighbor，KNN）分类算法简称邻近算法，是一种聚类分析算法。所谓 K 最近邻，就是 K 个最近的邻居的意思，说的是每个样本都可以用它最接近的 K 个邻居来代表。KNN 算法的核心思想是如果一个样本在特征空间中的 K 个最相邻的样本中的大多数属于某一个类别，则该样本也属于这个类别，并具有这个类别上样本的特性。如在图 4.50 中，圆要被决定赋予哪个类，是三角形还是四方形？如果 $K=3$，由于三角形所占比例为 2/3，圆将被赋予三角形那个类；如果 $K=5$，由于四方形比例为 3/5，因此圆被赋予四方形类。

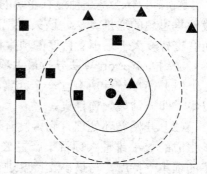

图 4.50　KNN 算法思想

KNN 算法不仅可以用于分类，还可以用于回归。

该算法在分类时有个主要的不足是，当样本不平衡时，如一个类的样本容量很大，而其他类样本容量很小时，有可能导致当输入一个新样本时，该样本的 K 个邻居中大容量类的样本占多数。另一个不足之处是计算量较大，因为对每一个待分类的文本都要计算它到全体已知样本的距离，才能求得它的 K 个最近邻点。

2）K-Means 算法

K-Means 算法是一种最经典也是使用最广泛的聚类方法，时至今日仍然有很多基于其的改进模型提出。K-Means 算法的工作过程说明如下：首先从 n 个数据对象任意选择 K 个对象作为初始聚类中心；对于所剩下其他对象，则根据它们与这些聚类中心的相似度（距离），分别将它们分配给与其最相似的（聚类中心所代表的）聚类；然后再计算每个所获新聚类的聚类中心（该聚类中所有对象的均值）；不断重复上述过程直到标准测度函数开始收敛为止。

K-Means 算法的优点如下。

（1）*K*-Means 算法是解决聚类问题的一种经典算法，算法简单、快速。

（2）该算法对处理大数据集是相对可伸缩的和高效率的，并且经常以局部最优结束。

（3）该算法尝试找出使平方误差函数值最小的 *K* 个划分。当簇是密集的、球状或团状的，而簇与簇之间区别明显时，它的聚类效果很好。

K-Means 算法的缺点如下。

（1）*K*-Means 算法只有在簇的平均值被定义的情况下才能使用，不适用于某些应用，如涉及有分类属性的数据不适用。

（2）它要求用户必须事先给出要生成的簇的数目 *K*。

（3）对初值敏感，对于不同的初始值，可能会导致不同的聚类结果。

（4）不适合于发现非凸面形状的簇，或者大小差别很大的簇。

（5）对于"噪声"和孤立点数据敏感，少量的该类数据能够对平均值产生极大影响。

5. 关联分析算法举例

关联规则的挖掘过程主要包括两个阶段：第一阶段为从海量原始数据中找出所有的高频项目组；第二阶段为从这些高频项目组产生关联规则。

Apriori 算法是一种最有影响的挖掘布尔关联规则频繁项集的算法。其核心是基于两阶段频集思想的递推算法。该关联规则在分类上属于单维、单层、布尔关联规则。在这里，所有支持度大于最小支持度的项集称为频繁项集，简称频集，也常称为最大项目集。

应用在 Apriori 算法寻找最大项目集（频繁项集）时，需要对数据集进行多步处理。

（1）简单统计所有含一个元素项目集出现的频数，并找出那些不小于最小支持度的项目集，即一维最大项目集。

（2）开始循环处理直到再没有最大项目集生成。循环过程是：第 *K* 步中，根据第 *K*-1 步生成的 *K*-1 维最大项目集产生 *K* 维候选项目集，然后对数据库进行搜索，得到候选项目集的项集支持度，与最小支持度进行比较，从而找到 *K* 维最大项目集。

Apriori 算法简单、易理解、数据要求低，然而它可能产生大量的候选集以及可能需要重复扫描数据库。

习 题 4

一、穷举算法思维训练

（一）简单穷举类问题

1. 求 500 之内所有能被 7 或 9 整除的数。

2. 一个袋子中有 m 个大小、质量相同的红、黄、蓝三色小球。其中红球 r1 个，黄球 y1 个，蓝球 b1 个。若要从中摸出 n（$n < m$）个小球，可能会有多少种颜色搭配？

3. 小蔡的借书方案。小蔡有 5 本关于 C 程序设计的新书，要借给同小组的另外 3 位同学：A、B、C。假如每人只能借一本，可以有多少种不同的借书方案。

（二）不定方程类问题

1. 百钱买百鸡问题：公元 5 世纪末，我国古代数学家张丘建在《算经》中提出了如下问题：鸡翁一值钱五，鸡母一值钱三，鸡雏三值钱一。凡百钱买百鸡，则鸡翁、母、雏各几何？

2. 一根 29cm 长的尺子，只允许在它上面刻 7 个刻度。若要用它能量出 1~29cm 的各种整长度，刻度应如何选择？

3. 破碎的砝码问题。法国数学家梅齐亚克在他所著的《数字组合游戏》中提出一个问题：一位商人有一个质量为 40 磅的砝码，一天不小心被摔成了 4 块。不料商人发现了一个奇迹：这 4 块的质量各不相同，但都是整磅数，并且可以 1~40 之间的任意整数磅。问这 4 块砝码碎片的质量各是多少？

（三）基于复杂条件分析的穷举类问题

1. 喝汽水问题。1 元钱一瓶汽水，喝完后两个空瓶换一瓶汽水，若有 20 元钱，最多可以喝到几瓶汽水？

2. 奇妙的算式：有人用字母代替十进制数字写出下面的算式。请找出这些字母代表的数字。

$$
\begin{array}{r}
E\,G\,A\,L \\
\times \qquad\quad L \\
\hline
L\,G\,A\,E
\end{array}
$$

3. 矿石和身份问题。有 A、B、C 三名地质勘探队员对一块矿石进行判断，每人判断两次。

（1）A 两次的判断为：它不是铁矿石，不是铜矿石。

（2）B 两次的判断为：它不是铁矿石，是锡矿石。

（3）C 两次的判断为：它不是锡矿石，是铁矿石。

在这三名队员中，有工程师、技术员和实习生各一名，并且：

（1）工程师的两次判断都正确。

（2）技术员的两次判断中，只有一次是正确的。

（3）实习生的两次判断都不正确。

请用一个算法裁定该矿石是什么矿以及这三人的身份各是什么。

二、递推算法思维训练

（一）简单递推（迭代）问题

1. 牛的繁殖问题。有位科学家曾出了这样一道数学题：一头刚出生的小母牛从第四个年头起，每年年初要生一头小母牛。按此规律，若无牛死亡，买来一头刚出生的小母牛后，到第 20 年头上共有多少头母牛（cow）？

2. 把下列数列延长到第 50 项

1,2,5,10,21,42,85,170,341,682,…

3. 切饼问题。一张大饼放在板上，如果不许将饼移动，问切 n 刀时，最多可以切成几块。

（二）倒退问题

1. 某日，王母娘娘送唐僧一批仙桃，唐僧命八戒去挑。八戒从娘娘宫挑上仙桃出发，边走边望着眼前箩筐中的仙桃咽口水，走到 128 里时，倍觉心烦腹饥口干舌燥不能再忍，于是找了个僻静处开始吃起前头箩筐中的仙桃来，越吃越有兴致，不觉竟将一筐仙桃吃尽，才猛然觉得大事不好。正在无奈之时，发现身后还有一筐，便转悲为喜，将身后的一筐仙桃一分为二，重新上路。走着走着，馋病复发，才走了 64 里路，便故伎重演，又在吃光一筐仙桃后，把另一筐一分为二，才肯上路。以后，每走前一段路的一半，便吃光一头箩筐中的仙桃才上路。如此这般，最后走了一里走完，正好遇上师傅唐僧。师傅唐僧一看，两个箩筐中各只有一个仙桃，于是大怒，要八戒交代一路偷吃了多少仙桃。八戒掰着指头，好几个时辰也回答不出来。

请设计一个算法，为八戒计算一下，他一路偷吃了多少仙桃。

2. 某人为了购置商品房，贷了一笔款，其贷款的月利息为 1%，并且每个月要偿还 1000 元，两年还清。问他最初共贷款多少？

3. 汽车穿越沙漠问题。一辆汽车欲穿越 1000km 的沙漠，汽车的耗油量为 1L/km，总载油能力为 500L。显然，该车不可能一次穿越沙漠。要穿越沙漠，必须先设法在沙漠中建立几个储油点。试问，该司机应在沙漠中如何建储油点（距离位置、储油量），才能以最经济的方式穿越该沙漠？

（三）近似迭代问题

1. 编写一个算法，利用如下的格里高利公式求 π 的值。直到最后一项的值小于 10^{-5} 为止。

$$\frac{\pi}{4} = 1 - \frac{1}{3} + \frac{1}{5} - \frac{1}{7} \cdots$$

2. 随着圆的内接多边形的边数的增加，多边形的面积就接近圆的面积。试用此方法求圆周率。

3. 牛顿迭代法。牛顿迭代法又称为牛顿切线法，是一种收敛速度比较快的数值计算方法。其原理如图 4.51 所示。

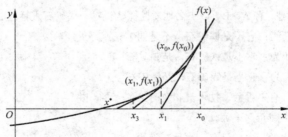

图 4.51　牛顿迭代法

设方程 $f(x)=0$ 有一个根 x^*。首先要选一个区间，把根隔离在该区间内，并且要求函数 $f(x)$ 在该区间连续可导，则可以使用牛顿迭代法求得 x^* 的近似值。方法如下：

选择区间的一个端点 x_0，过点（x_0, $f(x_0)$）作函数 $f(x)$ 的切线与 x 轴交于 x_1，则此切线的斜率为 $f'(x_0) = f(x_0)/(x_0-x_1)$，即有

$$x_1 = x_0 - f(x_0)/f'(x_0)$$

显然，x_1 比 x_0 更接近 x^*。

继续过点（x_1, $f(x_1)$）作函数 $f(x)$ 的切线与 x 轴交于 x_2，……。当求得的 x_i 与 x_{i-1} 两点之间的距离小于给定的最大误差时，便认为 x_i 就是方程 $f(x)=0$ 近似解了。

试用 C 程序描述牛顿迭代法。

三、递归算法思维训练

1. 编写一个计算 $f(x)=x^n$ 的递归算法。

2. 假设银行一年整存整取的月息为 0.32%，某人存入了一笔钱。然后，每年年底取出 200 元。这样到第 5 年年底刚好取完。请设计一个递归函数，计算他当初共存了多少钱。

3. 分割椭圆。在一个椭圆的边上，任选 n 个点，然后用直线段将它们连接，会把椭圆分成若干块。

四、模拟算法思维训练

（一）概率模拟问题

1. 有 1000 台产品，要从中抽 10 台去进行抽样检测。请设计一个抽样模拟程序。

2. 请设计一个模拟彩票摇奖的程序。例如：

（1）共发行彩票 100 000 张。

（2）头等奖 1 个。

（3）二等奖 10 个。

（4）三等奖 100 个。

3. 设计一个用蒙特卡洛方法求球的体积的程序。

4. 蒲丰投针问题（Buffon's needle problem）。蒲丰（George-Louis Leclerc de Buffon, 1707—1788）是法国数学家、几何概率的开创者。1777 年他提出这样一个问题：设想在平面（称此平面为二维的 Buffon 空间）上有宽度为 $r(r>0)$ 的平行直线族，随机地投一根长度为 1 的针或直线段（称该针或直线段为 Buffon 针）到该平面上。则求该针或直线段与平面上的平行直线族相交的概率为 $2l/\pi r$。这就是著名的 Buffon 丢针问题。请模拟蒲丰投针问题。

（二）基于事件步长的模拟问题

1. 在一篇文章中，7 个字母 A～G 出现的概率分别为

A 是 31.4%

B 是 20%

C 是 20%

D 是 25%

E 是 3%

F 是 0.5%

G 是 0.1%

请编写一个程序能模拟出上述概率。

2. 一位持月票上班者每天早上的行程大致如下。

（1）走到地铁车站：用 25～30min。

（2）等车：需要 0～5min。

（3）坐车：需要 7～10min。

（4）走出地铁：需要 4min。

请模拟该人某一天的行程。

3. 制定进货方案。某商店经营红旗牌小车。需求量的历史统计数据如表 4.32 所示。进货量要与需求量有关。但是需求是不能控制的，只能根据历史数据推测。为此，该商店提出了两种进货方案。

需求量 D_t（台）	100	200	300
概率	0.25	0.50	0.25

表 4.2　需求量

方案一：按照上月的需求量 D_{t-1}，决定本月的进货量 Q_t，即

$$Q_t = D_{t-1}$$

方案二：按照前两个月的需求量的平均数，决定本月的进货量，即

$$Q_t = (D_{t-1} + D_{t-2}) / 2$$

若每售一辆车，可获利 2 万元，则哪种方案获利大？

（三）基于时间步长的模拟问题

1. 导弹追击飞机问题。图 4.52 为一个导弹追击飞机的示意图。在这个过程中，导弹要不断调整方向对准飞机。为了简化问题，假定飞机只沿 X 轴作水平飞行，并且导弹与飞机在同一平面内飞行。图中，当飞机出现在坐标原点（0,0）时，导弹从 (x_0, y_0) 处开始追击飞机。

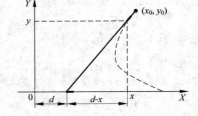

图 4.52　导弹追击飞机示意图

初始条件：

$[x_0, y_0]$：初始时刻导弹的坐标。

$[d, 0]$：初始时刻飞机的坐标。

v_a：飞机的速度。

v_m：导弹的速度。

请模拟飞机和导弹的飞行情况，并讨论系统在什么情况下会收敛，什么情况下会震荡。

2. 一个人用定滑轮拖湖面上的一艘小船。如图 4.53 所示，假定地面比湖面高出 h m，小船距岸边 d m，人在岸上以速度 v m/s 收绳，计算把小船拖到岸边要多长时间。

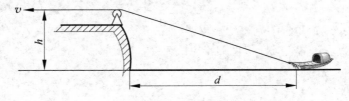

图 4.53　岸上拖船问题

3. 死囚越狱问题。某小岛有一个牢房，是一条笔直长廊最里端的全封闭部分。这条长廊被 5 道自动开闭的铁门分为 5 个部分，即第一道门把他的牢房和长廊的其余部分隔开，最后一道门即第五道门把长廊和外界分开。

某一时刻，5 道门会同时打开。这时，也只有在这时，第五道门外会出现警卫，他能把长廊一览无余，以确定死囚是否仍在牢房里。死囚只要离开牢房一步，都将被立即拉出去处死。在确定死囚仍在牢房之后，警卫立即离开，直到下一次 5 道门同时打开才又重新出现。此后，5 道门以不同的频率自动重复开启和关闭：第一道门每隔 1 分 45 秒自动开启和关闭一次；第二道门每隔 1 分 10 秒自动开启和关闭一次；第三道门每隔 2 分 55 秒自动开启和关闭一次；第四道门每隔 2 分 20 秒自动开启和关闭一次；第五道门每隔 35

秒自动开启和关闭一次。每道门每次开启的时间间隔很短，这使得死囚一次至多只能越过一道门。同时，只要他离开牢房在长廊里的时间超过 2 分 30 秒，警报器就会报警。

最终，这个精于计算的死囚还是逃脱了。

问这个越狱犯是如何逃脱的？他越过第五道门时，离警卫的出现还有多少时间？

五、数组应用思维训练

（一）数组的一般应用问题

1. 将 1～100 中的 100 个自然数随机地放到一个数组中。再从中获取重复次数最多的数显示出来。如果有重复次数最多的数，则显示其中的最大者。

2. 水仙花数。水仙花是一种很迷人的花。水仙花数是一类很迷人的数。一个水仙花数指一个 s 位数（$s \geqslant 3$），它的每个位上的数字的 n 次幂之和等于它本身。例如，$1^3 + 5^3 + 3^3 = 153$，$1^4 + 6^4 + 3^4 + 4^4 = 1634$。

3 位的水仙花数共有 4 个：153、370、371、407。

4 位的水仙花数共有 3 个：1634、8208、9474。

5 位的水仙花数共有 3 个：54748、92727、93084。

6 位的水仙花数只有 1 个：548834。

7 位的水仙花数共有 4 个：1741725、4210818、9800817、9926315。

8 位的水仙花数共有 3 个：24678050、24678051、88593477。

⋮

试编写一个求正整数区间$[n, m]$（$m > n$）中所有水仙花数的 C 语言程序。

提示：可以使用如下库函数。

（1）用<stdlib.h> 中的 "char *ultoa(unsigned long value, char *string, int radix);" 将无符号长整数 value 转化为字符串变量 string，并返回指向该字符串的指针。其中，radix 为基数——进制，10 表示十进制，16 表示十六进制。

（2）用<string.h> 中的库函数 "unsigned int strlen (char *str);" 计算字符串字面变量 str 的长度。

3. 开关灯游戏。为参加游戏的 n 个人布置 n 盏灯，并分别为参加游戏者从 1～n 编号；然后按照下面的规则游戏：游戏开始时将 n 盏灯都打开，然后从第 1 人开始到第 n 人，按照下面的规则进行游戏：第 i 人只对 i 能整除的第 i 盏等进行一次操作——原来开着的，将其关掉；原来关着的，将其打开。问最后哪些灯是打开的？

提示：用一个数组存储每盏灯的状态，并用-1 表示灯关着，用 1 表示灯开着。打开/关闭的操作，就是为对应的数组元素乘-1。

（二）排序与查找

1. 摇摆排序。摇摆排序式从两头进行气泡排序：一次自上而下，一次自下而上，交替进行，每进行一次，未排序元素就减少一个。试设计一个用摇摆排序算法进行扑克整理的函数。

2. 当一个数据序列已经有序时，采用优选检索可以提高检索效率。优先检索的基本思想如下：假如有序序列中的第一个元素或最后一个元素是要检索的数据，则输出该元素；否则就对 0.618 处的元素进行测试。若该处的元素是被检索数据，就输出该元素；否则，根据被检索元素是大于还是小于该元素确定新的二分检索区间，重新进行二分检索。该过程是递归的。请设计用优选检索方法查找一张扑克牌的 C 程序。

3. 三分查找算法：将一个升序序数列分为 3 份。进行查找时，首先检查 1/3 处的元素与要查找的值 x 的关系：相等、小于还是大于。若相等，则输出结果；若小于，说明被查找元素在前 1/3 区间；大于，则再用 2/3 处的元素值与 x 比较：要么找到，要么可以进一步确定被查找元素在哪个 1/3 区间。然后再按照三分查找法继续在所确定的区间内查找。

六、分治策略思维训练

1. 找出伪币。现有 16 枚硬币，知道其中有一枚伪币，伪币的质量比真币要小。请用一台天平找出该伪币，要求用天平称的次数最少。

2. 金块问题。某人有一袋金子，共 n 块，它们的大小不同。若有一台计量器可以进行两块金子的大小比较，如何才能用最少的比较次数找出袋子中最重的金块？试设计一个程序模拟。

3. 邮局的位置。某小区有 n 户居民，各家的人口分别为 W_1，W_2，…，W_n。现要修建一所邮局，若要使所有的人都方便，邮局应建在什么位置上？

提示： 设邮局的位置为 $P(x_p, y_p)$；第 i 家的位置为 p_i，它与邮局之间的距离为 $d(p, p_i)$。

七、回溯策略思维训练

1. 四色图问题：在彩色地图中，相邻区块要用不同的颜色表示。那么印制地图时，最少需要准备几种颜色就能达到相邻区块要用不同的颜色表示的要求呢？一百多年前，英国的格色离提出了最少色数为 4 的猜想（4-colours conjecture）。为了证实这一猜想，许多科学家付出了艰巨的劳动，但一直没有成功。直到 1976 年，美国数学家 K. Appl 和 M. Haken 借助电子计算机才证明了这一猜想，并称为四色定理。

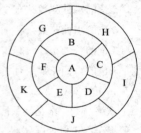

图 4.54　一张地图模型

请按四色定理为图 4.54 所示地图进行着色。

2. 拼接正方形。王彩有许多边长为 1~N-1 不等的正方形纸片，且每一种都有很多张。但是，王彩想用这些纸片拼接一个边长为 N 的正方形。请为王彩设计一个拼接方案，使用到的纸片数最少。

3. 杂技团的 3 位驯兽师带着 3 只猴子过河，只有一条最多只能乘二人的船，人猴体重相当，且猴子也会划船。在穿梭过河的过程中，若留在岸上的猴子数多于人数，猴子就会逃跑。请为 3 位驯兽师设计一个安全的渡河方案。

八、贪心策略思维训练

1. 找硬币问题：有 n 种硬币，面值分别为 c_1，c_2，…，c_n。若要找给顾客的钱为 x，如何找，拿出的硬币个数最少？

例如，$n = 4$，$c_1 = 25$，$c_2 = 10$，$c_3 = 5$，$c_4 = 1$，$x = 67$。

2. 古代埃及人有一个非常奇怪的习惯，他们喜欢把一个分数表示为若干个分子为 1 的分数之和的形式，例如，7/8 = 1/2 + 1/3 + 1/24。因此人们常把分子为 1 的分数称为埃及分数。试给出把一个真分数表示为埃及分数之和的算法。

提示： 数学家斐波那契提出的贪心算法如下。

（1）设某个真分数的分子为 A，分母为 B。

（2）把 B 除以 A 的商的整数部分加 1 后的值作为埃及分数的某一个分母。

（3）将 A 乘以 C 减去 B 作为新的 A。

（4）将 B 乘以 C 作为新的 B。

（5）如果 A 大于 1 且能整除 B，则最后一个分母为 B/A。

（6）如果 $A = 1$，则最后一个分母为 B。

（7）否则转步骤（2）。

3. 机器调度问题：现有 N 项任务和无限多台机器。任务可以在机器上处理。每件任务开始时间和完成时间如表 4.3 所示。

表 4.3　机器调度问题的一组数据

任　务	a	b	c	d	e	f	g
开始(s_i)	0	3	4	9	7	1	6
完成(f_i)	2	7	7	11	10	5	8

在可行分配中每台机器在任何时刻最多处理一个任务。最优分配是指使用的机器最少的可行分配方案。请就本题给出的条件，求出最优分配。

提示：一种获得最优分配的贪婪方法是逐步分配任务。每步分配一件任务，且按任务开始时间的非递减次序进行分配。若已经至少有一件任务分配给某台机器，则称这台机器是旧的；若机器非旧，则它是新的。在选择机器时，采用以下贪婪准则：根据欲分配任务的开始时间，若此时有旧的机器可用，则将任务分给旧的机器；否则，将任务分配给一台新的机器。

如图 4.55 所示，根据本题中的数据，贪婪算法共分为 $n=7$ 步，任务分配的顺序为 a、f、b、c、g、e、d。第一步没有旧机器，因此将 a 分配给一台新机器（比如 M1）。这台机器在 0 到 2 时刻处于忙状态。在第二步，考虑任务 f。由于当 f 启动时旧机器仍处于忙状态，因此将 f 分配给一台新机器（设为 M2）。第三步考虑任务 b，由于旧机器 M1 在 $S_b=3$ 时刻已处于闲状态，因此将 b 分配给 M1 执行，M1 下一次可用时刻变成 $f_b=7$，M2 的可用时刻变成 $f_f=5$。第四步，考虑任务 c。由于没有旧机器在 $S_c=4$ 时刻可用，因此将 c 分配给一台新机器（M3），这台机器下一次可用时间为 $f_c=7$。第五步考虑任务 g，将其分配给机器 M2，第六步将任务 e 分配给机器 M1，最后在第七步，任务 2 分配给机器 M3。

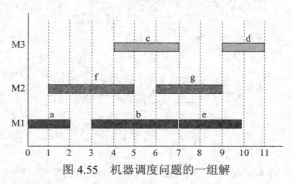

图 4.55　机器调度问题的一组解

注意：任务 d 也可分配给机器 M2。

九、动态规划思维训练

1. 王彩家的筷子。王彩是一位很有性格的人，就连使用筷子他也与众不同：每餐要用三根筷子，一根较长，用于插取较远的大块食物，其余两个长度接近，因此他家有许多长度都不相同的筷子。

某日，王彩过生日，准备请 K 个朋友和他的 8 位家人（他自己、爱人、儿子、女儿、父亲、母亲、岳父、岳母）一起聚餐。但要求所有人按照他的用筷子习惯吃饭。请为王彩设计一个准备筷子的方案，使所有筷子的总长最短。

本问题的输入为：王彩家的每根筷子的长度。

2. 电路板的设计。如图 4.56 所示，一块电路板的上、下两端各有 n 个接线柱，在制作电路板时要用 n 条连线将上排接线柱与下排的一个接线柱连接。

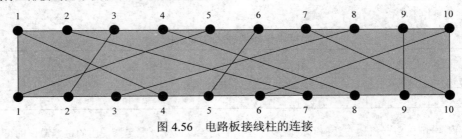

图 4.56　电路板接线柱的连接

在制作电路板时，要遵循如下原则。

（1）将 n 条连线分布到若干层绝缘层上，使同一层中的连线不相交。

（2）要确定哪些连线安排在第 1 层，使该层布置尽可能多的连线。

提示：

（1）可以将导线按照上端的接线柱命名，如导线 $(i, \pi(i))$ 称为该电路板上的第 i 条连线，用于连接上端的接线柱 i 和下端的接线柱 $\pi(i)$（$1 \leqslant i \leqslant n$）。

（2）对于任何两条连线 i 和 j（$1 < i \leqslant j \leqslant n$），它们交叉的充分必要条件是 $\pi(i) > \pi(j)$。

3. 交通费用问题。图 4.57 表示城市之间的交通路网，线段上的数字表示费用。试用动态规划的最优化原理求出单向通行由 A→E 的最省费用。

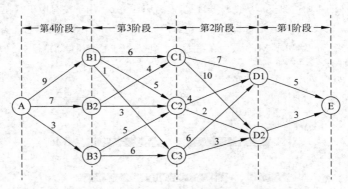

图 4.57　最小费用问题

图 4.57 中，有向边上的数字表示从前一个城市到后一个城市的费用（决策）；B1、B2、B3，C1、C2、C3，D1、D2 分别为由 A 到 B，B 到 C，C 到 D 几种不同决策结果。

提示：这个问题是一个多阶段决策问题：从 A 到 E 共分为 4 个阶段：第一阶段从 A 到 B，第二阶段从 B 到 C，第三阶段从 C 到 D，第四阶段从 D 到 E。除起点 A 和终点 E 外，其他各点既是上一阶段的终点又是下一阶段的起点。例如，从 A 到 B 的第一阶段中，A 为起点，终点有 B1、B2、B3 3 个，因而这时决策（走的路线）有 3 个选择：一是走到 B1，一是走到 B2，一是走到 B3。若选择 B2 的决策，B2 就是第一阶段决策的结果，它既是第一阶段行动（走的路线）的结果，又是第二阶段决策（走的路线）的起始状态。在第二阶段，再从 B2 点出发，对于 B2 点就有一个可供选择的终点集合(C1，C2)；若选择由 B2 走至 C2 为第二阶段的决策，则 C2 就是第二阶段的终点，同时又是第三阶段的始点。同理递推下去，可看到各个阶段的决策不同，线路就不同，费用也不同。很明显，当某阶段的起点给定时，它直接影响着后面各阶段的行进路线和整个路线的长短，而后面各阶段的路线的发展不受这点以前各阶段的影响。故此问题的要求是：在各个阶段选取一个恰当的决策，使由这些决策组成的一个决策序列所决定的一条路线，其总路程最短。

本题是一个最优问题，要求由 A→E 的最优决策。根据最优化原理，在多阶段决策中，无论过程的初始状态和初始决策是什么，其余的决策必须相对于初始决策所产生的状态搞成一个最优决策序列。对于本题来说，要求 A→E 的最优包含 B→E 的最优，B→E 的最优包含 C→E 的最优，C→E 的最优包含 D→E 的最优。因此，解题的决策过程应当从 E 开始倒推，并分成 4 个阶段，即 4 个子问题，如图 4.57 所示。策略是每个阶段到 E 的最省费用为本阶段的决策路径。

下面介绍决策过程。

1）第 1 阶段

输入结点 D1、D2。它们到 E 都只有一种费用，分别为 5、2。但这时尚无法确定它们之中哪一个将在全程最优策略的路径上，因而第 2 阶段计算中，5、2 都应分别参加计算。

2）第 2 阶段

输入结点 C1、C2、C3。它们到 D1、D2 各有两种费用。此时应计算 C1、C2、C3 分别到 E 的最少费用。

C1 的决策是：$\min(C1D1, C1D2) = \min(7 + 5, 10 + 3) = 12$；路径：C1 + D1 + E。

C2 的决策是：$\min(C2D1, C2D2) = \min(4 + 5, 2 + 3) = 5$；路径：C2 + D2 + E。

C3 的决策是：$\min(C3D1, C3D2) = \min(6 + 5, 3 + 3) = 6$；路径：C3 + D2 + E。

此时也无法定下第 1、2 阶段的城市哪两个将在整体的最优决策路径上。

3）第 3 阶段

输入结点 B1、B2、B3。决策输出结点可能为 C1、C2、C3。仿前计算可得 B1、B2、B3 的决策路径为如下情况。

B1 的决策是：$\min(B1C1, B1C2, B1C3) = \min(6 + 12, 5 + 5, 1 + 6) = 7$；路径：B1 + C3 + D2 + E。

B2 的决策是：$\min(B2C1, B2C2) = \min(4 + 12, 3 + 5) = 8$；路径：B2 + C2 + D2 + E。

B3 的决策是：$\min(B3C2, B3C3) = \min(5 + 5, 6 + 6) = 10$；路径：B3 + C2 + D2 + E。

此时也无法定下第 1、2、3 阶段的城市哪 3 个将在整体的最优决策路径上。

4）第 4 阶段

输入结点 A，决策输出结点可能为 B1、B2、B3。同理可得决策路径为：

$\min(AB1, AB2, AB3) = \min(9 + 7, 7 + 8, 3 + 10) = 13$；路径：A + B3 + C2 + D2 + E。

此时才最终确定每个子问题的结点中，哪一结点被包含在最优费用的路径上，并得到最小费用 13。

按照上述解题策略，子问题的决策中，只对同一城市（结点）比较优劣。而同一阶段的城市（结点）的优劣要由下一个阶段去决定。

参考文献 4

[1] 张基温. 新概念 C++程序设计大学教程[M]. 2 版. 北京：清华大学出版社，2016.

[2] 张基温. 新概念 C 程序设计大学教程[M]. 3 版. 北京：清华大学出版社，2016.

[3] 数据堂. 四种主要的文本压缩算法[N]. http://www.datatang.com/news/details_1313.htm.

[4] 我不是高手. 几种搜索引擎算法研究[N]. http://www.cnblogs.com/zxjyuan/archive/2010/01/06/1640136.html.

[5] 风中之言. 数据挖掘 10 大算法[N].http://www.cnblogs.com/FengYan/archive/2011/11/12/2246461.html.

第5章 协同计算

恩格斯说:"我们面对着的整个自然界形成一个体系,即各种物体相互联系的总和……这些物体是相互联系的,……它们是相互作用的,并且正是这种相互作用而构成了运动。"

20世纪70年代起,德国物理学家赫尔曼·哈肯(Hermann Haken)教授系统地研究了物理化学中普遍存在的协同效应(Synergy Effects),并创立了协同学(Synergetics)。

协同效应又称为增效作用,指一种现象:两种或两种以上的组分相加或调配在一起,所产生的作用大于各种组分单独应用时作用的总和,甚至没有协作,各组分也无法发挥作用。这一现象,普遍存在于各种系统中。自哈肯开始,人们对协同效应的研究在多个领域风生水起地展开了。

人类的所有发明和创造,都是为了某种目标,强化人与外界的某种或某些协同关系。计算提供了一种普遍化的协同纽带,并广泛地渗透到几乎一切领域。1984年麻省理工学院的Iren Greif与迪吉多的Paul Cashman打开了一个新的学术领域:研究在信息时代,由计算机网络技术、通信技术、多媒体技术和群件技术共同构成的协同计算环境,可以使不同地域、不同时间、不同文化背景的人们能够协调一致地为某项任务而共同工作,将之称为计算机支持的协同工作(Computer Supported Cooperative Work,CSCW),以后更多的人加入了这一领域,并将之也称为协同计算(Collaboration Computing)。

计算机本身也是一种协同系统,其内部部件间的协同性影响着其工作效率,是讨论协同计算绕不开的内容。所以,合适的协同计算应当定义为:含有计算机的系统在结构上以及工作时所采用的协同模式。简单地说,协同计算包括了计算机系统内部的协同效应,也包括了其在其他有关系统中所发挥的协同效应。

5.1 层次型协同

人们分析和设计复杂系统的有力武器是抽象化、模块化和层次化,即将一个大型复杂的系统分解成若干模块,并按照单向依赖的关系组织成层次结构:每一层都提供一组功能且这些功能层内相互协作;上层功能依赖于下层功能,并对下层功能之间的协调进行控制,形成层间简单的单向协同和层内紧密型协同。这样的协同设计和管理都很简单,并且具有较高的稳定性。

5.1.1 计算机系统的层次协同

图2.34已经给出了计算机的组成模块。实际上,这些模块是要按照层次关系组织的。图5.1给出了现代计算机系统的六层结构。图中的矩形框表示该层的功能,这个功能是对上层功能的支持,用向上的箭头表示。这样的结构表明了层间的协同关系。下面分别予以

说明。

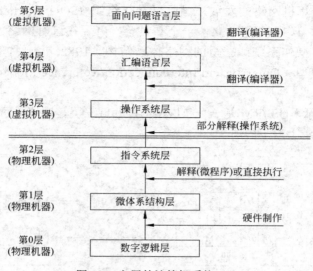

图 5.1　六层的计算机系统

最底层称为数字逻辑层。这些功能实现了计算机有关部件所需要的基本逻辑操作。它们需要电子线路实现。

在数字逻辑层提供的基本逻辑操作的支持下，应当可以组成计算机工作所需要的全部微操作。这些微操作可以组合成不同的指令。一个 CPU 可以执行的全部指令就组成了该 CPU 的指令系统。指令系统就是 CPU 的外特性，形成一台完整的物理机器。计算机的全部功能都是建立在此物理机器之上，计算机的操作系统也建立在指令系统层上。

在指令系统层之上，通过操作系统的支持和汇编程序的支持，可以使用汇编语言编写程序，也可以进一步在编译器、链接器的支持下用面向问题的语言——高级语言编写应用程序。

5.1.2　计算机网络的层次模型

计算机网络是计算机技术与通信技术相结合的产物。在计算机网络中不仅要涉及计算机的内容，还有通信技术，是一个非常复杂的信息系统。为此要按照层次进行组织，具有层间的协同关系。但是，又涉及两个系统之间的通信，所以又存在对等层之间的协同关系。下面介绍 3 种常用的网络层次模型。

1. ISO / OSI-RM

20 世纪 50 年代初，美国为了自身的安全，在美国本土北部和加拿大境内建立了一个半自动地面防空系统 SAGE（赛其系统），进行了计算机技术与通信技术相结合的尝试。从此，开了一条通向计算机网络的先河。进入 20 世纪 70 年代末期，计算机网络已经势不可挡。面对这样的潮流，为了抢占制高点，IBM 公司于 1974 年公布了 IBM 系统网络体系结构（IBM Systems Network Architecture，SNA）模型。接着，其他商家也推出自己的网络体系，如 DEC 的数字网络体系结构 DNA（Digital Network Architecture）、UNIVAC 的分布式计算机体系结构 DCA、美国国防部的 TCP/IP 等。

为了促进计算机网络的发展，国际标准化组织 ISO（International Organization for Standardization）于 1977 年成立了一个委员会，着手在已有网络的基础上，建立一个不基于具体机型、操作系统或公司的网络体系结构。1982 年 4 月形成并发布了一个开放系统互连参考模型（Open System Interconnection/Reference Model，OSI/RM）的国际标准草案。

如图 5.2 所示，OSI/RM 是一个 7 层结构，其低三层是通信子网，高三层是资源子网，运输层则是一个承上启下的层次。

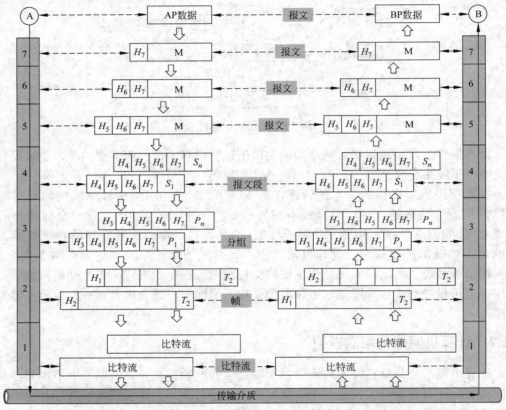

图 5.2　OSI/RM 工作机理

OSI/RM 是一个层次结构，划分层次的原则如下。

（1）计算机网路中各结点都有相同的层次。

（2）不同结点的同等层具有相同的功能。

（3）不同结点的同等层按照协议实现对等层之间的通信。

（4）同一结点内相邻层之间通过接口通信。

（5）每一层使用下层提供的服务，并向其上层提供透明服务。

为了便于理解 OSI/RM 各层的功能，下面自项向下地介绍。顶层为应用层，最底层为物理层。

1）应用层

应用层是 OSI/RM 中的最高层，是用户与网络的接口。它接收应用程序的数据报文（message），如要传输的一个文件、一封电子邮件等。

这些报文经过网络传送到接收方后，接收方的应用层要知道这些报文是做什么的等信息，不然对接收方毫无用处。为此，发送方要在应用程序生成的报文上，再附加一些信息，形成应用层数据报文。这些附加信息称为应用层报文首部，相当于寄信时的信封。

2）表示层

应用层产生数据报文后，到表示层要解决的问题是，在网络中进行传输时采用什么样的编码形式。它包括如下内容。

（1）采用哪种编码，是 ASCII 码，还是 Unicode 等。

（2）数据之间有什么关系——数据结构问题。

（3）要不要加密传输：若要加密，采用什么样的加密算法和密钥。

（4）要不要压缩传输：若要压缩，采用什么样的算法。

这 4 个方面合起来称为数据报文的表示问题。发送方是这样表示的，到了接收端，还必须知道发送方是如何表示的。因此，发送方的表示层除了要对应用层传下来的应用层报文进行表示变换外，还要附加上一些信息，说明这些表示的方法。打包成一个新的表示层数据报文。这些在表示层附加的信息称为表示层报文头，在图 5.2 中用 H_6（也可以写成 PH）表示。

3）会话层

在表示层形成表示层数据报文后，必须在发收双方进程建立会话以后才可以发送。为此要有一个会话层，进行会话管理，包括：

（1）双方会话是同时双向，还是只许轮流单向。

（2）当有多对用户进行通信，而共用一条链路时，如何会话而不串音。

（3）一个大的数据报文的传输中发生断线，是重传，还是接着传。

与应用层和表示层一样，为了说明会话采取的方法，发送方的会话层也要再加上一个报头，在图 5.2 中用 H_5（也可以写为 SH）表示。

4）运输层

运输层是计算机网络中的关键一层，其上属于资源子网，用于生成数据报文；其下属于通信子网，用于进行数据传输。在资源子网中活动的实体是进程；数据报文是由位于源主机上的某种应用进程（程序运行）发出，并且由位于目的主机上的相关进程接收的。运输层的基本职责是把应用进程生成的报文交到通信子网传输。为此，它把源进程和目的进程之间的通信子网看成一条链路，这个通信子网具体如何工作，那不是它的事，要由下层一步一步地实现。也就是说，它把通信子网看成一条信道是在下层服务的支持下进行的。这样，进程间的通信就变成一条链路两端的两个结点之间的通信了。而这种通信，要涉及如下问题。

（1）上层交来的数据报文是由哪种应用程序的进程产生的。

（2）数据传输时的差错控制问题。

（3）发送端的发送能力和接收端的接收能力——报文分片（段）、流量控制和拥塞控制。

（4）由于上层有多个应用进程，所传输的报文属于多个进程，要在一条链路中传输，涉及多路复用。

（5）这个信道的构建形式。

所有关于上述问题的约定，就是运输层协议的内容。为此，在运输层要把上层交来的数据报文之上，再添加有关上述约定的信息，这就是图 5.2 中的 H_4（也可以写成 TH）。

5）网络层

运输层要解决的进程间通信是在网络层提供服务的基础上进行的。由于应用进程运行在网络主机上，所以，网络层肩负的是主机之间的通信问题。虽然两台主机之间相隔着一些网络，但网络层把每一个网络都看成一条链路或一条链路所组成的信道。所以，两台主机之间通信的网络层协议应当包含如下内容。

（1）相互通信的主机的地址：哪个网络中的哪个主机。

（2）经过什么样的路径才能由源主机到达目的主机。有多条路径时，就有路径选择问题。

（3）在网络层的链路中传输，也有差错控制、流量控制等。

（4）运输层交来的是一个一个的数据报文段，是按照端对端的发送和接收能力划分的。这种划分不一定适合网络层划分。所以，在网络层还要继续对报文段进行划分，规定大小和顺序等。

这些信息都要添加到再重新划分的数据报中，在图 5.2 中用 H_3（也可以写成 NH）表示。这种添加了 NH 的数据包被称为分组（packet）。

6）数据链路层

网络层把每一个网络都看成一条链路所进行的数据传输。为了支持网络层，数据链路层要解决在每一个网络中一条链路两端的通信问题。为了保障在此层上的可靠传输，也要在网络层分组的基础上添加一些信息。这些添加在网络层分组上的信息总称为 DH。进行封装后的数据报称为帧。H_2（也可以写成 DH）称为帧头。

7）物理层

物理层规定了物理传输信道——主要是接口机械尺寸、电气和传输规程。

2. TCP/IP 模型

1）APRAnet 与 TCP/IP

20 世纪 60 年代，美国国防部高级研究计划管理署（Advanced Research Projects Agency，ARPA）开始研究如何建立分散式指挥系统，以保证战争中部分指挥点被摧毁后其他点仍能正常工作。为此开始进行同型号的大型计算机联网试验，并命名为 APRAnet。在此过程中，形成了以网络互联为目的的一个协议簇——TCP/IP，后来人们也将 ARPAnet 称为 Internet 或 TCP/IP 网络。

一开始 TCP 与 IP 只有分工，还没有层次组织的思想，而且 ARPAnet 的应用也很简单。后来，Internet 的应用急剧增加，所连接的网络迅速膨胀，人们开始考虑 IP 与具体网络之间的接口问题，也开始考虑应用协议问题。OSI/RM 提出后，它开始向 OSI/RM 靠拢，用层次结构对其所有协议进行划分，加给它一个层次形态。所以，对于 Internet 体系的层次的划分并不是非常严格，也不完全，后来打补丁、加套接层，在图 5.3 中用虚线表示。它的 4 层结构分别是应用层、运输层、网际层和网络接口层。

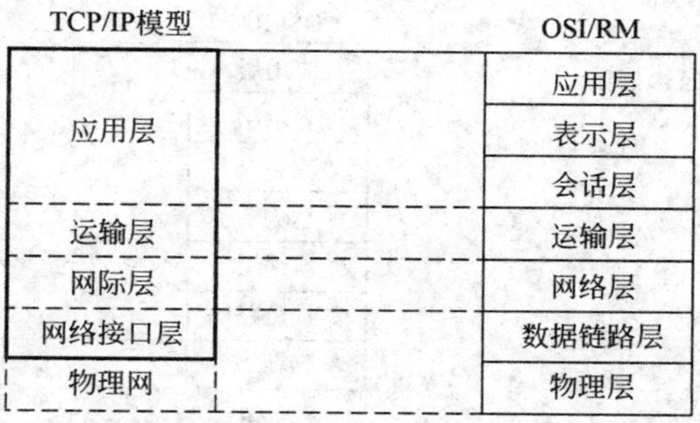

TCP/IP模型		OSI/RM
应用层		应用层
		表示层
		会话层
运输层		运输层
网际层		网络层
网络接口层		数据链路层
物理网		物理层

图 5.3　TCP/IP 与 OSI/RM 的对应关系

1992 年 Internet 被交给国际性组织因特网协会（Internet SOCiety，ISOC）管辖。其中，技术方面由因特网体系结构委员会（Internet Architecture Board，IAB）负责。

2）TCP/IP 模型

在 TCP/IP 网络模型中，应用层（Application Layer）是与应用程序的接口，网络访问层（Network Access Layer）是与具体网络的接口。但是，它们只是提供了一个框架，没有详细描述，这给后来的技术发展留下两个空间。TCP/IP 的核心和贡献就在运输层（Transport Layer）和网际层（Internet Layer）。

（1）运输层。TCP/IP 的应用层为了向应用层提供透明传输服务，运输层要将应用层的数据报文分割成数据段或报文段，并根据应用的特点分别按照传输控制协议（Transmission Control Protocol，TCP）和用户数据报协议（User Datagram Protocol，UDP）进行端对端的传输。

（2）网际层。TCP/IP 的网际层为了透明地支持运输层的传输，会将运输层的数据段或报文段进一步分割成适合所有网络传输的分组，并使分组能独立地传向目标。为此，在网际协议（Internet Protocol，IP）中定义了 IP 地址（也称为主机地址或网络地址）和路由等协议。目前广泛使用的 IPv4 使用 32b 的 IP 地址，每个 IP 地址分为网络地址和主机地址两部分，通常用 4 个点分的十进制数表示，如 202.113.240.32。新的 IP 版本 IPv6 则用 128b 表示 IP 地址。

3. IEEE 802 模型

几乎在 Interent 迅速发展的同时，局域网也在迅速发展。电气和电子工程师协会（Institute of Electrical and Electronics Engineers，IEEE）于 1980 年 2 月成立了局域网/城域网标准委员会（LAN/MAN Standards Committee，LMSC），简称 IEEE 802 委员会，专门从事局域网/城域网的标准化工作，并制定出了一系列标准，统称为 IEEE 802 标准，这些标准的模型称为 IEEE 802 模型。它参考了 OSI 参考模型，但主要包含了 OSI 参考模型的低两层：物理层和数据链路层，如图 5.4 所示。

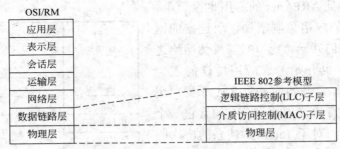

图 5.4　IEEE 802 模型及其与 OSI/RM 的对应关系

1）物理层

物理层主要规定了机械、电气、功能和规程等方面的特性，以确保在通信信道上二进制位信号的正确传输和接收，内容包括物理介质、物理介质连接设备（PMA）、连接单元（AUI）和物理收发信号格式（PS），以及对于同步、编码、译码、拓扑结构和传输速率的要求。

2）数据链路层

局域网的拓扑结构比较简单且多个站点可共享传输信道。这样就需要解决信道的访问控制（即接入方式）问题，即采用什么样的控制方式进行信道资源的分配。然而，信道的访问控制方式与传输介质的关系密切。为此，局域网也将数据链路层分为两个子层：介质访问控制（Medium Access Control，MAC）子层和与介质无关的子层——逻辑链路控制（Logical Link Control，LLC）子层。

4. 基于 TCP/IP + 物理网的流行网络体系结构

随着通信技术的进步和计算机网络技术的发展，局域网的传输距离不断扩大，使得它与城域网之间的界线日趋模糊。因此，IEEE 802 已经不再局限于局域网，而扩大到所有物理网。与此同时，由于 TCP/IP 的普及，使得现在的计算机网络实际上都遵循了图 5.5 所示的体系结构。图中还给出了在这个体系结构中数据传输过程的封装过程。

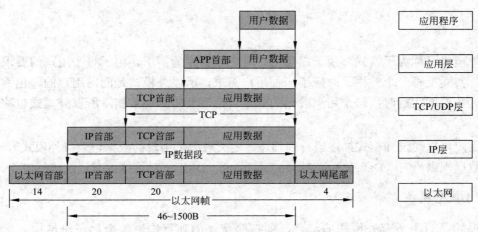

图 5.5　TCP/IP + 以太网的流行五层网络体系结构

图中的以太网（Ethernet）是指由 Xerox 公司创建并由 Xerox、Intel 和 DEC 公司联合开发的基带局域网规范。现在它已经成为当今物理网采用的最通用的通信协议标准。

5.1.3　数据库的三级模式

1. 数据库三级模式的概念

数据库是进行大规模数据管理的系统。其主要特点是采取了如图 5.6 所示的三级模式：外模式、概念模式和内模式。

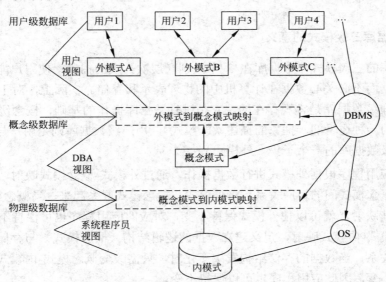

图 5.6　数据库的三级模式

1）外模式

外模式又称为子模式，用于描述用户对于数据库的需求。由于每个用户的要求不一定相同，实际上每一个外模式对应了一种用户需求，所以外模式是面向用户的，也称为用户模式。数据库运行时，每个用户看到的就是自己需要的那种数据，所以外模式也称为用户视图。

用户可以通过外模式描述语言来描述、定义对应于用户的数据记录（外模式），也可以利用数据操纵语言（Data Manipulation Language，DML）对这些数据记录进行操作。

2）概念模式

模式是对于所有外模式的综合，即按照统一的观点构造的全局逻辑结构。这种综合已经上升到了概念层，所以又称概念模式或逻辑模式。由于对应于数据库中全部数据的逻辑结构和特征的总体描述，所以它是所有用户的公共数据视图（全局视图）。它可以由数据库管理系统提供的数据模式描述语言（Data Description Language，DDL）来描述和定义。

3）内模式

内模式又称为存储模式或数据库的物理视图，对应着实际存储在外存储介质上的数据库，是数据库最低一级的逻辑描述，描述了数据在存储介质上的存储方式和物理结构。

2. 数据库三级模式的意义

数据库的三级模式是数据库在 3 个级别（层次）上的抽象，使用户能够逻辑地、抽象地处理数据而不必关心数据在计算机中的物理表示和存储。实际上，对于一个数据库系统而言，物理级数据库是客观存在的，它是进行数据库操作的基础，概念级数据库不过是物理数据库的一种逻辑的、抽象的描述（即模式），用户级数据库则是用户与数据库的接口，它是概念级数据库的一个子集（外模式）。

用户应用程序根据外模式进行数据操作，通过外模式-概念模式映射，定义和建立某个外模式与概念模式间的对应关系，将外模式与概念模式联系起来，当概念模式发生改变时，只要改变其映射，就可以使外模式保持不变，对应的应用程序也可保持不变；另一方面，通过概念模式-内模式映射，定义建立数据的逻辑结构（概念模式）与存储结构（内模式）间的对应关系，当数据的存储结构发生变化时，只需改变概念模式-内模式映射，就能保持概念模式不变，因此应用程序也可以保持不变。

采用三级模式，可以实现两级独立性。这样，考虑用户模式时，可以不管用户模式的设计；而进行概念模式设计时，可以不考虑存储模式。这样就将整个设计过程简单化了。但是三级模式并非相互独立，而是外模式要以概念模式为支持，概念模式要以内模式为基础。

5.2 协议型协同

通信是群组中各个成员之间传递信息的手段。所以，组成通信群组的成员之间要有共享的信道，并遵守一定的协议，以协同各方的通信活动。这些协议应包含如下一些基本内容。

（1）建立一套身份认证体系。

（2）规定一套地址格式和辨认规则。

（3）建立一套同步机制，以协调通信过程。

（4）为保障传输数据的安全，要建立加密与解密的协同机制。

（5）为提高数据传输的效率，要建立压缩与解压之间的协同。

（6）建立一套数据安全认证体系。

下面介绍几种典型的应用。

5.2.1 地址类协议

地址是通信最重要的要素之一。没有地址协同，就无法知道向谁通信，或来自谁的通信。

1. IP 协议定义的 IP 地址

TCP/IP 是面向网络互连而建立的一种网络体系。为了进行网络互连，就要考虑不同的网络互连之后，一个网络中的某台主机与另一个网络中的某台主机之间的通信问题。也就需要对所有连接起来的主机进行编码。为此提出了一套编码标准，这个编码标准称为 IP 地址。所有需要连接在 Internet 中的网络必须遵循按照 IP 地址进行编码，才可以互相识别，进行通信。

IPv4 规定的 IP 地址是 32b（即 4B）编码。为了便于理解和记忆，通常将每个字节用一个十进制数表示，并用小数点分隔，称为点分十进制（dotted decimal notation）码。例如，某 IP 地址为

    10000000   00001010   00000010   00011110

可以写为

    128.10.2.30

如图 5.7 所示，IP 地址可分为 3 部分。

（1）类型标志，分为 A、B、C、D、E 5 类，分别用 0、10、110、1110 和 11110 标识。

（2）网络号（netID）。

（3）主机号（hostID）。

A、B、C 是 3 类基本地址类型，它们的区别仅在于网络大小不同，如表 5.1 所示。

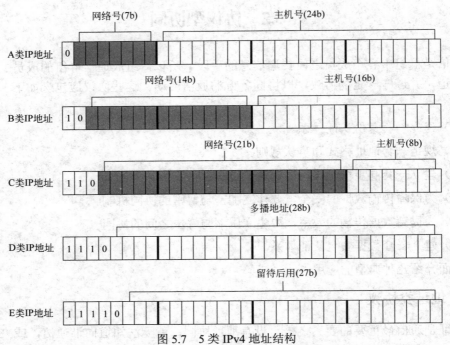

图 5.7　5 类 IPv4 地址结构

表 5.1　A、B、C 3 类基本 IP 地址类型与规模

类别	类型标识	网络规模	netID 位数	可编址网络数	hostID 位数	每个网络最多主机数	IP 地址范围
A	0	巨型网络	7	126	24	16 777 214	1.0.0.0 ~ 127.255.255.255
B	10	大型网络	14	16 383	16	65 534	128.0.0.0 ~ 191.255.255.255
C	110	中小型网络	21	2 097 151	8	254	192.0.0.0 ~ 255.255.255.255

D 类地址是一种多址广播地址格式，用 1110 作为标志，netID 的范围为 224~239。

E 类地址是为研究和实验保留的地址，用 11110 作为标志，netID 的范围为 240 及以上。

例如，上述 128.10.2.30 显然是一个 B 类地址。由于 B 类地址网络地址占 2B，所以，其网络地址为 128.10，网络内主机地址为 2.30。

随着计算机网络的广泛应用，IP 地址逐渐接近枯竭。为此，1992 年初，一些关于互联网地址系统的建议在 IETF（互联网工程任务组）上提出，并于 1996 年开始，一系列用于定义 IPv6 的 RFC 发表出来。IPv6 地址采用 128b，所含 IP 地址非常充分。

2. 域名与 DNS

随着 TCP/IP 成为网络的实际标准，IP 地址的记忆问题便浮现出来，成为 Internet 广泛应用的瓶颈。人们迫切希望能用容易记忆的名字串代替 IP 地址，于是人们开发了域名系统（Domain Name System，DNS）来实现域名管理及其与 IP 地址之间的转换。有了域名系统，为广大 Internet 用户提供了极大便利。

1）域名空间及其结构

DNS 将域名数据分类，并采用分布式与层次式方式进行处理。这个树形结构的域名系统，组成了图 5.8 所示的域名空间。

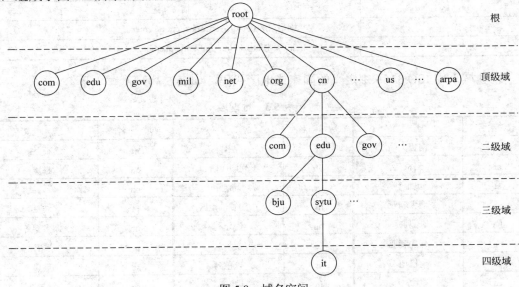

图 5.8　域名空间

'目前，国际域名管理的最高机构是 Internet 域名和地址管理公司（Internet Corporation for Assigned Names and Numbers，ICANN），它负责管理全球的 Internet 域名及地址资源。之下的域名由 3 个大的网络信息中心进行管理。

（1）INTERNIC：负责美国及其他地区。

（2）RIPENIC：负责欧洲地区。

（3）APNIC：负责亚太地区。

NSI（美国的 Network Solutions Inc.）、CNNIC（中国互联网络信息中心）均是更下一级的机构。类似的机构还有很多，分布在全球各地，负责不同区域的域名注册服务。

2）顶级域名

Internet 源于美国，DNS 也是由美国开发的。开始时并没有考虑要跨出国家的范围，因而定义的顶级机构域也只指美国的机构。随着 Internet 在全球蔓延，INTERNIC 不得不扩充顶级域名空间。域名空间的扩充部分称为地理域（国家域）。所以顶级域名空间主要有两部分，即机构域和地理域。

最常使用的机构域有表 5.2 所示的 7 个。

表 5.2　最常使用的机构域

域	描　　述
com	商业机构（Commercial organization）
edu	教育机构（Education institution）
gov	政府机构（Government agencies）
int	国际组织（International orgnization）
mil	军事机构（Military agencies）

域	描　述
net	网络服务机构（Network support center）
org	非营利机构（Non-profit organization）

地理域采用 ISO 3166 中定义的国家或地区代码，如表 5.3 所示。

表 5.3　地理域

域　名	含　义	域　名	含　义	域　名	含　义
aq	南极大陆	fr	法国	nl	荷兰
ar	阿根廷	gb	大不列颠（同 uk）	no	挪威
at	奥地利	gr	希腊	nz	新西兰
au	澳大利亚	hk	中国香港地区	pl	波兰
be	比利时	hu	匈牙利	pr	波多黎各
bg	保加利亚	ie	爱尔兰	pt	葡萄牙
br	巴西	il	以色列	se	瑞典
ca	加拿大	in	印度	sg	新加坡
ch	瑞士	is	冰岛	ru	俄罗斯
cl	智利	it	意大利	th	泰国
cn	中国	jp	日本	tw	中国台湾地区
de	德国	kr	韩国	uk	英国
dk	丹麦	kw	科威特	us	美国
ec	厄瓜多尔	lt	立陶宛	ve	委内瑞拉
eg	埃及	lu	卢森堡	yu	南斯拉夫
es	西班牙	mx	墨西哥	za	南非
fi	芬兰	my	马来西亚		

3）英文域名规则

（1）域名的组成：

① 26 个英文字母。

② 数字 0～9。

③ 英文中的连词符 "-"（不得用于开头及结尾处）。

（2）域名中的字符组合规则：

① 在域名中不区分英文字母的大小写。

② 空格及符号，如 ？、∧、；、：、@、#、$、%、^、～、_、=、+、,、.、。、<、>等，都不能用在域名中。

③ 英文域名命名长度限制介于 2～46 个字符，三级域名长度不得超过 20 个字符。

④ 各级域名之间用实点（.）连接。

（3）域名使用的限制——不得使用或限制使用以下名称（以下列出了一些注册此类域名时需要提供的材料）。

① 注册含有 China、Chinese、CN、National 等需经国家有关部门（指部级以上单位）正式批准。

② 公众知晓的其他国家或者地区名称、外国地名、国际组织名称不得使用。

③ 县级以上（含县级）行政区划名称的全称或者缩写需相关县级以上（含县级）人民政府正式批准。

④ 行业名称或者商品的通用名称不得使用。

⑤ 他人已在中国注册过的企业名称或者商标名称不得使用。

⑥ 对国家、社会或者公共利益有损害的名称不得使用。

⑦ 经国家有关部门（指部级以上单位）正式批准和相关县级以上（含县级）人民政府正式批准是指，相关机构要出具书面文件表示同意××××单位注册×××域名。例如，要申请 beijing.com.cn 域名，则要提供北京市人民政府的批文。

4）中文域名

2000 年 1 月，CNNIC 中文域名系统开始试运行。2000 年 5 月，美国 I-DNS 公司也推出中文域名注册服务。2000 年 11 月 7 日，CNNIC 中文域名系统开始正式注册。2000 年 11 月 10 日，美国 NSI 公司的中文域名系统开始正式注册。这些都为以汉语为母语的人群提供了方便。

中文域名的使用规则基本上与英文域名相同，只是它还允许使用 2～15 个汉字之间的字词或词组，并且中文域名不区分简繁体。CNNIC 中文域名有两种基本形式。

（1）"中文.cn" 形式的域名。

（2）"中文.中国" 等形式的纯中文域名。

在 http://www.cnnic.net.cn/cdns/reg-manage.shtml 上可以查阅到 "中文域名注册管理办法（试行）"。

5）域名解析 DNS

Internet 中的名字信息实际被存储在分布式域名数据库中。这些分布在全球 Internet 中的域名数据库，称为域名服务器或名字服务器（name server）。各域名服务器分布式地存储各自管理的域名信息。

DNS 的工作流程称为域名解析过程，它实际上就是一个查询过程。DNS 查询可以根据具体情况采用不同的方式。查询的顺序如下。

① 客户机首先从以前查询获得的缓存信息中查询，查询不到，进入下一步。

② DNS 服务器从自身的资源记录信息缓存中查询，查询不到，进入下一步。

③ DNS 服务器代表请求客户机去查询或联系其他 DNS 服务器，这个过程是递归的，以便完全解析该名称，并随后将应答返回至客户机。

3. 运输层端口

在网络技术中，端口（port）一词有好几重意思。集线器、交换机、路由器的端口指的是连接其他网络设备的接口，如 RJ-45 端口、Serial 端口等。这里的运输层端口不是指物理意义上的端口，而是特指 TCP/IP 中的端口，是逻辑意义上的端口。这些端口在于指明在网络中是哪种应用程序之间的通信，即哪种应用协议之间的通信。所以也称为协议端口。

协议端口用 16b 描述，所以最多有 65 535 个端口号。这些端口号被分配给 TCP 和 UDP 两个协议使用，其中有些两个协议都可以使用，如表 5.4 所示。

表 5.4　一些当前分配的 TCP 和 UDP 的协议端口号

端口号	关　键　字	UNIX 关键字	说　　明	UDP	TCP
7	ECHO	echo	回显		Y
13	DAYTIME	daytime		Y	Y
19	CHARACTER GENERATOR	character generator		Y	Y
20	FTP_DATA	ftp_data	文件传输协议（数据）		Y
21	FTP_CONTRAL	ftp	文件传输协议（命令）		Y
22	SSH	ssh	安全命令解释程序		Y
23	TELNET	telnet	远程连接		Y
25	SMTP	smtp	简单邮件传输协议		Y
37	TIME	time	时间	Y	Y
42	NAMESERVER	name	主机名服务器	Y	Y
43	NICNAME	whois	找人	Y	Y
53	DOMAIN	nameserver	DNS（域名服务器）	Y	Y
69	TFTP	tftp	简单文件传输协议	Y	
70	GOPHER	gopher	Gopher		Y
79	FINGER	finger	Finger		Y
80	WWW	www	WWW 服务器		Y
101	HOSTNAME	hostname	NIC 主机名服务器		Y
103	X400	x400	X.400 邮件服务		Y
104	X400_SND	x400_snd	X.400 邮件发送		Y
110	POP3	pop3	邮局协议版本 3		Y
111	RPC	rpc	远程过程调用	Y	Y
119	NNTP	nntp	USENET 新闻传输协议	Y	Y
123	NTP	ntp	网络时间协议	Y	Y
161	SNMP	snmp	简单网络管理协议	Y	Y
179	BGP	bgp	边界网关协议		Y
520	RIP	rip	路由信息协议	Y	

在使用时，这些端口被分为如下 3 类。

1）公认端口号

公认端口（well known ports）也称为统一分配（universal assignment）端口、众所周知端口、公认端口、保留端口、服务器端口，是由中央管理机构分配——用静态分配方式的端口号。这些端口号是固定的、全局性的，所有采用 TCP/IP 的标准服务器都必须遵从。TCP

与 UDP 的标准端口号是各自独立编号的，范围在 0～1023。

2）动态和/或私有端口

这类端口（dynamic and/or private ports）在 49 152～65 535，仅客户端进程中才进行动态选择，所以也称为短暂端口号。

3）注册端口

注册端口（registered ports）号在 1024～49 151。它们松散地绑定一些服务，可用于许多目的。

4．URI 与 URL

1989 年，Tim Berners-Lee 发明了 Web 网——全球互相链接的实际和抽象资源的集合，并按需求提供信息实体。通过互联网访问，实际资源的范围从文件到人，抽象的资源包括数据库查询。由于要通过多样的方式识别资源，需要一个标准的资源途径识别记号。为此，Tim Berners-Lee 引入了标准的识别、定位和命名的途径：统一资源标识符（Uniform Resource Identifier，URI）、统一资源定位符（Uniform Resource Locator，URL）和统一资源名称（Uniform Resource Name，URN）。

1）URI

URI 是互联网的一个协议要素，用于定位任何远程或本地的可用资源。这些资源通常包括 HTML 文档、图像、视频片段、程序等。URI 一般由三部分组成。

（1）访问资源的命名机制。

（2）存放资源的主机名（有时也包括端口号）。

（3）资源自身的名称，由路径表示。

上述三部分组成格式如下：

<u>协议</u>:[//][[<u>用户名</u>|<u>密码</u>]@]<u>主机名</u>[:<u>端口号</u>]][/<u>资源路径</u>]

例如，URI

```
http://www.webmonkey.com.cn/html/htm140/
```

表明这是一个可通过 HTTP 访问的资源，位于主机 www.webmonkey.com.cn 上，通过路径 /html/html40 访问。

有时为了用 URI 指向一个资源的内部，要在 URI 后面添加一个用#引出的片段标识符（anchor 标识符）。例如，下面是一个指向 section_2 的 URI：

```
http://somesite.com/html/top.htm#section_2
```

在 URI 中，默认的端口号可以缺省。

2）URL 和 URN

URL 和 URN 是 URI 的两个子集。一个 URL 也由下列三部分组成。
（1）协议（或称为服务方式）。
（2）存有该资源的主机 IP 地址（有时也包括端口号）。
（3）主机内资源的具体地址，如目录和文件名等。
第 1 部分和第 2 部分之间用"：//"符号隔开，第 2 部分和第 3 部分用"/"符号隔开。第 1 部分和第 2 部分是不可缺少的，第 3 部分有时可以省略。
用 URL 表示文件时，服务器方式用 file 表示，后面要有主机 IP 地址、文件的存取路径（即目录）和文件名等信息。有时可以省略目录和文件名，但"/"符号不能省略。例如：

```
file://ftp.yoyodyne.com/pub/files/abcdef.txt
```

代表存放在主机 ftp.yoyodyne.com 上的 pub/files/目录下的一个文件，文件名是 abcdef.txt。而

```
file://ftp.xyz.com/
```

代表主机 ftp.xyz.com 上的根目录。

使用超级文本传输协议 HTTP（稍后介绍）时，URI 提供超级文本信息服务资源。例如：

```
http://www.peopledaily.com.cn/channel/welcome.htm
```

表示计算机域名为 www.peopledaily.com.cn，这是人民日报社的一台计算机。超文本文件（文件类型为.html）在目录/channel 下的 welcome.htm。

URN 是 URL 的一种更新形式，URN 不依赖于位置，并可能减少失效连接的个数。但因为它需要更精密软件的支持，流行还需一些时间。

注意：Windows 主机不区分 URL 的大小写，但是，UNIX/Linux 主机区分大小写。

5.2.2　认证类协议

认证（authentication）也称为鉴别，是一个真假判断的过程。在 IT 领域内，所涉及的对象有二：访问者和数据。前者主要判断访问者是否经过授权——称为身份认证，后者则是判断数据的发出者是否可靠以及所收到的数据是否完整（是否经过修改）——称为数据认证。认证是协同计算的保证。

认证的方法很多，下面仅举几例。

1. 身份认证

身份认证分为基于生物特征的认证、口令（又分为静态和动态）认证和基于密钥的认证。

1）基于生物特征的认证

如以指纹、虹膜、面相、声纹、笔迹、唇纹、掌形、足迹、耳朵轮廓、体温图谱、按键特征等作为凭证。

2）口令

口令分为静态口令和动态口令。静态口令的安全性依赖于口令的长度和组成。动态口令则是根据专门的算法生成的随机字符或数字组合。在用口令进行身份认证时，有时还需要用验证码作为补充，目的是防止批量登录攻击。

3）基于密钥的身份认证

密钥是进行数据加密的工具，分为两大类：对称密钥体制和非对称密钥体制。对称密钥体制的特点是加密和解密用一个密钥。对于这种体制，密钥的保管事关重大，而且失密的可能性较多。

非对称密钥体制的特点是同时生成两个不同的密钥：用其中一个密钥加密的数据，再用这个密钥无法解密，必须用配对的另一个才能解密。

不管哪种体制，如果你能打开对方发来的报文，表明你就是合法的访问者。当然，中间还有一些细节，由具体的认证协议规定，这里不再介绍。

2. 数据认证

1）数据的完整性认证

数据的完整性认证是防止如下 3 种篡改攻击的重要手段。

（1）内容篡改（content modification）：包括对报文内容的插入、删除、改变等。

（2）序列篡改（sequence modification）：包括对报文序列的插入、删除、错序等。

（3）时间篡改（timing modification）：对报文进行延迟或回放。

常用的方法是在数据传送的同时加入认证码。图 5.9 为鉴别码的 4 种传送与使用方法。图中的 F 为鉴别码生成函数，$F(M)$ 为鉴别码，K 为对称加密密钥，SK 和 PK 为非对称加密的私钥和公钥，E 为加密，D 为解密。

2）数据的防欺骗认证

在数据通信过程中，有时会发生一方对另一方的如下一些欺骗行为。

（1）否认：发送方否认自己发送过某个报文，或接收方接收一个报文后，否定接收过。

（2）冒充：发送方冒充第三方给接收方发送报文。

（3）伪造：某一方自己伪造一份报文，却声称来自对方。

（4）篡改：接收方收到一份报文后进行修改，却说这是对方发来的报文原样。

面对这些问题，在通信双方尚未建立起信任关系且存在利害冲突的情况下，单纯的报文鉴别是无能为力的。为此不得不采用数字签名（digital signature）。

图 5.10 描述的是美国国家标准委员会（NIST）于 1991 年（1993 年和 1996 年又发布了

两次修改版）公布的数字签名标准（Digital Signature Standard，DSS）。最早公布数字签名算法（Digital Signature Algorithm，DSA）的基本过程。

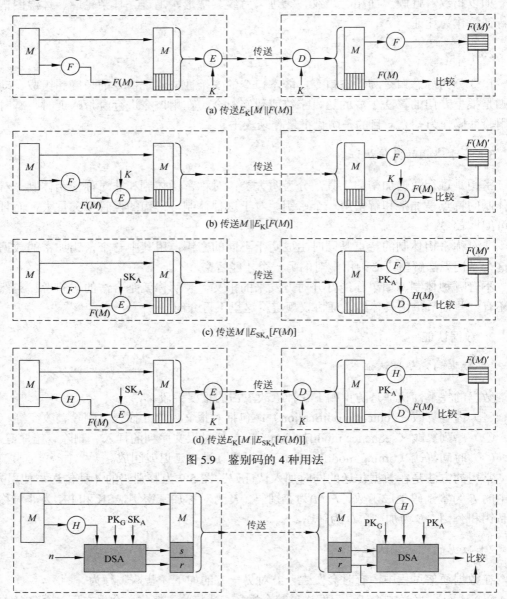

(a) 传送$E_K[M\|F(M)]$

(b) 传送$M\|E_K[F(M)]$

(c) 传送$M\|E_{SK_A}[F(M)]$

(d) 传送$E_K[M\|E_{SK_A}[F(M)]]$

图 5.9　鉴别码的 4 种用法

图 5.10　DSA 签名的基本过程

DSA 算法的签字函数以下参数作为输入。

（1）用 SHA 方法生成的报文摘要。

（2）一个随机数。

（3）发送方的私有密钥 SK_A。

（4）全局公钥 PK_G——供所有用户使用的一族参数。

DSA 算法输出两个数据：s 和 r。这两个输出就构成了对报文 M 的数字签名。

接收方收到报文后，先产生出报文的摘要，再将这个摘要和收到的签字以及全局公钥 PK_G、发送方的公开密钥 PK_A 一起送到 DSA 的验证函数中，生成一个新的 r'。若 r'与 r 相等，就说明签字有效。

5.2.3 可靠传输协议

传输型协议用于保证数据的可靠传输。下面介绍两种具有代表性的传输协议：差错控制协议和滑动窗口协议。

1. 差错控制协议

当接收方检测出数据错误后，就不应当接收，而要求发送方重新传输，这种机制称为差错控制。差错控制需要接收方与发送方双方配合进行，为此需要运行相应的差错控制协议。在差错控制协议中，通常采用自动请求重传（Auto Repeat Request，ARQ）机制，即接收方检测出错误后，要求发送方重传出错的数据。

ARQ 的具体实现，可以采用两种不同的策略：停等 ARQ 和连续 ARQ。

1）停等 ARQ

停等 ARQ（stop-and-wait ARQ）的工作原理如图 5.11 所示。当主机 A 发送一个数据帧到主机 B 时，若 B 正确地收到，便会立即发一个确认应答帧 ACK 给 A，A 接到确认应答帧，就可以再发下一个数据帧；若 B 收到的数据帧不正确，便立即发一个否认应答帧 NAK 给 A，A 接到否认应答帧，就将数据帧重发一次。

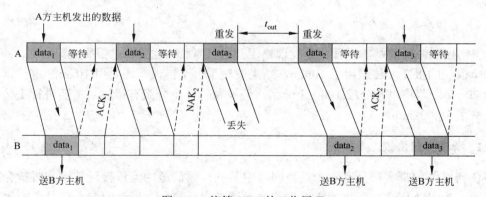

图 5.11　停等 ARQ 的工作原理

这里还有两个问题要解决。

（1）当 A 发出的数据帧丢失，B 收不到时不会发任何应答帧。这时 A 一直等待，当等待时间超过一个限度 t_{out} 时，就将数据帧重新发送一次。

（2）B 虽然收到了 A 发来的数据帧，也发出了应答帧（可能是 ACK，也可能是 NAK），A 却没有收到。这种情况下，A 等待超过一定时限时，也要将数据帧重新发送一次。

停等 ARQ 协议简单，但系统效率较低。

2）连续 ARQ

连续 ARQ 是在发完一个数据帧后，不再等待，而是连续地发送若干个数据帧，具体实现方式有拉回方式和选择重发（selective repeat）方式。

连续 ARQ 的工作原理如图 5.12 所示。在发送方 A 连续地发送数据帧的同时，接收方对接收到的数据帧进行校验，并向 A 方发送应答帧；当 A 接收到一个数据帧对应的应答帧为 NAK 时，就从这个数据帧开始将此后所发送过的数据帧重发一遍。例如，A 发送了 1～5 号数据帧，其中第 2 号数据帧出错，B 将其后已收到的帧（2～5 号）丢弃，A 收到 NAK_2 后，要进行拉回重发。出现超时时，也要拉回重发，如 3 号帧丢失后，要将已发送的 3～6 号帧拉回重发。

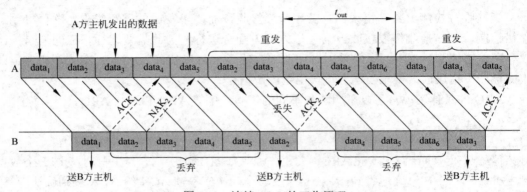

图 5.12　连续 ARQ 的工作原理

选择重发 ARQ 与拉回 ARQ 的不同之处在于它只重发出错的数据帧。

3）重传要求报文分组

差错控制协议的基本原理就是发现错误并进行重传。这就要求报文分组。可以想象，如果一个很长的报文，传送用了 10min，结果发现了一个错误，还要用 10 min 重传，总共要花费 20min。若将报文分成 1000 个分组，假设发现一个分组有错误，需要进行重传，则总共花费了 10.001min。

2. 滑动窗口协议

任何网络的带宽都是有限的，当网络中某些传输信道的流量接近其带宽时就会形成拥塞现象。为了防止这一现象的出现，就要对流量进行控制。滑动窗口协议是主要用于流量控制的协议。

使用滑动窗口协议，要涉及两个方面的问题。

（1）数据单元的编号问题（这与数据单元中用于编号的位数有关）。

（2）窗口的大小，即缓冲区大小的问题。

下面用 3b（位）进行数据单元的编码，并且发送窗口的大小为 5、接收窗口的大小为 4，来说明滑动窗口协议的工作原理。

1）发送器窗口的工作原理

发送器窗口的大小（宽度）规定了发送方在未接到应答的情况下允许发送的数据单元数。也就是说，窗口中能容纳的逻辑数据单元数就是该窗口的大小。

图 5.13 所示说明了发送器窗口的工作原理，其窗口大小为 5。

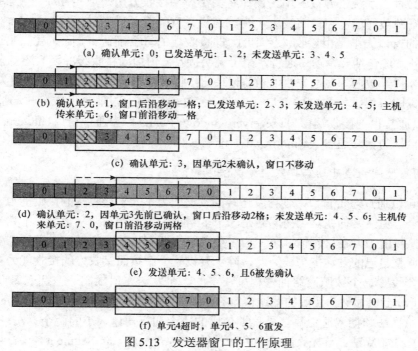

图 5.13　发送器窗口的工作原理

2）接收器窗口的工作原理

图 5.14 说明了接收器窗口的移动规则，其窗口大小为 4。

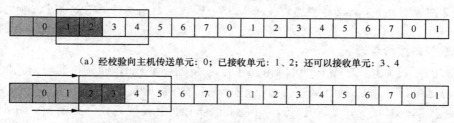

图 5.14　接收器窗口的工作原理

前面介绍了用滑动窗口进行流量控制的基本原理，具体实现时还有一些问题要处理，例如：

（1）窗口宽度的控制是预先固定，还是可适当调整。

（2）窗口位置的移动控制是整体移动，还是顺次移动。

（3）接收方的窗口宽度与发送方相同还是不同。

滑动窗口协议不仅可以进行流量控制，也同时可以进行差错控制。

3）TCP 的接收端的窗口通告

TCP 的流量控制"窗口"是一种可变窗口。当接收方用户没有及时取走滞留在 TCP 缓冲区的数据时，系统资源被占用，窗口将变小；当接收方用户取走在 TCP 缓冲区中的数据时，系统资源被释放，窗口将变大。也就是说，TCP 允许随时改变窗口大小。

TCP 的窗口大小是由接收端控制的，即接收端的每个确认中，除了要指出已经收到的 8 位组序号外，还包括一个窗口通告，用于说明接收方窗口（接收缓冲区）还有多大——能接收多少个 8 位组数据。发送方要以当前记录的接收方最新窗口大小为依据决定发送多少 8 位组。发送方即可根据接收方的窗口通告调整发送窗口的上限值，形成接收端控制发送端的情形。所以通常也把接收端窗口（receiver window，rwnd）称为通告窗口（advertised window）。这种机制也称为窗口通告（window advertisement）。

4）拥塞控制的慢开始与拥塞避免算法

TCP 可以通过通告窗口，使得发送端的发送能力不大于接收端的接收能力。但是，这样并不能完全避免网络拥塞。因为网络是一个多结点的系统，其拥塞状况并不完全决定于某个接收方的接收能力。在这种情况下，为了避免网络拥塞状况恶化，发送端还需要根据网络的拥塞程度调整自己的发送能力。为此，除了要设置一个按照接收方的接收能力决定的通告窗口外，还要设置一个按照网络拥塞程度决定的一个发送窗口限制——拥塞窗口（congestion window，cwnd）。显然，实际的发送窗口的上限应当取通告窗口与拥塞窗口中的小者。

慢开始算法和拥塞避免算法是早期使用的决定拥塞窗口大小的两个算法。

（1）慢开始算法：首先设置 cwnd 为一个 MSS（Maximum Segment Size，最大报文段中的数据字节数），以后每收到其 ACK 后，将 cwnd 增加至多一个 MSS 值，再发送相应数量的报文段。这样，在不出现拥塞的情况下：

第 1 次发送后，cwnd 将增加为 2 个 MSS，即一次具有 2 个 MSS 的发送能力。

第 2 次发送后，cwnd 将增加为 4 个 MSS，即一次具有 4 个 MSS 的发送能力。

……

拥塞窗口按指数增长。

（2）拥塞避免算法不是按照收到的 ACK 数量增加 cwnd，而是按照时间，即每经过一个往返时延 RTT，增加一个 MSS 大小，使 cwnd 呈线性增长。

为了控制拥塞状况，要设置一个门限 ssthresh（通常设置为 65 535B，即 16 个报文段），形成如下拥塞控制算法。

① 比较 cwnd 与 ssthesh。

- cwnd < ssthresh：继续执行慢开始算法。
- cwnd > ssthresh：停止慢开始算法，改用拥塞避免算法。
- cwnd = ssthresh：可执行慢开始算法，也可执行拥塞避免算法。

② 将发送窗口设置为通告窗口与拥塞窗口中的小者。

（3）网络每出现一次拥塞（出现某个报文段的超时），就执行一次 ssthresh = 0.5×ssthresh

的操作（但不能小于 2MSS），这称为"乘法减小"原则。

（4）若执行拥塞避免算法后，发送端能够收到所有发出报文的确认时，即执行 cwnd = cwnd + MSS 的操作，这称为"加法增大"（additive increase）原则。

按照上述算法，可以得到图 5.15 所示的 TCP 拥塞窗口的变化规律。

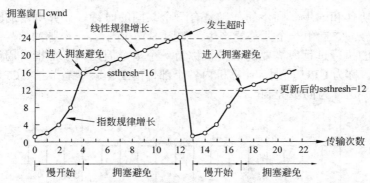

图 5.15　采用慢开始算法和拥塞避免算法的 TCP 拥塞窗口的变化规律

5）拥塞控制的快重传和快恢复

慢开始算法和拥塞避免算法在有些情况下会让 TCP 等待某个数据段的超时后才重新开始发送丢失的报文段。例如，发送端连续发送报文段 $M_1 \sim M_6$，则接收方在收到 M_1 和 M_2 后，将发出 ACK_2 和 ACK_3。若所发送的报文 M_3 丢失，则收到 M_4 后发出的仍然是 ACK_3；收到 M_5 后发出的仍然是 ACK_3，收到 M_6 后发出的仍然是 ACK_3。尽管收到这么多 ACK_3，但是发送段还是要等到 M_3 的重传计时器超时后，才重传 M_3。

快重传的基本思想是早些重传丢失的报文段，它规定只要收到某个报文段的 3 个重复的 ACK，就要立即重发该报文段，而不必等待其重传计时器超时。

在尽早开始重传的同时，还可以使用快恢复算法使网络出现拥塞后尽快使网络恢复到正常工作状态。将快重传和快恢复结合起来，形成下面的算法。

（1）当发送端连续收到 3 个重复的 ACK 时，按照"乘法减小"的原则，重新设置慢开始门限 ssthresh。

（2）设置拥塞窗口 cwnd 为 ssthresh+$n \times$MSS。n（$\geqslant 3$）为收到的 ACK 的数量。因为收到的 n 个重复的 ACK，是接收端对已经到达的 3 个报文的应答。这 n 个报文段已经保存在接收端的缓存中。所以网络中不是堆积了报文，而是减少了报文。这比慢开始算法将拥塞窗口设置为 1，要恢复得快。

（3）若发送窗口还允许发送报文段，就按拥塞避免算法继续发送报文段。

（4）若收到了确认新的报文段的 ACK，就将 cwnd 缩小到 ssthresh。

这是一种可以明显改进 TCP 性能的算法。

5.3　时序控制型协同

计算机和通信都是一种极为复杂的电子系统。在电子系统中，众多部件只有协同工作才能共同完成计算任务。为了使各个部件能有条不紊地协同工作，最基本的办法是时序控制，即时间控制+序列控制。

5.3.1 计算机微操作的时序控制

1. 时钟与节拍

协同就是协作和同步。同步的基础是有一个共同的时钟。计算机内的时钟是一些频率固定的脉冲信号，它们由一个振荡器产生。如图 5.16 所示，一个脉冲信号周期称为一个节拍。一条指令的执行过程所需要的节拍数称为一个指令周期，一个指令周期又可以分成几个不同的阶段，称为 CPU 周期。计算机内各个部件的工作就是靠节拍、CPU 周期和指令周期进行协调的，这称为同步控制。

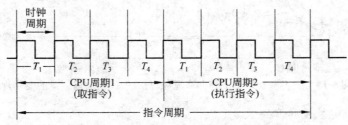

图 5.16　时钟周期、CPU 周期和指令周期

2. 指令及其微操作

计算机的基本工作是执行指令，一个程序由多条指令组成，每条指令执行的顺序由程序员预先设计。而一条指令要由许多细微的操作组成。在 CPU 设计时就定义好了：一条指令中的微操作可以分为几个阶段（CPU 周期），以及每个 CPU 周期中各微操作的执行顺序。指令的执行顺序和微操作的执行顺序合起来就构成计算机操作的序。再把它们分配到不同的指令周期、CPU 周期和节拍中，就形成了时序控制。

3. 一条普通指令的 CPU 周期划分情况

指令是程序员编程使用的最小元素，它以逻辑功能为基础，所以每条指令周期所包含的 CPU 周期不尽相同，而且每一个 CPU 周期中所包含的节拍数也不尽相同。图 5.17 描述了一个普通指令的 CPU 周期划分情况，它包含了 3 个 CPU 周期，但别的指令不一定这样。

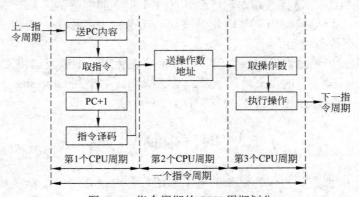

图 5.17　指令周期的 CPU 周期划分

第 1 个 CPU 周期为取指周期，要完成 3 件事。

（1）送 PC 内容（当前指令地址）到存储器的地址缓存，从内存中取出指令。

（2）指令计数器加 1，为取下一条指令做准备。

（3）对指令操作码进行译码或测试，以确定执行哪些微操作。

第 2 个 CPU 周期将操作数地址送往地址寄存器并完成地址译码。

第 3 个 CPU 周期取出操作数并进行运算。

4. 存储器读写的时序控制

存储器进行一次"读"或"写"操作所需的时间称为存储器的访问时间（或读写时间），而连续启动两次独立的"读"或"写"操作（如连续的两次"读"操作）所需的最短时间，称为存取周期（或存储周期）。为了进行存储器的读写，需要在地址总线上送出地址信息（对于二维地址译码，需要送出行地址和列地址），需要 CPU 发出读或写命令。并且，写时，还要在数据总线上送出要写的数据；读时，要向数据总线上送读出信息。这些信息的出现，要严格按照时序进行，并且需要等待前一个信号稳定以后，才能发出后一个信号。

图 5.18 所示的读写时序，形象地描画了这类 SRAM 在读写过程中，各种信号之间的时序关系。可以看出，不管是读还是写，都是按照下面的顺序发送有关信号。

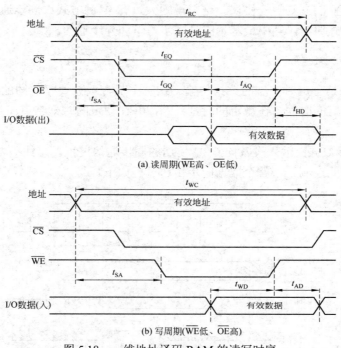

(a) 读周期（$\overline{\text{WE}}$ 高、$\overline{\text{OE}}$ 低）

(b) 写周期（$\overline{\text{WE}}$ 低、$\overline{\text{OE}}$ 高）

图 5.18　一维地址译码 RAM 的读写时序

① 发送地址信号，指定要读写的单元，此信号一直保留到有效读/写完成。

② 发送片选信号 $\overline{\text{CS}}$，选中一片存储器。

③ 发送读（$\overline{\text{WE}}$ 高、$\overline{\text{OE}}$ 低——有效）/写（$\overline{\text{WE}}$ 低、$\overline{\text{OE}}$ 高——有效）信号。

数据线上的信号因读/写而异。

（1）读出是从有关单元向数据线上输出数据信号，一般是在 $\overline{\text{CS}}$ 信号和 $\overline{\text{OE}}$ 信号稳定后即可有数据输出到数据线上。

（2）写入是由数据线向有关单元输入数据信号，一般对于送入数据的时间没有要求，但是 $\overline{\text{WE}}$ 信号和地址信号不能撤销太早，以保证有一个写入的稳定时间。

5.3.2　通信中的时序控制

"同步"是可靠通信的最基本保障。日常生活中，两个人交谈能够成功，有两个条件。

（1）一个人讲时，另一个人在听。如果一个人讲，另一个人没有听，通信就一定失败。

（2）讲者的话语速度与听者的接收速度一致。否则听者就会告诉讲者：你讲得太快，我没有听清。

在系统中进行数据传送，也有类似的问题，这称为同步控制。同步控制可以用两种方式实施：异步方式与同步方式，分别称为异步传输与同步传输。

1．总线中的同步控制

在总线中，主方的数据发送和从方的数据接收必须协调。实现主从协调操作的基本方法是有一个时序控制规则——协议。这些规则大致有 4 种方式：同步通信、异步通信、半同步通信和分离式通信，其中最基本的是同步通信和异步通信。

1）总线的同步传输

同步传输是具有定时控制的数据传输。这时主从方双方要有共同的时钟，它们的操作完全依据协议规定的时间，在规定的时刻开始，并在规定的时刻结束，是一种"以时定序"的控制方式。

图 5.19 表示数据由输入设备向 CPU 传送的同步通信过程。总线周期从 T_1 开始到 T_4 结束。在总线时钟的控制下，整个数据同步传送过程如下。

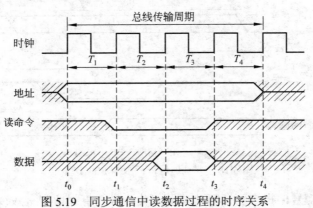

图 5.19　同步通信中读数据过程的时序关系

① 当在 t_0 时刻，CPU 检测到设备"已经就绪"信号后，立即将欲读设备的地址放在地址总线上。

② 经过一个周期，在 t_1 时刻，CPU 发出读命令（低电平）。

③ 经过一个周期，在 t_2 时刻，设备把数据放到数据总线上。CPU 在时钟周期 T_2 中进行数据选通，将数据接收到自己的寄存器。

④ 在数据已经读入寄存器的 t_3 时刻，读命令信号和设备数据信号撤销。

⑤ 在 t_4 时刻，地址信号撤销，总线传输周期结束，可以开始另一个新的数据传送。

2）总线的异步传输

异步传输也称为异步应答通信。在异步通信方式中，双方的操作不依赖基于共同时钟的时间标准，而是一方的操作依赖于另一方的操作，形成一种"请求-应答"方式，或称为握手方式，握手协议由一系列的握手操作的顺序规定。例如，存储器读周期可以描述为如下过程。

① CPU 先发送状态信号和地址信号到总线上。

② 状态信号和地址信号稳定后，CPU 发出读命令，用来向存储器"请求"数据。

③ 存储器收到"请求"后，经过地址译码，将数据放到数据线上。

④ 等数据信号稳定后，存储器向控制线上发送"确认"信号，通知 CPU 数据总线上有数据可用。

⑤ CPU 收到"确认"信号后，从数据总线上读取数据，立即撤销状态信号。

⑥ 状态信号的撤销，引起存储器撤销数据和确认信号。

⑦ 存储器确认信号的撤销引起 CPU 撤销地址信号，一次读过程结束。

这个过程如图 5.20 所示。

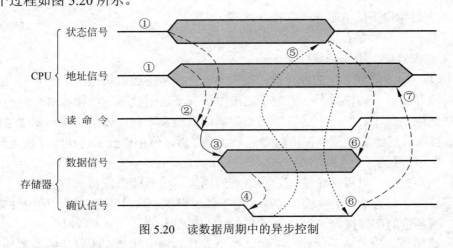

图 5.20　读数据周期中的异步控制

2. 远程数据传输中的同步协同控制

1）3 个层次上的同步协同控制

总线中的数据传输采用并行传输，即一个字的各位在不同的线上同时传输。而远程传输需要进行串行传输，即一个字的各位按照一定顺序在一条线上一位一位地传输。为此，其同步控制可以分为位、字节/字符和帧（一个较大的数据块，大小因传输能力而异）3 个层次考虑。

（1）位同步传输。位同步就是发送方与接收方每一位都是同步的。为此通信双方需要有共同的时钟。按照时钟的来源，以分为外同步法和自同步法。

外同步法在发送方和接收方之间提供单独的时钟线路，发送方在每个比特周期都向接收方发送一个同步脉冲。接收端根据这一串同步脉冲来调整自己的接收时序，把接收时钟的重复频率锁定在同步频率上，以便在接收数据的过程中始终与发送端同步。这种方法在短距离传输中比较有效；长距离传输中，会因同步信号失真而失效。

自同步法利用特殊编码（如曼彻斯特编码或微分曼彻斯特编码）让数据信号携带时钟同步信号，不断校正接收端的定时机构。

位同步可以保证每一位都是同步的。但是它没有办法获得会话开始和结束的信号，所以只能用于传输过程中。

（2）字节/字符同步控制。图 5.21 所示为进行字节/字符级传输时的传输单元结构，它由如下 4 部分组成。

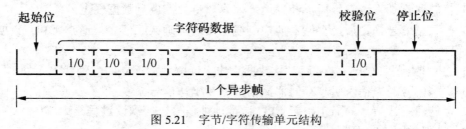

图 5.21　字节/字符传输单元结构

① 1 个起始位：低电平——数字 0 状态。

② 5 位或 7 位数据。

③ 1 位校验位，用作奇偶校验。

④ 长度为 1.5 位或 2 位的停止位：高电平——也是不通信状态。

在传输开始前，传输线上一直处于高电平——不通信状态。当接收端突然检测到传输线上出现低电平时，表明一个字符的起始位到达，接收端利用该位实现与发送端的同步，并顺利地接收其后继的各位。在传输完一个字符之后，停止位到了，线路又恢复到高电平，直到下一个字符到来。

这种同步控制可以保证传输开始和结束的同步，但不能保证每一位的同步。因此只可用于以字符或字节为单位的传输，特别适用于低速设备。这时发送与接收的时钟略有差异，也不会影响各位的正确接收。

（3）帧同步传输。帧是比较大的传输单位，其同步方法是在数据块的两端加上前文和后文，表示帧的起始和结束。前文和后文的特性取决于所用的协议。

但是，帧传输不能保证字节/字符以及位级的同步。所以它要与字节/字符同步和位同步结合起来使用，并可以分为图 5.22 所示的面向字符和面向位两大类传输结构。

帧头	控制信息		数据块	校验序列
SYN	SYN	SOH	字符序列	FCS

（a）面向字符的同步帧格式

帧头	控制信息	数据块	校验序列	帧尾
01111110	C	位流	FCS	01111110

（b）面向位的同步帧格式

图 5.22　同步传输的两种帧格式

在面向字符的同步传输中，帧头包含一个或多个同步字符——SYN。SYN 是一个控制字符，后面是控制信息和数据字节。接收端发现帧头，便开始接收后面的数据块，直至遇到另一个同步字符。IBM 的二进制同步规程（BSC 或 bisync）是具有代表性的面向字符的同步传输规程。

2）同步传输与异步传输

基于位同步的传输，通信双方有共同的时钟，称为同步传输。但是，仅有位同步无法判断何时帧开始，何时帧结束。所以实际的同步传输一定是帧同步与位同步结合进行的。通常同步传输不需要每个字节都多用一个同步位和一个终止位，传输效率高，多用于高速传输。

基于字节/字符同步的传输，通信双方没有共同的时钟，称为异步传输。由于帧是由字节组成的，所以第 1 个字节的开始就是帧的开始，最后一个字节的结束就是帧结束。异步传输每个字节都要多用一个同步位和一个终止位，传输效率较低，多用于低速传输。

5.3.3　TCP 连接与释放

最典型的会话型（握手型）协同是 TCP 连接与释放时的会话过程，也称为握手过程。

1．TCP 可靠连接

TCP 是一种运输层可靠传输协议，要求其连接也要可靠。TCP 建立可靠连接的方法是采用三次握手（three-way handshaking）方法，这是在两个或多个网络设备之间通过交换报文序列以保证传输同步的过程。图 5.23 所示为用三次握手方式建立 TCP 连接的过程。

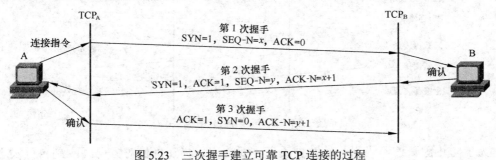

图 5.23　三次握手建立可靠 TCP 连接的过程

第 1 次握手：主机 A 发出主动打开（active open）命令，TCP_A 向 TCP_B 源主机发出请求报文，内容如下。

① SYN=1，ACK=0：表明该报文是请求报文，不携带应答。

② SEQ-N=x：自己的序号为 x，后面要发送的数据序号为 $x+1$。

第 2 次握手：TCP_B 收到连接请求后，如同意连接，则发回一个确认报文，内容如下。

① SYN=1，ACK=1：该报文为接收连接确认报文，并捎带有应答。

② ACK-N=$x+1$：确认了序号为 x 的报文，期待接收序号以 $x+1$ 为第一字节的报文。

③ SEQ-N=y：自己的序号为 y，后面要发送的数据序号为 $y+1$。

这时，TCP_A 和 TCP_B 会分别通知主机 A 和主机 B，连接已经建立。

到此为止，似乎就可以正式传输数据报文了。但是，问题没有这么简单。因为虽然 B 端同意了接收由 TCP_A 发起的连接，准备好了接收由 TCP_A 发来的数据，而 A 端还没有同意由 TCP_B 发起的连接。所以这时的连接仅仅是全双工通信中的半连接——TCP_A 到 TCP_B 的连接，TCP_B 到 TCP_A 连接并没有建立起来。

所以，只有两次握手的连接是不可靠的。为了避免这种情况，必须再来一次握手。

第 3 次握手：TCP_A 收到含两次初始序号的应答后，再向 TCP_B 发一个带两次连接序号的确认报文，内容如下。

① ACK=1，SYN=0：该报文是单纯的确认报文，但不携带要传输数据的序号。

② ACK-N=$y+1$：确认了序号为 y 的报文，期待第 1 字节序号为 $y+1$ 的数据字段。

这样，双方才可以开始传输数据，并且不会出现前面的问题。

2. TCP 从容释放

TCP 连接是在硬件连接的基础上通过软件实现的，所以称为软连接。软连接后就要占用硬连接的资源。连接释放就是释放一个 TCP 连接所占用的资源。

正常的释放连接是通过断连请求及断连确认实现的。但是，在某些情况下，没有经过断连确认，也可以释放连接，但断连不当就有可能造成数据丢失。图 5.24 所示为一种断连不当引起数据丢失的情形：A 方连续发送两个数据后，发送了断连请求；B 方在收到第 1 个数据后，先发出了断连请求，结果第 2 个数据丢失。

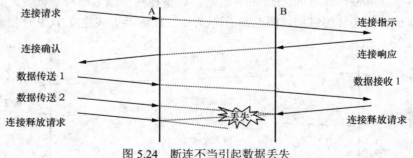

图 5.24 断连不当引起数据丢失

为了防止因断连不当引起的数据丢失，断连应选择在确信对方已经收到自己发送的数据并且自己和对方不再发送数据时。由于 TCP 连接是双工的，它包含了两个方向的数据流传送，形成两个"半连接"。在撤销时，一方发起撤销连接但连接依然存在，要在征得对方同意之后，才能执行断连操作。

下面分两种情况考虑连接释放问题：传输正常结束释放和传输非正常结束释放。

1）传输正常结束释放

数据传输正常结束后，就应当立即释放这次 TCP 连接所占用的资源。所以连接的双方都可以发起释放连接。图 5.25 所示为一个由 A 方先发起的连接可靠释放过程，一般它是一个 4 次握手过程。

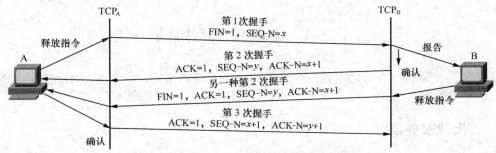

图 5.25　A 方先发起的连接可靠释放过程

第 1 次握手：主机 A 先向 TCP_A 发出连接释放指令 FIN，并不再向运输层发送数据；TCP_A 向 TCP_B 发送释放通知报文，内容如下。

① FIN=1：A 已经没有数据发送，要求释放从 A 到 B 的连接。

② SEQ-N=x：本次连接的初始序列号（即已经传送过的数据的最后一个字节的序号加 1）为 x。

第 2 次握手：TCP_B 收到 TCP_A 的连接释放通知 FIN 后，向 TCP_A 发确认报文，内容如下。

① ACK=1：确认报文。

② ACK-N=$x+1$：确认了序号为 x 的报文。

③ SEQ-N=y：自己的序号为 y。

这时，从 TCP_A 到 TCP_B 的半连接就被释放，而从 TCP_B 到 TCP_A 的半连接还没有释放，从 TCP_B 还可以向 TCP_A 传送数据，连接处于半关闭（half-close）状态。如果要释放从 TCP_B 到 TCP_A 的连接，还需要进行类似的释放过程。这一过程可以第 1 次握手后开始，即选择另一种第 2 次握手。

另一种第 2 次握手：TCP_B 收到 TCP_A 的连接释放通知后，即向主机 B 中的高层应用进程报告，若主机 B 也没有数据了，主机 B 就向 TCP_B 发出释放连接指令，并携带对于 TCP_A 释放连接通知的确认。报文内容如下。

① FIN=1，ACK=1：释放连接通知报文，携带了确认。

② SEQ-N=y，ACK-N=$x+1$：确认了序号为 x 的报文，自己的序号为 y。

第 3 次握手：TCP_A 对 TCP_B 的释放报文进行确认。报文内容如下。

① ACK=1：确认报文。

② SEQ-N=x+1，ACK-N=y+1：本报文序列号为 x+1；确认了 TCP$_B$ 传送来的序号为 y 的报文。

这时，从 TCP$_B$ 到 TCP$_A$ 的连接也被释放。

2）传输非正常结束释放

在有些情况下，希望 TCP 传输立即结束。为了提供这种服务，当一方突然关闭时，TCP 会立即停止发送和接收，清除发送和接收缓冲区，同时向对方发送一个 RST=1 的报文，要求重新建立连接。

5.4　中间代理型协同

代理是在资源与客户之间建一个双面中介：对资源来说，它是客户的代理；对客户来说，它是资源的代理。

5.4.1　代理服务器

代理服务器（Proxy Server）是位于用户计算机与 Internet 资源服务器之间的一个服务器。应用级代理的工作原理如图 5.26 所示。

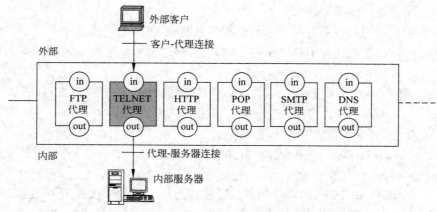

图 5.26　应用级代理的工作原理

代理服务器采用客户机/服务器工作模式。如图 5.27 所示，客户有访问 Internet 的请求时，这个请求表面上是发给 Internet 的某远程服务器，但实际上是先发到了代理服务器；代理服务器分析请求，确定其是合法的以后，首先查看自己的缓存中有无要请求的资源副本，有就直接传送给客户端，否则再以代理服务器作为客户端向远程的服务器发出请求；远程服务器的响应也要由代理服务器转交给客户端，同时代理服务器还将响应数据在自己的缓存中保留一份副本，以备客户端下次请求时使用。

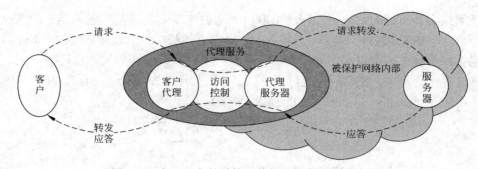

图 5.27　代理服务的结构及其数据控制和传输过程

代理服务器一般工作在应用级。图 5.28 为应用级代理的基本工作过程。

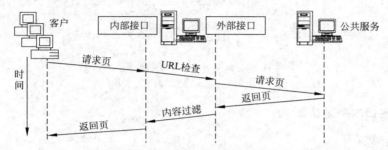

图 5.28　应用级代理的基本工作过程

应用级代理像横在客户与服务器连通路径上的一个关口，所以也称为应用级网关。也由于应用级代理像横在客户与服务器连通路径上的一堵墙，所以也称为应用级防火墙。它的好处有以下几点。

（1）它是客户与资源之间的一个安全检查点。当外部某台主机试图访问受保护的网络时，必须先在代理上经过身份认证。通过身份认证后，再运行一个专门为该网络设计的程序，把外部主机与内部主机连接。同样，受保护网络内部用户访问外部网时也需先登录到代理上，通过验证后，才可访问。

（2）它能阻断路由与 URL，成为网络数据的一个检查点，可以对过往的数据包进行分析监控、注册登记、过滤、记录和报告等。

（3）当发现被攻击迹象时会向网络管理员发出警报，并能保留攻击痕迹。

5.4.2　I/O 接口

1. I/O 接口概述

接口是用于连接两个不匹配部件的中间部件。这里所说的不匹配，就是无法协同，包括：

（1）速度不匹配。

（2）时序不匹配。

（3）信息格式不匹配。

（4）信息类型不匹配。

任何数字计算机的用途很大程度上取决于它能连接多少以及哪些种类的外围设备。遗憾的是，由于 I/O 设备种类繁多，速度各异，操作方式和信号等差异很大，不可能简单地把它们连接在总线上。所以，必须寻找一种方法，一边同某种计算机总线连接起来，另一边同外围设备连接起来，使它们一起可以正常工作。如图 5.29 所示，担当这项任务的部件称为设备适配器（adapter），也称为 I/O 接口（interface）。

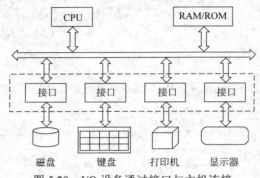

图 5.29   I/O 设备通过接口与主机连接

2. I/O 接口的关键功能

1）数据缓冲

一般说来，I/O 设备的工作速度要比计算机主机的工作速度慢许多。这样两种设备是无法直接连接的。一个有效的解决方法是设置数据缓冲区。一般说来，缓冲区有如下作用。

（1）高低速设备之间的速度匹配。外部设备虽然慢但处理的数据量少，CPU 处理的数据量大但速度快，借用缓冲就能很好地解决两者之间的匹配问题。在 CPU 与外设之间设置一个缓冲区，可以使 CPU 要向外设输出数据时，先把数据送到缓冲区中，让外设慢慢地去"消化"，CPU 可以继续进行别的工作；当外设要向 CPU 输入数据时，先把数据送到缓冲区中，CPU 需要时可以像使用内存中的数据那样使用缓冲区中的数据。例如，CPU 与打印机通信时，当 CPU 引发一个输出时，只需要快速地把数据送到缓冲区中即可，接着便可以去做别的工作，缓冲区中的数据则由打印机慢慢地享用。

（2）中转。通过中转避免外设与 CPU 之间的完全互连，可以解决设备连接和数据传输的复杂性。

2）对于 I/O 设备进行控制

CPU 对 I/O 设备的控制有如下几种方式。

（1）程序直接传送模式：直接用应用程序中的输入输出操作控制相应的设备工作。

（2）程序查询控制模式：CPU 定时地启动一个查询程序，看哪个设备有 I/O 需求。

（3）程序中断控制模式：I/O 设备需要传送数据时向 CPU 发出请求；CPU 允许时，会暂停正在执行的程序进行 I/O 处理；处理之后再接着执行先前的程序。

（4）直接存储器访问（DMA）模式：DMA 是一个简单的 I/O 处理器，用来控制输入输出过程。这样，就把 CPU 从直接管理输入输出中解放了出来，只是当 I/O 设备需要进行数据传输时，CPU 暂停访问主存一个或几个周期，由 DMA 利用这段极短的时间控制主存与外设之间的数据交换。

（5）通道控制模式：使用专门的处理器进行 I/O 管理，将 CPU 对 I/O 过程完全解放出来。

I/O 接口就是 CPU 对于 I/O 设备控制的具体执行者。

3）地址译码和设备选择功能

在计算机系统中，为了区分各类不同的 I/O 端口，就用不同的数字给它们进行编号，这种对 I/O 端口的编号就称为 I/O 端口地址。I/O 端口的编址有两种方式：端口地址独立编址和与存储器地址统一编址。

（1）统一编址。统一编址是把 I/O 端口当作存储器的一部分单元进行访问，CPU 不设置专门的 I/O 指令，用统一的访问存储器的命令访问 I/O 端口。

（2）独立编址。独立编址时，I/O 端口与存储器分别使用两套独立的地址编码系统。例如，在 Intel 公司的 CPU 家族中，I/O 端口的地址空间可达 64K，即可有 65 536 个字节端口，或 32 768 个字端口。这些地址不是内存单元地址的一部分，不能用普通的访问内存指令来读取其信息，而要用专门的 I/O 指令才能访问它们。虽然 CPU 提供了很大的 I/O 地址空间，但大多数微机所用的端口地址都在 0～3FFH 范围之内。表 5.5 列举了微型计算机中几个重要的 I/O 端口地址。

表 5.5 微型计算机中几个重要的 I/O 端口地址

端口名称	中断屏蔽口	时钟/计数器	键盘端口	扬声器口	游戏口	并口 LPT3	串口 COM2
端口地址	020H～023H	040H～043H	060H	061H	200H～20FH	278H～27FH	2F8H～2FFH
端口名称	并行口 LPT2	单显端口	并行口 LPT1	VGA/EGA	CGA	磁盘控制器	串行口 COM1
端口地址	378H～37FH	3B0H～3BBH	3BCH～3BFH	3C0H～3CFH	3D0H～3DFH	3F0H～3F7H	3F8H～3FFH

4）协调

协调 CPU 与外设之间在数据类型、数据格式以及电平、时序方面的不一致。

3. I/O 接口的结构

如图 5.30 所示，一般说来 I/O 接口可以分为两个面：面向计算机的一面称为系统端，面向外部设备的一面称为设备端。

图 5.30 I/O 接口的简单模型

1）设备端与设备连接

设备端与设备连接，用于进行下列信息交换。

（1）接收设备的状态信号，如是否准备好，还是在忙等。

（2）向设备发送控制信号。

（3）与设备进行数据交换。

2）系统端与计算机连接

系统端与计算机连接，用于进行下列信息交换。

（1）接收计算机地址总线送来的地址信息，进行地址译码，选择端口号。

（2）向计算机发送请求或应答信号。

（3）接收计算机控制总线送来的控制信号。

（4）与计算机之间进行数据交换。

进一步细化，可以得到图 5.31 所示的 I/O 接口逻辑结构。

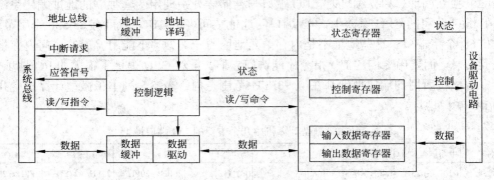

图 5.31　I/O 接口逻辑结构

地址缓冲与地址译码接收地址总线上传送来的地址信号，经过译码产生 I/O 接口的片选信号以及对于内部有关寄存器的端口选择信号。

控制逻辑接收 CPU 发来的读写控制信号和时序信号，根据这些信号对 I/O 接口内部的寄存器发出操作控制信号，并可以向 CPU 发出相应的应答信号。

状态寄存器由一组状态触发器组成，每一个状态触发器用于表明设备的一种状态。其中最重要的状态触发器有 BS（Busy，设备忙）触发器和 RD（Ready，设备就绪）触发器。当程序启动一台 I/O 设备时，就将其接口中的 BS 置 1；若设备做好一次数据的接收或发送，则会发出一个信号将 RD 置 1。

5.4.3　中间件技术

1. 中间件及其特征

中间件（middleware）是一种相对独立的软件模块，一般处于网络分布式计算环境中的支撑软件（操作系统以及数据库等）与应用软件之间，实现下列功能。

（1）屏蔽服务与实现，平台与应用之间的异构性。

（2）改善软件的可复用性和软件之间的松耦合性及互操作性。

图 5.32 为中间件的形象表示。

图 5.32　中间件的形象表示

一般说来，中间件具有如下特征。

（1）可满足大量应用的需要。

（2）可运行于多种硬件和 OS 平台。

（3）支持分布计算，可提供跨网络、硬件和 OS 平台的透明性的应用或服务的交互。

（4）支持标准的协议。

（5）支持标准的接口。

由于标准接口对于可移植性和标准协议对于互操作性的重要性，中间件已成为许多标准化工作的主要部分。对于应用软件开发，中间件远比操作系统和网络服务更为重要，中间件提供的程序接口定义了一个相对稳定的高层应用环境，不管底层的计算机硬件和系统软件怎样更新换代，只要将中间件升级更新，并保持中间件对外的接口定义不变，应用软件几乎不需任何修改，从而保护了企业在应用软件开发和维护中的重大投资。

2. 中间件的分类

现在，中间件已经成为网络应用系统开发、集成、部署、运行和管理必不可少的工具。由于中间件技术涉及网络应用的各个层面，涵盖从基础通信、数据访问到应用集成等众多的环节，中间件技术呈现出多样化的发展特点。所以，其分类也呈现多样化特点。下面仅介绍一种基于功能方法的中间件分类。它将中间件分为如下 4 类。

1）远程过程调用中间件

远程过程调用（Remote Procedure Call）是一种广泛使用的分布式应用程序处理方法。一个应用程序使用 RPC 来"远程"执行一个位于不同地址空间里的过程，并且从效果上看和执行本地调用相同。事实上，一个 RPC 应用分为两个部分：Server 和 Client。Server 提供一个或多个远程过程；Client 向 Server 发出远程调用。Server 和 Client 可以位于同一台计算机，也可以位于不同的计算机，甚至运行在不同的操作系统之上。它们通过网络进行通信。相应的 Stub 和运行支持提供数据转换和通信服务，从而屏蔽不同的操作系统和网络协议。

2）面向消息的中间件

面向消息的中间件（Message-Oriented Middleware，MOM）指的是利用高效可靠的消息传递机制进行平台无关的数据交流，并基于数据通信来进行分布式系统的集成。

这种中间件实现了程序与网络复杂性相隔离：程序将消息放入消息队列或从消息队列中取出消息来进行通信，与此关联的全部活动，比如维护消息队列、维护程序和队列之间的关系、处理网络的重新启动和在网络中移动消息等是 MOM 的任务，程序不直接与其他程序通话，并且它们不涉及网络通信的复杂性。

3）对象请求代理中间件

对象请求代理（Object Request Broker，ORB）的作用是提供一个通信框架，透明地在异构分布计算环境中传递对象请求。它建立对象之间 Client/Server 关系的中间件，其上的对象可以是 Client，也可以是 Server，甚至兼有两者。当对象发出一个请求时，它就处于 Client 角色；当它在接收请求时，它就处于 Server 角色。大部分的对象都是既扮演 Client 角色又扮演 Server 角色。

ORB 负责对象请求的传送和 Server 的管理，它可以拦截请求调用，并负责找到可以实现请求的对象、传送参数、调用相应的方法、返回结果等。这样，Client 和 Server 之间并不直接连接。Client 对象并不知道同 Server 对象通信，也不必知道 Server 对象位于何处、它是用何种语言实现的、使用什么操作系统或其他不属于对象接口的系统成分。

4）事务处理监控

事务处理监控（Transaction Processing Monitors）介于 Client 和 Server 之间，进行事务管理与协调、负载平衡、失败恢复等，以提高系统的整体性能。它可以被看作是事务处理应用程序的"操作系统"。总体上来说，事务处理监控有以下功能。

（1）进程管理，包括启动 Server 进程、为其分配任务、监控其执行并对负载进行平衡。

（2）事务管理，即保证在其监控下的事务处理的原子性、一致性、独立性和持久性。

（3）通信管理，为 Client 和 Server 之间提供了多种通信机制，包括请求响应、会话、排队、订阅发布和广播等。

5.4.4 网络协同攻击

网络攻击有许多方式。这些方式中，也存在着不同的中间或代理型协同，但这些协同都是邪恶的协同、负面的协同。

1. IP 源地址欺骗攻击

1）IP 源地址欺骗及其目的

IP 有一个缺陷：它只依据 IP 头中的目的地址发送数据包，而不对数据包中的 IP 源地址进行检查。这个缺陷可以使任何人不经授权就可以伪造 IP 包的源地址。IP 源地址欺骗就是基于这一点，使攻击者可以假冒他人的 IP 地址向某一台主机发送数据包，进行攻击。

攻击者使用 IP 地址欺骗的目的主要有两种。

（1）隐藏自身，对目标主机发送不正常包，使之无法正常工作。

（2）伪装成被目标主机信任的友好主机得到非授权的服务。

2）IP 源地址欺骗的攻击目标

下面是容易受到电子欺骗攻击的服务类型。
（1）运行 Sun 远程过程调用（Sun Remote Procedure Call，Sun RPC）的网络设备。
（2）基于 IP 地址认证的任何网络服务。
（3）提供 R 系列服务的机器，如提供 rlogin、rsh、rcp 等服务的机器。
其他没有这类服务的系统所受到的 IP 欺骗攻击虽然有，但要少得多。

3）IP 源地址欺骗攻击的基本过程

IP 源地址欺骗是冒用别的机器的 IP 地址用于欺骗第三者。假定有两台主机 S（设 IP 地址为 201.15.192.11）和 T（设 IP 地址为 201.15.192.22），并且它们之间已经建立了信任关系。入侵者 X 要对 T 进行 IP 欺骗攻击，就可以假冒 S 与 T 进行通信。

（1）确认攻击目标。施行 IP 源地址欺骗的第一步是确认攻击目标。

（2）使被利用主机无法响应目标主机的会话。当 X 要对 T 实施 IP 源地址欺骗攻击时，就要假冒 S（称为被利用者）向目标主机 TCP-SYN 包。T 收到 TCP-SYN 包后，会为每一个 TCP 连接分配一定的资源，同时会按照接收到的数据包中的源地址向数据包的发送者 S 发送 TCP-（SYN+ACK）应答包。这样，就有可能使 S 对 T 的报文产生反应，而将 X 暴露。X 避免自己暴露的办法是让 S 瘫痪，使之无法响应目标主机 T 的数据包。

使 S 瘫痪的办法是对其实施拒绝服务攻击，例如，通过 SYN Flood 攻击使之连接请求被占满，暂时无法处理进入的其他连接请求。通常，黑客会用一个虚假的 IP 地址（可能该合法 IP 地址的服务器没有开机）向目标主机 TCP 端口发送大量的 SYN 请求。受攻击的服务器则会向该虚假的 IP 地址发送响应。自然得不到回应，得到的是该服务器不可到达的消息。而目标主机的 TCP 会认为这是暂时的不通，并继续尝试连接，直到确信无法连接。不过这已经为黑客进行攻击提供了充足的时间。

（3）精确地猜测来自目标请求的正确序列数。X 为了使自己的攻击不露馅的另一个措施是取得被攻击目标 T 主机的信任。由于 TCP 是可靠传输协议，每台主机要对自己发送出的所有字节分配序列编号，供接收端确认并据此进行报文装配。在通过三次握手建立 TCP 连接的过程中，客户端首先要向服务器发送序列号 x；服务器收到后通过确认要向客户端送回期待的序列号 $x+1$ 和自己的序列号。由于序列号的存在，给 IP 欺骗攻击增加了不少难度，要求攻击者 X 必须能够精确地猜测出来自目标机的序列号，否则也会露馅。

那么，如何精确地猜测来自目标机的序列号呢？这就需要知道 TCP 序列号的编排规律。

初始的 TCP 序列号是由 tcp_init 函数确定的，是一个随机数，并且它每秒钟增加 128 000。这表明，在没有连接的情况下，TCP 的序列号每 9.32 小时会复位一次。而有连接时，每次连接把 TCP 序列号增加 64 000。

随机的初始序列号的产生也是有一定规律的。在 Berkeley 系统中，初始序列号由一个常量每秒钟加 1 产生。所以，TCP 序列号的估计也并非绝对不可能。但是，除此之外，攻击者还须要估计他的服务器与可信服务器之间的往返时间（RTT）。RTT 一般是通过多次统计平均计算出来的。在没有连接的情况下，TCP 序列号为 128 000×RTT；如果目标服务器刚刚建立过一个连接，就还要加上 64 000。

上述分析是一种理论上的分析。黑客通常的做法是通过对目标主机的合法连接，来获得目标主机发送 IP 数据包的序列记录。具体步骤如下。

① 请求连接目标主机。

② 目标主机送回带序列号的回应。

③ 记录序列号并断开连接。

在一般情况下，通过对所记录的序列号的分析，可以猜测出认证要求序列号的规则。

（4）冒充受信主机连接到目标主机。

（5）根据猜出的序列号，向目标主机发送回应 IP 包。

（6）进行系列会话。

2．DNS 欺骗

域名系统（Domain Name System，DNS）是一个将主机域名和 IP 地址互相映射的数据库系统，它的安全性对于互联网的安全有着举足轻重的影响。但是由于 DNS Protocol 在自身设计方面存在缺陷，安全保护和认证机制不健全，造成 DNS 自身存在较多安全隐患，导致其很容易遭受攻击。DNS 欺骗就是利用 DNS 漏洞进行的攻击行为。

1）DNS 的服务过程

设有如图 5.33 所示的三台主机。其中，S 向 A 提供 DNS 服务，A 想要访问 B（www.ccc.com），这个过程如下。

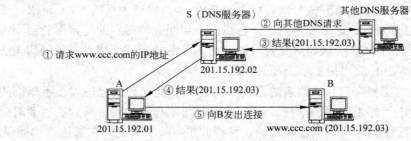

图 5.33　DNS 的工作过程示意图

① A 向 S 发送一个 DNS 查询请求，要求 S 告诉 www.ccc.com 的 IP 地址，以便与之通信。

② S 查询自己的 DNS 数据库，若找不到 www.ccc.com 的 IP 地址，就向其他 DNS 服务器求援，逐级递交 DNS 请求。

③ 某个 DNS 服务器查到了 www.ccc.com 的 IP 地址，向 S 返回结果。S 遂将这个结果保存在自己的缓存中。

④ S 把结果告诉 A。

⑤ A 得到了 B 的地址，就可以访问 B 了（如向 C 发出连接请求）。

在上述过程中，如果 S 在一定的时间内不能给 A 返回要查找的 IP 地址，就会给 A 返回主机名不存在的错误信息。

注意：DNS 客户端的查询请求和 DNS 服务器的应答数据包是依靠 DNS 报文的 ID 标识来相互对应的。这个 ID 是随机产生的。在进行域名解析时，DNS 客户端首先用特定的 ID 号向 DNS 服务器发送域名解析数据包。DNS 服务器找到结果后使用此 ID 给客户端发送应答数据包。DNS 客户端接收到应答包后，将接收到的 ID 与请求包的 ID 对比，如果相同则说明接收到的数据包是自己所需要的，如果不同就丢弃此应答包。

2）DNS 欺骗的原理

DNS 有两个重要特性。

（1）DNS 对于自己无法解析的域名，会自动向其他 DNS 服务器查询。

（2）为提高效率，DNS 会将所有已经查询到的结果存入缓存（Cache）。

正是这两个特点，使得 DNS 欺骗成为可能。实施 DNS 欺骗的基本思路是让 DNS 服务器的缓存中存有错误的 IP 地址，即在 DNS 缓存中放一个伪造的缓存记录。为此，攻击者需要做两件事。

（1）先伪造一个用户的 DNS 请求。

（2）再伪造一个查询应答。

但是，在 DNS 包中还有一个 16 位的查询标识符（Query ID），它将被复制到 DNS 服务器的相应应答中，在多个查询未完成时，用于区分响应。所以，回答信息只有 Query ID 和 IP 都吻合才能被 DNS 服务器接受。所以，进行 DNS 欺骗攻击，还需要精确地猜测出 Query ID。由于 Query ID 每次加 1，只要通过第一次向将要欺骗的 DNS 服务器发一个查询包并监听其 Query ID 值，随后再发送设计好的应答包，包内的 Query ID 就是要预测的 Query ID。

3）DNS 欺骗过程

下面结合图 5.33，介绍 DNS 欺骗的一次过程。

① 入侵者先向 S（DNS 服务器）提交查询 www.ccc.com 的 IP 地址的请求。

② S 向外递交查询请求。

③ 入侵者立即伪造一个应答包，告诉 www.ccc.com 的 IP 地址是 201.15.192.04（往往是入侵者的 IP 地址）。

④ 查询应答被 S（DNS 服务器）记录到缓存中。

⑤ 当 A 向 S 提交查询 www.ccc.com 的 IP 地址请求时，S 将 201.15.192.04 告诉 A。

3. 分布式拒绝服务攻击

分布式拒绝服务（Distributed Denial of Service，DDoS）攻击指借助于客户/服务器技术，将多个计算机联合起来作为攻击平台，对一个或多个目标发动 DoS 攻击，从而成倍地提高拒绝服务攻击的威力。通常，攻击者使用一个偷窃账号将 DDoS 主控程序安装在一个计算机上，在一个设定的时间主控程序将与大量代理程序通信，代理程序已经被安装在 Internet 上的许多计算机上。代理程序收到指令时就发动攻击。利用客户/服务器技术，主控程序能在几秒钟内激活成百上千次代理程序的运行。

1）DDoS 系统的一般结构

如图 5.34 所示，一个比较完善的 DDoS 攻击体系分成如下 4 个部分。

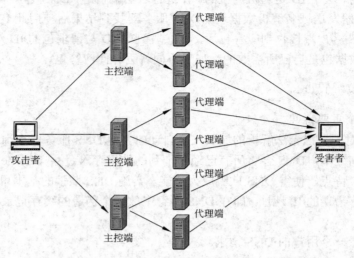

图 5.34　DDoS 攻击的原理

（1）攻击者：整个攻击过程的发起者，其所用主机称为攻击主控台，可以是网络上任何一台主机，用来向控制机发送命令。

（2）主控端：攻击者非法侵入并控制的一些主机，其上安装了特殊程序用来接收攻击者的命令，并向它们控制的各代理端发出这些命令。

（3）代理端——傀儡机：也是攻击者攻克的一些主机，其上运行攻击程序。

（4）受害者。

2）组织一次 DDoS 攻击的过程

这里用"组织"这个词，是因为 DDoS 并不像入侵一台主机那样简单。一般来说，黑客进行 DDoS 攻击时会经过如下几个步骤。

（1）搜集了解目标的情况。下列情况是黑客非常关心的情报。

① 被攻击目标主机数目、地址情况。

② 目标主机的配置、性能。

③ 目标的带宽。

对于 DDoS 攻击者来说，攻击互联网上的某个站点，如 http://www.WWW.com，有一个重点就是确定到底有多少台主机在支持这个站点，一个大的网站可能有很多台主机利用负载均衡技术提供同一个网站的 www 服务。以某公司为例，一般会有下列地址都是提供 http://www.WWW.com 服务的：

66.218.71.87
66.218.71.88
66.218.71.89

66.218.71.80

66.218.71.81

66.218.71.83

66.218.71.84

66.218.71.86

对一个网站实施 DDoS 攻击，就要让这个网站中所有 IP 地址的机器都瘫掉。所以事先搜集情报对 DDoS 攻击者来说是非常重要的，这关系到使用多少台傀儡机才能达到效果的问题。

（2）占领傀儡机。黑客最感兴趣的是有下列情况的主机。

① 链路状态好的主机。

② 性能好的主机。

③ 安全管理水平差的主机。

首先，黑客做的工作一般是扫描，随机地或者是有针对性地利用扫描器去发现网络上那些有漏洞的机器，像程序的溢出漏洞、CGI、Unicode、FTP、数据库漏洞等，都是黑客希望看到的扫描结果。随后就是尝试入侵了。

黑客在占领了一台傀儡机后，除了要进行"留后门""擦脚印"这些基本工作之外，还要把 DDoS 攻击用的程序上传过去，一般是利用 FTP。在攻击机上，会有一个 DDoS 的发包程序，黑客就是利用它来向受害目标发送恶意攻击包的。

（3）实施攻击。前面的准备做得好的话，实施攻击过程反而是比较简单的。这时候埋伏在攻击机中的 DDoS 攻击程序就会响应控制台的命令，一起向受害主机以高速度发送大量的数据包，导致它死机或是无法响应正常的请求。黑客一般会以远远超出受害方处理能力的速度进行攻击。高明的攻击者还要一边攻击一边用各种手段来监视攻击的效果，以便需要的时候进行一些调整。简单些的办法就是开个窗口不断地 ping 目标主机，在能接到回应的时候就再加大一些流量或是再命令更多的傀儡机来加入攻击。

4. 僵尸网络

1）僵尸网络及其用处

僵尸（zombie）指人死后，尸体在某种作用下重新起立行走，撕咬活人；被咬者遭受传染，不久也会变成僵尸。僵尸网络（Botnet）是指采用一种或多种传播手段，将大量主机感染 Bot 程序（僵尸程序），从而在控制者和被感染主机之间所形成的一个可一对多控制的网络。攻击者通过各种途径传播僵尸程序感染互联网上的大量主机，而被感染的主机将通过一个控制信道接收攻击者的指令，组成一个僵尸网络。

僵尸网络有如下用处。

（1）作为黑客发动 DDoS 攻击的工具。

（2）发送垃圾邮件。

（3）信息窃取。

（4）扩散、升级或卸载恶意软件。

（5）伪造点击量，骗取奖金；操控网上投票和游戏；被网络推手作为绑架舆论的工具。

（6）下载文件。

（7）启动或终止某些程序执行过程。

2）僵尸网络的形成

Bot 是英文单词 robot（机器人）的缩写，指这类程序可以自动执行预定义的功能，甚至有一定的智能交互能力，可以在特定情况下完成操纵者赋予的特定任务。

Bot 一旦被植入，就会自动执行，主动连接到黑客在 Bot 代码中指定的计算机。这台计算机可以是黑客自己的计算机，也可以是黑客作为跳板的计算机——这样黑客更为安全。这样，Bot 就可以与黑客依靠一定的协议进行通信了。如图 5.35 所示，当黑客用此方法控制了多台计算机时，就形成了一个僵尸网络。

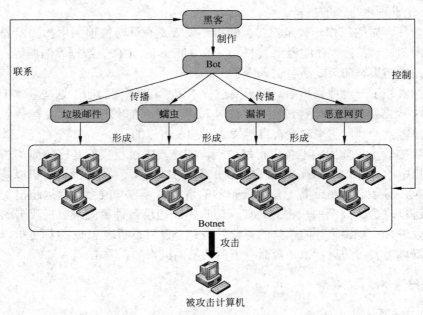

图 5.35 僵尸网络的形成

3）黑客对于僵尸主机的控制

Botnet 的主人必须保持对僵尸主机的控制，才能利用它们完成预订的任务目标。下面仍然以 IRC Bot 为例，说明控制主机对 Bot 主机控制的过程。

① 攻击者或者是 Botnet 的主人建立控制主机。大多数控制主机建立在公共的 IRC 服务上，这样做是为了将控制频道做得隐蔽一些。也有少数控制主机是攻击者自己单独建立的。

② Bot 主机主动连接 IRC 服务器，加入到某个特定频道。此过程在前面"加入 Botnet"一节中已经介绍。

③ 控制者（黑客）主机也连接到 IRC 服务器的这个频道上。

④ 控制者（黑客）使用 login 等命令认证自己，服务器将该信息转发给频道内所有的

Bot 主机，Bot 将该密码与硬编码与在文件体内的密码比较，相同则将该用户的 nick 名称记录下来，以后可以执行该用户发送的命令。控制者具有频道操作权限，只有他能发出命令。

4）主控者向僵尸主机发布命令的方法

基于 IRC 协议，主控者向受控僵尸程序发布命令的方法有如下 3 种。

（1）设置频道主题（Topic）命令。当僵尸程序登录到频道后立即接收并执行这条频道主题命令。

（2）使用频道或单个僵尸程序发送 PRIVMSG 消息。这种方法最为常用，即通过 IRC 协议的群聊和私聊方式向频道内所有僵尸程序或指定僵尸程序发布命令。

（3）通过 NOTICE 消息发送命令。这种方法在效果上等同于发送 PRIVMSG 消息，但在实际情况中并不常见。

5.5　资源共享型协同

群组成员往往会共享某些资源。这时，常采用的协同策略技术有竞争、用令牌控制、用优先级控制、按能力分配、按时间片分配、按照先来后到排队等，下面介绍几种典型的应用。

5.5.1　竞争型资源共享

计算机网络有多种拓扑结构。图 5.36 是 3 种常见的拓扑结构。在这 3 种拓扑结构中，总线形结构是最基本的，环形结构就是将总线形结构的首尾连接，星形结构就是将总线缩短成一点。显然，在总线形结构、环形结构以及星形结构中，每个结点的地位都应当是平等的，它们共享着带宽，当有两个结点要同时发送信号时，就会出现竞争。

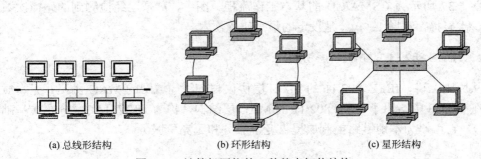

(a) 总线形结构　　　　　(b) 环形结构　　　　　(c) 星形结构

图 5.36　计算机网络的 3 种基本拓扑结构

面对竞争，介质访问控制协议有两种处理方式。

（1）允许竞争。正视冲突，形成可以随机发送的方式，但是要采取措施尽量减少冲突，降低冲突的影响。例如，带有冲突检测的载波监听多点接入（Carrier Sense Multiple Access with Collision Detection，CSMA/CD）协议就是一种允许冲突的介质随机发送的多路访问控制协议。

（2）避免冲突。即避免竞争出现，具体地说，就是采用控制授权，形成一种发送受控的方式。例如，使用令牌，只授权给获得令牌的站点才能发送数据。

1. 以太网的 MAC 层协议

介质访问控制（Medium Access Control，MAC）协议也称为多路访问控制协议，是解决在共享信道上有效地合理分配信道资源的控制机制。它是局域网网卡功能的重要组成部分。

CSMA/CD 是 IEEE 为早期的共享型以太网——IEEE 802.5 制定的 MAC 层协议，是一种竞争允许型资源共享网络协议。其工作原理有点像多人开讨论会。当一个人想发言时，要先听听有没有人在发言：若有人在发言，就继续听，等等再说；若无人发言，就发言。但是，也许别人也在这么做，出现同时发言的情形，这称为冲突。一旦发生冲突，就立刻停止发言，等一段时间再发言；如果冲突了多次，就暂时放弃发言。上述过程可以简要地叙述为：讲前先听，忙则等待，无声则讲，边讲边听，冲突即停，后退重传。与此相仿，CSMA/CD 就是以下 4 种类型。

（1）多路访问（Multiple Access，MA）。相当于多人讨论。

（2）载波侦听（Carrier Sense，CS）。每个站点在发送数据前，检测信道上有没有脉冲信号，即有没有别的站点在发送数据；没有检测到脉冲信号再发送，否则避让一段时间再继续监听。相当于"讲前先听，忙则等待，无声则讲，边讲边听"。

（3）冲突检测（Collision Detection，CD）。在发送数据的过程中，还要继续监听，目的是发现冲突。一旦发现冲突，立即停止发送，并发出一串阻塞信号，使其他站点也立即停止发送，以便尽快恢复信道，然后避让一段时间再开始监听信道。相当于"冲突即停，后退重传"。

（4）如果 CS 和 CD 过程进行了多次，都没有发送成功，就需要暂时放弃发送。相当于"多次无效，放弃发送"。

图 5.37 所示为 CSMA/CD 的基本工作流程。图中，n_r 是已经检测到的碰撞次数，每检测到一次碰撞，n_r 增 1；n_{max} 是设定的最大碰撞次数。

2. IEEE 802.11 的 MAC 层协议

从原则上讲，IEEE 802.11 的 MAC 层协议与有线局域网的 MAC 协议并无本质上的区别。在图 5.38 中给出了 IEEE 802.11 的 MAC 层结构，称为 DFWMAC（分布式基础无线网MAC）。它可以为本地链路控制层提供竞争服务和无竞争服务。

1）竞争服务

在有竞争的情况下，WLAN 像以太网一样，用载波侦听的方法将访问介质的决定发布到每个结点。但是，由于在无线局域网上信号的动态范围很广，发送站难于有效地识别是噪声还是自己发送的信号，因而要检测冲突不现实，无法沿用原有的 CSMA/CD，而是采用了带有冲突避免的载波多路侦听协议 CSMA/CA（Collision Avoidance）作为 MAC 层的协议。

CSMA/CA 并不能完全避免冲突，但可以减少碰撞几率。如图 5.39 所示，CSMA/CA 的访问规则如下。

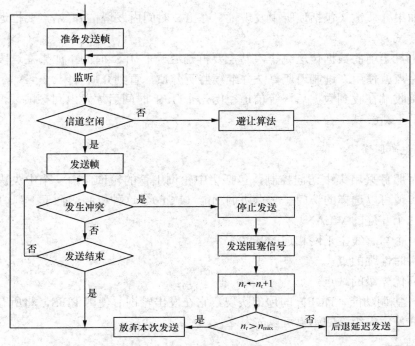

图 5.37 CSMA/CD 的基本工作流程

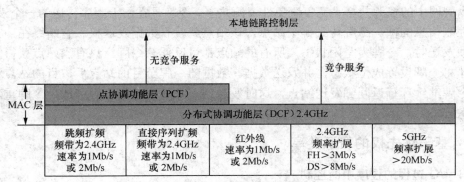

图 5.38 IEEE 802.11 的结构

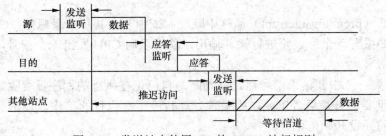

图 5.39 发送站点使用 IFS 的 CSMA 访问规则

（1）任何一个站点在发送数据之前，要先监听载波，确认信道空闲时，发送探询帧，仅当信道空闲一个 IFS（帧间隙）的时间后仍然空闲，才发送数据。

（2）如果介质忙（包括侦听中发现忙、在 IFS 时间内发现忙），站点要推迟一个随机时间后重新尝试。

（3）一旦当前的数据传送完毕，站点要再延迟一个 IFS 时间；如果在这段时间内介质仍然忙，站点就使用二进制退避算法并继续监听介质，直到介质空闲。

（4）接收端在收到数据后，等信道空闲一个 IFS 时间后才发出回答帧，否则推迟一个随机时间后重新尝试。

2）无竞争服务

无竞争服务采用集中访问控制，包括集中轮询主管的轮询，由一个中央决策者协调访问请求，实现可以选择的访问——点协调功能（PCF）。这种机制适合于下列情形。

（1）几个互连的 WLAN。

（2）一个与有线主干网相连的基站。

（3）实时性强的点。

（4）高优先级的站点。

PCF 在协调功能（DCF）的顶部实现，它在发出轮询时使用 PIFS，将所有异步帧都排除在外，并使优先级高的站点可以先发送。

3. 令牌网

令牌网中的资源共享是竞争避免性资源共享。令牌是在网上顺序传送的一个没有数据、只有控制信息的帧。令牌传到哪个站点，该站点就就有数据发送权。它始终在环上传输，当无帧发送时，令牌为空闲状态，所有的站点都可以俘获令牌，只有当站点获得空闲令牌后，才将令牌设置成忙状态，并发送数据。数据随令牌至目的站点后，目的站点将数据复制，令牌继续环行返回到发送站点，这时发送站点才将俘获的令牌释放，令牌重新成为空闲状态。

5.5.2 基于优先权的资源共享

1. I/O 过程的程序中断控制

1）中断的基本思想

程序中断（program interrupt）简称中断控制或中断，其基本思想是，CPU 在执行某一个程序时，如果有一个外设要进行输入输出，就可以向 CPU 发出一个信号，这个信号就称为中断请求信号。

CPU 收到一个中断请求信号后，就判断是自己正在执行的程序重要呢？还是这台外设的输入输出重要。若是后者重要，则妥善处理暂停正在执行的工作，发出一个中断允许信号，让请求的外设开始工作。

图 5.40 所示为以对打印控制为例，介绍中断控制的基本过程。每台打印机（外设）都设有自己的缓冲寄存器，CPU 用访问指令启动打印机，并将要打印的数据传送到打印机的数据缓冲寄存器；然后，CPU 可以继续执行原来的其他程序，打印机开始打印这批数据。

这批数据打印完成后，打印机向 CPU 发出中断请求，CPU 接到中断请求后对打印机进行中断服务，如再送出一批打印数据等，然后又继续执行原来的程序。

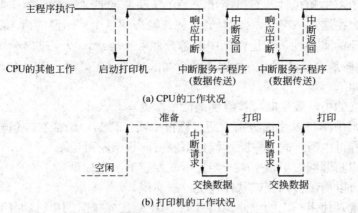

(a) CPU的工作状况

(b) 打印机的工作状况

图 5.40　CPU 对打印机的中断服务

显然，中断控制允许 CPU 与外设在大部分时间并行地工作，只有少部分时间用于互相交换信息（打印机打印一行字需几毫秒到几十毫秒，而中断处理是微秒级的）。从宏观上看，CPU 与打印机主要是并行工作。当有多个中断源时，CPU 可纵观全局，根据外部事件的轻重缓急进行权衡安排一个优先队列，掌握 I/O 的主动权，使计算机的效率大大提高。随着计算机技术的发展，中断技术进而用于程序错误或硬设备故障的处理、人-机联系、多道程序、分时操作、实时处理、目标程序与操作系统间的联系、多处理机系统中各处理机间的联系等。

2）中断过程

图 5.41 描述了中断的一般过程。在这个过程中，最核心的工作是让 CPU 从执行当前的程序转向执行相应的中断服务程序，中断服务程序执行完后，再接着执行原来被中断的程序。为了做到这一点，就需要进行如下 3 方面的工作。

（1）在程序计数器中装入中断服务程序的入口地址。

（2）保存程序中断时执行到哪条指令、接着应当执行哪条指令——称为断点，以及中断时各寄存器的内容——称为现场。

（3）在两个程序的转换过程中不允许响应新的中断——称为关中断，以免造成混乱。当转换完成后，还要允许响应更高级别的中断——称为开中断。

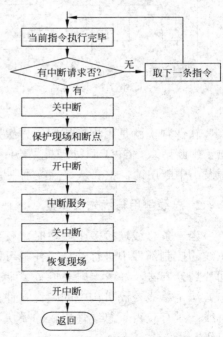

图 5.41　中断处理的一般流程

3）中断排队与中断判优

由于中断请求的随机性，有可能出现多个中断源同时（一个指令周期内）发出中断请求的情况。那么在这种情况下，CPU 究竟应该响应哪一个中断源的请求呢？这就需要根据中断源工作性质的重要性、紧迫性把中断源分成若干等级，以便排出一个处理顺序（称为中断排队），让最紧迫、最重要、处理速度较高的事件优先处理。CPU 处理中断排队，即中断判优的原则如下。

（1）不同级的中断发生时，按级别高低依次处理。

（2）高级别中断可以使低级别中断过程再中断，称为中断嵌套。但较低级中断不能使较高级中断过程再中断；同级中断过程也不能被同级中断再中断。

（3）同级中断源同时申请中断时，按事先约定的次序处理。

这些原则可以用硬件判优或软件判优方法实现。

硬件判优就是使用一定的电路，图 5.42 为中断优先排队的串行和并行两种电路。这样的电路执行时，可以让优先级较高的设备提出中断请求后，就自动封锁优先级别较低的设备的中断请求。图中假设优先级别从左高到右低的顺序排列。并行优先排队电路适合于 CPU 有多个中断请求触发器的情形，串行优先排队电路适合于 CPU 中只有一个中断请求触发器的情形。它们的基本原理都是让高级别的中断屏蔽低级别的中断。

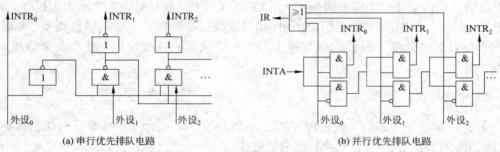

(a) 串行优先排队电路   (b) 并行优先排队电路

图 5.42　两种中断排队电路

软件判优就是用程序按照优先级别顺序从高到低地检测每一个中断源，询问它是否发出了中断请求。CPU 只处理最先检测到的中断。采用这种方法，若是只有最低级别的中断源发出中断申请，也要从最高级别中断测试起，直到最后才能确认，所以效率较低。

2. 总线争用与优先权仲裁

当一条总线连接多个模块时，就会发生模块间争用总线而引起的冲突。在这时就要在总线的控制部件中进行仲裁。仲裁可以采用的方法有静态方法和动态方法。静态方法是时间片划分方法，好像一周上了 6 门课，而每门课只能按照课程表在规定的时间段内上。动态方法是总线控制机构中的判优和仲裁逻辑将按一定的判优原则，来决定由哪个模块使用总线。只有获得了总线使用权的模块，才能开始传送数据，即仲裁的基本原则就是优先权等级。

仲裁由仲裁控制器控制。按照仲裁控制器的分布，可以分为集中控制和分布式控制两大类。

1）集中控制的优先权仲裁

集中控制的优先权仲裁方式有 3 种：链式查询、计数器定时查询和独立请求。下面介绍这 3 种方式。

（1）链式查询方式。链式查询方式如图 5.43 所示。它靠 3 条控制线进行控制：BS（忙）、BR（总线请求）和 BG（总线同意）。它的主要特征是将总线允许信号 BG 串行地从一个部件（I/O 接口）送到下一个部件，若 BG 到达的部件无总线请求，则继续下传，直到到达有总线请求的部件为止。这意味着该部件获得了总线使用权。

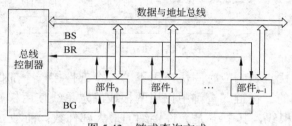

图 5.43　链式查询方式

显然，在查询链中离总线控制器最近的部件具有最高优先权，离总线控制器越远，优先权越低。链式查询通过接口的优先权排队电路实现。

（2）计数器定时查询方式。该方式采用一个计数器控制总线的使用权，其工作原理如图 5.44 所示。它仍用一根请求线，当总线控制器接到总线请求信号以后，若总线不忙（BS线为 0），则计数器开始计数，并把计数值通过一组地址线发向各部件。当地址线上的计数值与请求使用总线设备的地址一致时，该设备获得总线使用权，置忙线 BS 为 1。同时中止计数器的计数及查询工作。

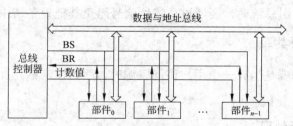

图 5.44　计数器定时查询方式

计数器每次可以从 0 开始计数，也可以从中止点开始。如果从 0 开始，各部件的优先次序与链式查询法相同，优先级的顺序是固定的。如果从中止点开始，则每个设备使用总线的优先级相等，这对于用终端控制器来控制各个显示终端设备是非常合适的。因为，终端显示属于同一类设备，应该具有相等的总线使用权。计数器的初值也可用程序设置，以方便地改变优先次序。当然这种灵活性是以增加控制线数为代价的。

（3）独立请求方式。独立请求方式原理如图 5.45 所示。在独立请求方式中，每一个共享总线的部件均有一对总线请求线 BR_i 和总线允许线 BG_i。当该部件要使用总线时，便发出请求信号，在总线控制部件中排队。总线控制器可根据一定的优先次序决定首先响应哪个部件的总线请求，以便向该部件发出总线的响应信号 BG_i。该部件接到此信号就获得了总线的使用权，开始传送数据。

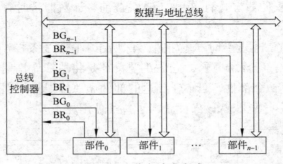

图 5.45 独立请求方式

独立请求方式的优点是响应时间快，用不着一个部件接一个部件地查询，然而这是以增加控制线数为代价的。在链式查询中仅用两根线确定总线使用权属于哪个部件；在计数查询中大致用 $\log_2 n$ 根线，其中 n 是允许接纳的最大部件数；而独立请求方式需要采用 $2n$ 根线。

2）分布控制的优先权仲裁

分布式优先权仲裁有如下特点。
（1）将所有设备都具有预先分配的仲裁号。
（2）仲裁器分布在各设备上。
（3）任何时刻，每个设备都可以发出总线使用请求。
（4）同时有两个以上设备发出总线使用请求时，高优先级别的设备赢得裁决。
（5）一个设备使用总线时，要通过总线忙信号阻止其他设备请求。

5.5.3 封锁性资源共享

封锁性资源共享就是当有一个用户访问资源时，就封锁，不允许冲击当前的资源访问，以免造成混乱。

1. 数据库的事务处理

在数据库操作中，事务（transaction）指必须作为一个整体进行处理的一组语句，即一个事务中的语句，要么一起成功，要么一起失败，如果只成功一部分，则可能造成数据完整性和一致性的破坏。例如，银行要从 A 账户转出 1000 元到 B 账户，可以有如下操作过程。
语句 1：将账户 A 中的金额减去 1000 元。
语句 2：将账户 B 中的金额增加 1000 元。
假如语句 1 执行成功后，语句 2 执行失败，就会导致 1000 元不知去向，数据的一致性被破坏。当然，也可以用另外一种语句序列。

语句 1：将账户 B 中的金额增加 1000 元。

语句 2：将账户 A 中的金额减去 1000 元。

这时，若语句或语句 1 执行成功后，语句 2 执行失败，则银行将会亏损 1000 元。

因此，上述两个语句应当作为一个事务。总之，事务是 SQL 的单个逻辑工作单元。作为事务，应当作为一个整体执行，遇到错误，可以回滚事务，取消事务中的所有改变，以保持数据库的一致性和可恢复性。

2. 数据库加锁

数据库是一个多用户使用的共享资源。当多个用户并发地存取数据时，在数据库中就会产生多个事务同时存取同一数据的情况。若对并发操作不加控制就可能会读取和存储不正确的数据，破坏数据库的一致性。

加锁是实现数据库并发控制的一个非常重要的技术。当事务在对某个数据对象进行操作前，先向系统发出请求，对其加锁。加锁后事务就对该数据对象有了一定的控制，在该事务释放锁之前，其他的事务不能对此数据对象进行更新操作。

3. 防火墙

防火墙（firewall）也称为防护墙，是一种位于内部网络与外部网络之间的信息安全的防护系统，可以依照特定的规则，允许或是限制传输的数据通过。防火墙由 Check Point 创立者 Gil Shwed 于 1993 年发明并引入国际互联网。具体地说，防火墙具有如下功能。

（1）防火墙能强化安全策略。

（2）防火墙能有效地记录 Internet 上的活动。

（3）防火墙限制暴露用户点。防火墙能够用来隔开网络中一个网段与另一个网段。这样，能够防止影响一个网段的问题通过整个网络传播。

（4）防火墙是一个安全策略的检查站。所有进出的信息都必须通过防火墙，防火墙便成为安全问题的检查点，可以在 IP 层、TCP/UDP 层以及应用层对有关数据从地址、端口以及内容上，按照设定的规则进行过滤，使可疑的访问被拒绝于门外。

防火墙指由相关软件和硬件设备组合而成，采用了多项安全技术，主要的技术有以下几种。

1）包过滤技术

包过滤是防火墙最早使用的一种技术，它的第一代模型工作在 OSI 模型中的网络层（Network Layer），进行基于 IP 地址的包过滤，称为"静态包过滤"（Static Packet Filtering）；后来扩展到传输层（Transport Layer），进行基于端口的包过滤，称为"动态包过滤"（Dynamic Packet Filtering）。

简而言之，包过滤技术工作的地方就是各种基于 TCP/IP 的数据报文进出的通道，它把这两层作为数据监控的对象，对每个数据包的头部、协议、地址、端口、类型等信息进行分析，并与预先设定好的防火墙过滤规则（Filtering Rule）进行核对，一旦发现某个包的某个或多个部分与过滤规则匹配并且条件为"阻止"的时候，这个包就会被丢弃。

基于包过滤技术的防火墙，其缺点是很显著的：它得以进行正常工作的一切依据都在于过滤规则的实施，但是偏又不能满足建立精细规则的要求（规则数量和防火墙性能成反比），而且它只能工作于网络层和运输层，并不能判断高级协议里的数据是否有害，但是由于它廉价，容易实现，所以它依然服役在各种领域，在技术人员频繁的设置下为人们工作着。

2）应用代理技术

应用代理（Application Proxy）技术配置代理服务器作为一个为用户保密或者突破访问限制的数据转发通道，在网络上应用广泛。一个完整的代理设备包含一个服务端和客户端，服务端接收来自用户的请求，调用自身的客户端模拟一个基于用户请求的连接到目标服务器，再把目标服务器返回的数据转发给用户，完成一次代理工作过程。那么，如果在一台代理设备的服务端和客户端之间连接一个过滤措施呢？这样的思想便造就了"应用代理"防火墙，这种防火墙实际上就是一台小型的带有数据检测过滤功能的透明代理服务器（Transparent Proxy），但是它并不是单纯地在一个代理设备中嵌入包过滤技术，而是一种被称为"应用协议分析"（Application Protocol Analysis）的新技术。管理员可以配置防火墙实现一个身份验证和连接时限的功能，进一步防止内部网络信息泄露的隐患。由于代理防火墙采取的是代理机制进行工作，内外部网络之间的通信都需先经过代理服务器审核，通过后再由代理服务器连接，根本没有给分隔在内外部网络两边的计算机直接会话的机会，可以避免入侵者使用"数据驱动"攻击方式（一种能通过包过滤技术防火墙规则的数据报文，但是当它进入计算机处理后，却变成能够修改系统设置和用户数据的恶意代码）渗透内部网络，可以说，"应用代理"是比包过滤技术更完善的防火墙技术。

但是，由于它是基于代理技术的，通过防火墙的每个连接都必须建立在为之创建的代理程序进程上，而代理进程自身是要消耗一定时间的，更何况代理进程里还有一套复杂的协议分析机制在同时工作，因此数据在通过代理防火墙时就不可避免地发生数据迟滞现象。当数据交换频繁的时刻，代理防火墙就成了整个网络的瓶颈，而且一旦防火墙的硬件配置支撑不住高强度的数据流量而发生罢工，整个网络可能就会因此瘫痪了。

3）状态检测技术

"状态监视"（Stateful Inspection）是继"包过滤"技术和"应用代理"技术后发展的防火墙技术。这种防火墙技术在保留了对每个数据包的头部、协议、地址、端口、类型等信息进行分析的基础上，进一步发展了"会话过滤"（Session Filtering）功能，在每个连接建立时，防火墙会为这个连接构造一个会话状态，里面包含了这个连接数据包的所有信息，以后这个连接都基于这个状态信息进行，这种检测的高明之处是能对每个数据包的内容进行监视，一旦建立了一个会话状态，则此后的数据传输都要以此会话状态作为依据，例如，一个连接的数据包源端口是 8000，那么在以后的数据传输过程里防火墙都会审核这个包的源端口还是不是 8000，否则这个数据包就被拦截，而且会话状态的保留是有时间限制的，在超时的范围内如果没有再进行数据传输，这个会话状态就会被丢弃。状态监视可以对包内容进行分析，从而摆脱了传统防火墙仅局限于几个包头部信息的检测弱点，而且这种防火墙不必开放过多端口，进一步杜绝了可能因为开放端口过多而带来的安全隐患。

但是由于实现技术复杂，在实际应用中还不能做到真正的完全有效的数据安全检测，而且在一般的计算机硬件系统上很难设计出基于此技术的完善防御措施（市面上大部分软件防火墙使用的其实只是包过滤技术加上一点其他新特性而已）。

5.6 并 行 计 算

5.6.1 并行性及其等级

广义地讲，并行性包含同时性（simultaneity）和并发性（concurrency）两个方面。前者是指两个或多个事件在同一时刻发生。后者是指两个或多个事件在同一时间间隔内发生。简单地说，在同一时刻或同一时间间隔内完成两种或两种以上性质相同或不相同的功能，只要时间上互相重叠，就存在并行性。

计算机并行处理可以按照处理对象（数据）和处理操作（程序执行）两个角度分为数据并行性和操作并行性。每一种并行性都有粒度与高低之分。

1. 数据并行性

数据并行性的粒度分为字和位两种。并行性可以在字粒度上进行，也可以在位粒度上进行。于是就可以达到表 5.6 所示的 4 种数据并行性。表中假定每个字长 4 位，分别为 0000 和 1111。

表 5.6 4 种数据并行性

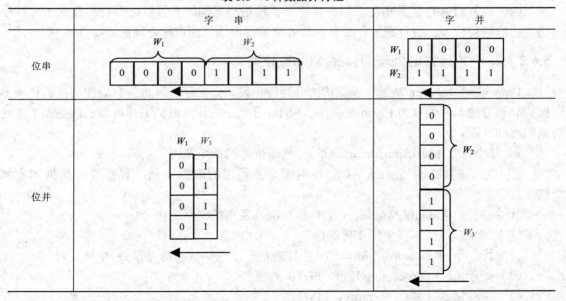

这 4 种数据并行性的等级从低到高依次为：字串位串、字串位并、字并位串、字并位并（全并）。

2. 操作并行性

操作并行性的粒度按照操作代码块的大小划分为如图 5.46 所示的进程级、线程级、循环级和指令级。

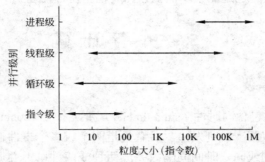

图 5.46　操作并行性的粒度与级别

（1）指令级并行性发生在指令内部的微操作之间和指令之间，是一种细粒度的操作并行性。流水线、超标量、超长指令字等都是在设法增强指令级的并行性，也可借助优化编译器予以提高程序执行的指令级并行性。

（2）循环级并行性是指处于不同循环层次的不同循环体之间的并行性。其粒度就是循环程序块的大小，一般在几百条指令之内。循环级并行性是并行处理器和向量处理器上运行的最优程序结构，并由编译器予以优化。

（3）线程级并行性是指一个应用程序的不同线程之间的并行性。整个应用程序就是它的颗粒度。线程调度、并发多线程、多核等就是要设法增强线程之间的并行性。

（4）进程级并行性是指在多程序环境下不同进程之间的并行性。并行执行的多个程序就是它的颗粒粒度。进程调度、并行系统等就是要设法增强进程之间的并行性。

5.6.2　基于并行性的处理器体系 Flynn 分类

1966 年 M. J. Flynn 从处理器架构的并行性出发，提出了一种按信息处理特征的处理器架构分类方法，人们称为 Flynn 分类法。Flynn 分类法把计算机的工作过程看成是如下 3 种流的运动过程。

① 指令流（Instruction Stream，IS）：机器执行的指令序列。

② 数据流（Data Stream，DS）：由指令流调用的数据序列（包括输入数据和中间结果）。

③ 控制流（Control Stream，CS）：由控制器发出的一系列信号。

这 3 种流涉及计算机中的 3 种部件。

（1）控制单元（Control Unit，CU）：控制部件，包括状态寄存器 + 中断逻辑。

（2）处理单元（Processing Unit，PU）：处理部件。

（3）主存储器（Main Memory，MM）。

为了对计算机进行分类，Flynn 引入了多倍性（Multiplicity）的概念。多倍性是在系统结构的流程瓶颈上同时执行的指令或数据的最大可能个数。按指令流和数据流分别具有的多倍性，Flynn 将计算机系统分为图 5.47 所示的 4 种。

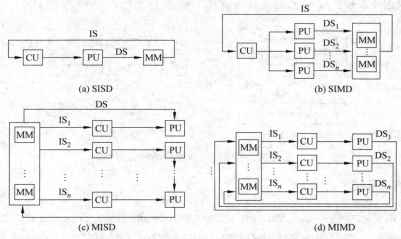

图 5.47 Flynn 分类法的 4 种计算机类型

1. SISD 系统

单指令流单数据流（Single Instruction Stream Single Data Stream，SISD）系统是传统的顺序处理计算机，通常由一个处理器和一个存储器组成。它通过执行单一的指令流对单一的数据流进行处理，即指令按顺序读取，指令部件一次只对一条指令进行译码，并只对一个操作部件分配数据。

2. SIMD 系统

典型的单指令流多数据流（Single Instruction Stream Multiple Data Stream，SIMD）系统由一个控制器、多个处理器、多个存储模块和一个互联网络组成。互联网络用来在各处理器和各存储模块间进行通信，由控制器向各个处理器"发布"指令，所有被"激活的"处理器在同一时刻执行同一条指令，这就是单指令流。但在每台流动的处理器执行这条指令时所用的数据是从它本身的存储器模块中读取的，所以各处理器加工的数据是不同的，这就是多数据流。

3. MIMD 系统

典型的多指令流多数据流（Multiple Instruction Stream Multiple Data Stream，MIMD）系统由多台独立的处理机（包含处理器和控制器）、多个存储模块和一个互联网络组成；每个处理机执行自己的指令（多指令流），操作数据也是各取各的（多数据流）。这是一种全面并行的计算机系统。MIMD 的互联网络可以安排在两个不同级别——系统-系统级（见图 5.48（a））和处理机-存储器接口级（见图 5.48（b））上。系统-系统级 MIMD 系统的特点是各台处理机都有自己的存储器，各处理器之间的依赖程度低，互联网络仅仅用来进行处理机间的通信，称为松耦合多处理机系统，一般多计算机系统就是指这种系统。处理机-存储器接口级上的 MIMD 的特点是各台处理机共享公用的存储器，存储器可以由多个模块组成，互联网络用来在处理机和存储器之间传送信息，各处理器之间的依赖程度高，称为紧耦合多处理机系统，通常说的多处理系统一般就是指这一类型的系统。

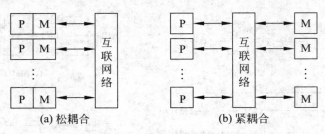

图 5.48　多处理器系统的两种典型结构

4．MISD 系统

关于多指令流单数据流（Multiple Instruction Stream Single Data Stream，MISD）系统的界定，众说不一，有的认为根本就不存在 MISD 系统；有的把流水线处理机划分在这一类。但也有的把流水线处理机称为 SIMD 系统一类。

5.6.3　并行性开发的基本思想

并行性的开发主要从时间重叠、资源重复、资源共享 3 个方面展开。

1．时间重叠

时间重叠就是对一套设备进行合理分割，使其不同的部分能完成同一项任务的不同操作；也使多个处理过程在时间上相互错开，轮流、重叠地使用同一套硬件设备的各个部分，形成不同操作的流水线。这样，就可以在这套设备中同时执行多项任务，使不同的任务同时位于流水线上不同的操作部位，形成多个任务的流水作业，提高硬件的利用率而赢得高速度，获得较高的性能价格比。

流水线是通过时间重叠技术实现并行处理来"挖掘内部潜力"，其技术特点是各部件的专用性。设备的发展形成专用部件（如流水线中的各功能站）——专用处理机（如通道、数组处理机等）、专用计算机系统（如工作站、客户机等）等 3 个层次。沿着这条路线形成的多处理机系统的特点是非对称型（asymmetrical）或称异构型多处理机。它们由多个不同类型、至少担负不同功能的处理机组成，按照程序要求的顺序，对多个进程进行加工，各自实现规定的操作功能，并且这些进程的加工在时间上是重叠的。从处理的任务上看，流水线分为指令级流水线和任务级流水线。

2．资源重复

资源重复是通过重复地设置硬件资源以大幅度提高计算机系统的性能，是一种"以多取胜"的方法。它的初级阶段是多存储体和多操作部件，目的在于把一个程序分成许多任务（过程），分给不同的部件去执行。这些部件在发展中功能不断增强，独立性不断提高，发展成为 3 个层次。

（1）在多个部件中的并行处理。

（2）在多台处理机中的并行处理——紧耦合多处理机系统。

（3）在多台自治的计算机系统中的并行处理——松耦合多处理机系统。

沿着这条路线形成的多处理机系统的特点是对称型或称同构型多处理机。它们由多个同类型的，至少同等功能的处理机组成，同时处理同一程序中能并行执行的多个任务。

3. 资源共享

资源共享是多个用户之间可以共同使用同一资源（硬件、软件、数据），以提高计算机设备的利用率。计算机网络就是这一技术路线的产物。它通过计算机与通信技术的融合，实现信息资源共享。

以上 3 条路线并不是孤立的。现代科学技术已经打破了学科、专业、领域的界限，在计算机不同技术之间也在不断渗透、借鉴、融合，把并行技术推向更高的水平。

5.7 计算机支持的协同工作

5.7.1 计算机支持的协同工作概述

计算机支持的协同工作（Computer Supported Cooperative Work，CSCW）是 1984 年 MIT 的爱琳·格雷夫（Irene Greif）和 DEC 的保罗·卡什曼（Paul Cashman）提出的一个概念，并以此为题展开了如何用计算机支持交叉学科的人员共同工作的研究。

此后，更多的人加入到了这一领域，并先后引入了群体工作（group work）和群件（group ware）两个术语。由于这些研究一开始是针对人群的，所以，他们的"群体"主要指社会群体——人类群体，而群件主要指考虑社会群体过程的、以计算机为基础的系统（Computer-based system plus the social group processes）。而在软件界，有人也用"群件"称呼那些研制支持群体工作的软件。

关于 CSCW 的概念也是在不断发展的。

曾有人将 CSCW 比作一把大伞，"在其下面可以讨论计算机系统设计和应用的各个方面。"

也有人认为，"CSCW 应当致力于研究协同工作的本质和特征，并以此为基础设计具有足够的计算机技术支持的协同工作的信息系统。"作者非常赞同这一观点。

2000 年，清华大学史美林教授领导的团队则把 CSCW 定义为：CSCW 就是"地域分散的一个群体借助计算机及其网络技术，共同协调与协作来完成一项任务。……通过建立协同工作的环境，改善人们信息交流的方式，提高群体工作的质量和效率。"

5.7.2 CSCW 的类型

1．按照群体成员之间的协同工作有无共同的时间进度划分

（1）同步方式：群体各成员按照严格的时间进度协作。
（2）异步方式：群体各成员按照不严格的时间进度协作。

2．按照群体成员的地理分布划分

（1）同地协作。
（2）异地或远程协作。

3．按照群体规模划分

（1）两人协作。
（2）多人协作。

4．按使用的基本工具和环境分类

有信报系统（message system）（主要指电子邮件系统）、电子布告栏、会议系统、协同写作和讨论系统、工作流和群件等。

5．按照应用分类

按照应用，可以分为协同设计、远程医疗、远程教育、协同决策、协同军事、协同政务、协同商务等。

5.8 物 联 网

简单地说，WWW 是一种将广泛连接信息资源的网络，而物联网（Internet of Things）则是一种实现物与物、人与物信息交流的庞大网络。2005 年 11 月 17 日，在突尼斯举行的信息社会世界峰会（WSIS）上，国际电信联盟（ITU）发布了《ITU 互联网报告 2005：物联网》，正式提出了"物联网"的概念。报告指出，无所不在的"物联网"通信时代即将来临，世界上所有的物体从轮胎到牙刷、从房屋到纸巾都可以通过因特网主动进行交换。射频识别技术（RFID）、传感器技术、纳米技术、智能嵌入技术将到更加广泛的应用。

5.8.1 物联网的技术架构

根据物联网的概念，由于要赋予万物以可感知，并且要联网。所以从技术架构上，物联网可分为三层：感知层、网络层和应用层，如图 5.49 所示。

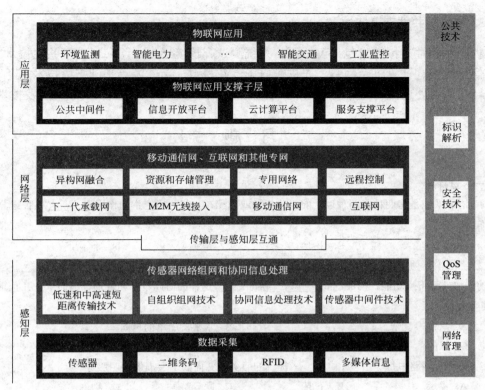

图 5.49　物联网的三层技术框架

5.8.2　物联网公共技术

公共技术不属于物联网技术的某个特定层面，而是与物联网技术架构的三层都有关系，它主要包括如下 3 个方面的技术。

1. 物联网架构技术

物联网架构技术主要解决：如何构架端到端的分布式开放架构，解决异构系统的互操作性；构建非中心控制的自治架构；边缘结点移动智能架构；云计算架构技术，事件驱动架构，掉线和同步操作；支持语义互操作的体系架构；事件驱动的体系结构；以及支持有效缓存、信息同步和分布式信息融合的体系结构。

2. 物联网安全和隐私技术

物联网安全和隐私技术主要包括要解决下列问题的技术：完整性——保证信息和数据是不可伪造和篡改的；真实性——采集到的信息和数据应反映实际情况；机密性——传输的信息和数据对于他方是机密的；隐私性——保证信息和数据不泄露给他方；可用性——整个系统应该稳定可靠。

3. 物联网共性支撑技术

物联网共性支撑技术包括可编程、系统测试、情境感知、隐私保护等共性技术，以及现代信息通信、计算机及网络、先进微电子、新材料、新能源等基础支撑技术等。重点是低功耗的通用处理器和超低功耗的嵌入式微控制器，面向应用的嵌入式系统开发技术。

习 题 5

一、选择题

1. 协同效应是指两种或两种以上的组分相加或调配在一起，所产生的作用_____各种组分单独应用时作用的总和。

    A. 大于　　　　　　　　B. 小于　　　　　　　　C. 等于　　　　　　　　D. 不等于

2. 在层次型协同结构中，每一层都提供一组功能且这些功能层内相互协作，形成_____型协同；上层功能依赖于下层功能，形成层间_____协同关系。这样的协同设计和管理都很简单，并且具有较高的稳定性。

    A. 紧密，复杂　　　　　　　　　　　　B. 紧密，简单的单向

    C. 双向，单向　　　　　　　　　　　　D. 简单，紧密

3. 计算机网路中每一层使用_____提供的服务，并向其上层提供透明服务。

    A. 上层　　　　　　　B. 下层　　　　　　　C. 同等层　　　　　　D. 物理层

4. 计算机网路中不同结点的对等层之间，按照_____实现通信。

    A. 节拍　　　　　　　B. 服务要求　　　　　C. 控制信号　　　　　D. 协议

5. 关于 TCP/IP 网络模型，下列描述中正确的是_____。

    A. TCP/IP 模型是按照严谨的层次划分设计出来的

    B. TCP/IP 模型是由 TCP 和 IP 两个协议组成的网络模型

    C. TCP/IP 模型是不严谨的网络层次模型

    D. TCP/IP 模型当初是为了传输信件而研发的

6. IPv6 地址长度为_____b。

    A. 32　　　　　　　　B. 64　　　　　　　　C. 128　　　　　　　　D. 256

7. CPU 发出存储器读信号的前提是_____。

    A. 已经送出地址信号　　　　　　　　B. 已经送出片选信号

    C. A、B 都已发出　　　　　　　　　　D. A、B 都不需要

8. CSMA/CD 协议中的 CD 指的是_____。

    A. Change Directory　　　　　　　　B. Compact Disc

    C. Crossdress　　　　　　　　　　　　D. Collision Detection

9. CSMA/CA 协议中的 CA 指的是_____。

    A. Collision Avoidance　　　　　　　　B. Computing Associates

    C. Certificate Authority　　　　　　　　D. Chauvin Arnoux

10. 下列关于防火墙的叙述中，错误的是_____。

A. 防火墙能强化网络安全策略　　　　B. 防火墙能有效地记录 Internet 上的活动

C. 防火墙能够用来进行网段隔离　　　D. 防火墙能防止服务器遭受火灾

二、填空题

1. 计算机网路中同一结点内相邻层之间通过_____通信。

2. OSI/RM 是一个_____层结构，其_____划作通信子网，_____划作资源子网，_____层则是一个承上启下的层次。

3. 数据库的三级模式是_____模式、_____模式和_____模式。

4. _____和_____是 URI 的两个子集。

5. 数据的完整性认证是为了防止_____攻击、_____攻击和_____攻击。

6. 代理服务器采用_____工作模式。

7. 程序中断控制的基本过程是：I/O 设备需要传送数据时向_____发出请求；CPU 允许时，会暂停正在执行的程序进行 I/O 处理，处理之后再接着执行先前的程序。

8. 在数据库操作中，_____指必须作为一个整体进行处理的一组语句。

三、判断题

1. 人类的所有发明和创造，都是为了某种目标，限制人与外界的某种或某些协同关系。　（　　　）

2. 计算机网路中各结点都有相同的层次。　　　　　　　　　　　　　　　　　　　（　　　）

3. 计算机网路中不同结点的同等层分别具有不同的功能。　　　　　　　　　　　　（　　　）

4. 计算机网路中同一结点内相邻层之间通过协议通信。　　　　　　　　　　　　　（　　　）

5. 代理服务器采用客户机/服务器工作模式。　　　　　　　　　　　　　　　　　　（　　　）

6. 中断控制允许 CPU 与外设在大部分时间串行地工作。　　　　　　　　　　　　　（　　　）

7. 非对称密钥体制的特点是同时生成两个不同的密钥：其中一个用于加密数据，另一个用于解密。

（　　　）

8. 实施 DNS 欺骗的基本思路是让 DNS 服务器的缓存中存有错误的 IP 地址。　　　（　　　）

四、综合题

1. 搜集有关法定标准和事实标准的实例。

2. 搜集关于计算机网络的定义，对于这些定义分别予以评价，选择你认为最合理的一种或两种定义。

3. 搜集不同著作中关于计算机网络功能的描述，分析这些描述之间的异同。

4. 在计算机网络中，结点有几种不同的类型？试比较中继结点、交换结点和路由结点上传输方式的不同以及使用设备的不同。

5. 计算机网络中采用报文分组有什么好处？

6. 试述信道的传输速率、带宽和容量三者之间的关系。

7. 分析比较电路交换、报文交换和分组交换之间的优缺点。

8. 讨论链路、物理信道与逻辑信道之间的区别与联系。

9. 对一个 4kHz 的无噪声信道每 0.1ms 采样一次，可以得到的最大传输速率是多少？

10. 简述协议和服务之间的区别与联系。

11. 试述流量控制的策略。

12. 简述滑动窗口协议的工作原理。

参考文献 5

[1] 张基温. 计算机组成原理教程[M]. 7 版. 北京：清华大学出版社，2017.

[2] 张基温. 计算机网络原理[M]. 2 版. 北京：高等教育出版社，2006.

[3] 张基温. 大学生信息素养知识教程[M]. 南京：南京大学出版社，2007.

[4] 史美林，向勇，杨光信，等. 计算机支持的协同工作理论与应用[M]. 北京：电子工业出版社，2000.

[5] 张基温. 协同与服务——网络经济的两个基本概念[J]. 科技情报开发与经济，2003（1）.

[6] 张基温. 电子商务中的若干经济学问题[J]. 江南大学学报（社会科学版），2004（2）.

[7] 张基温，等. 工作流柔性模型定义方法[J]. 计算机工程与设计，2005（3）.

[8] 张基温，等. 基于移动代理的分布式拒绝服务攻击防御模型[J]. 计算机应用，2006（7）.

[9] 张基温. 服务——人类社会第四核心资源[J]. 江南大学学报（社会科学版），2007（6）.

[10] 张基温. 信息系统安全教程[M]. 2 版. 北京：清华大学出版社，2015.

第6章　计算虚拟化

6.1　计算虚拟化概述

6.1.1　虚拟化：模式与优势

1. 虚拟化的概念

虚拟化（virtualization）是一个广义的词汇，在日常生活中常常被理解为凭空的想象。在 IT 领域，虚拟化则是把有限的固定资源根据不同需求进行重新规划，以实现资源的动态分配、灵活调度、跨域共享、提高效率，服务于各种灵活多变的需求。例如：

（1）通过虚拟化，可以扩大硬件的容量，简化软件的重新配置过程。

（2）通过虚拟化，可以用单 CPU 模拟多 CPU 并行。

（3）通过虚拟化，允许一个平台同时运行多个操作系统，并且应用程序都可以在相互独立的空间内运行而互不影响等。

关于虚拟化技术有很多定义，下面是几种典型的定义。

Jonathan Eunice，Illuminata Inc：虚拟化是以某种用户和应用程序都可以很容易从中获益的方式来表示计算机资源的过程，而不是根据这些资源的实现、地理位置或物理包装的专有方式来表示它们。换句话说，它为数据、计算能力、存储资源以及其他资源提供了一个逻辑视图，而不是物理视图。

Wikipedia：虚拟化是表示计算机资源的逻辑组（或子集）的过程，这样就可以用从原始配置中获益的方式访问它们。这种资源的新虚拟视图并不受实现、地理位置或底层资源的物理配置的限制。

虚拟化，对一组类似资源提供一个通用的抽象接口集，从而隐藏属性和操作之间的差异，并允许通过一种通用的方式来查看并维护资源。——Open Grid Services Architecture Glossary of Terms。

本书认为，虚拟化就是通过映射、抽象、集成、整合、分解等方式，在系统资源的物理实现与逻辑功能界面之间增加一个管理层面，以屏蔽系统的复杂性，激活并挖掘资源的潜能，使资源的提供和服务更透明、更有效、更强大。这里，增加一个管理层面是思路；映射、抽象、集成、整合、分解是手段；屏蔽系统的复杂性，激活并挖掘资源的潜能是目标；更透明、更有效、更强大是表现。

2. 虚拟化模式

虚拟化是一种资源管理技术，是将计算机的各种实体资源，如服务器、网络、内存及存储等，予以抽象、转换后呈现出来，打破实体结构间的不可切割的障碍，使用户可以比原本的组态更好的方式来应用这些资源。这些资源的新虚拟部分不受现有资源的架设方式、地域或物理组态的限制。一般所指的虚拟化资源包括计算能力和资料存储。

简单地说，虚拟计算就是在物理资源与逻辑表现相分离的基础上，实现虚实协同、物理与逻辑协同，具体表现为如下 3 种模式。

（1）"一虚多"。"一虚多"就是将一个物力资源虚拟成多个逻辑资源，即将一个物理资源分割成多个相互独立、互不干扰的虚拟环境。

（2）"多虚一"。"多虚一"就是将多个独立的物理资源虚拟为一个逻辑服务器，使多个物理资源相互协作，服务于同一个业务。

（3）"多虚多"。"多虚多"就是将多个物理资源虚拟成一个逻辑资源，然后再将其划分为多个虚拟环境，即多个业务运行处理在多个逻辑资源上。

3．虚拟化优势

虚拟化技术的特点可以给客户带来如下好处。

（1）降低管理成本。虚拟可通过以下途径提高工作人员的效率。

① 减少必须进行管理的物理资源的数量；隐藏物理资源的部分复杂性。

② 通过实现自动化、获得更好的信息和实现中央管理来简化公共管理任务，实现负载管理自动化。

③ 支持在多个平台上使用公共的工具。

（2）提高使用灵活性。通过虚拟化可实现动态的资源部署和重配置，满足不断变化的业务需求。

（3）提高安全性。虚拟化可实现较简单的共享机制无法实现的隔离和划分，这些特性可实现对数据和服务进行可控和安全的访问。

（4）更高的可用性。虚拟化可在不影响用户的情况下对物理资源进行删除、升级或改变。

（5）更高的可扩展性。根据不同的产品，资源分区和汇聚可支持实现比个体物理资源小得多或大得多的虚拟资源，这意味着可以在不改变物理资源配置的情况下进行规模调整。

（6）更好的互操作性和投资保护。虚拟资源可提供底层物理资源无法提供的与各种接口和协议的兼容性。

（7）改进资源维护。虚拟化能够以更小的单位进行资源分配。与物理资源相比，虚拟资源因其不存在硬件和操作系统方面的问题而能够在出现崩溃后更快地恢复。

6.1.2　计算虚拟化：特点与部署

1．计算虚拟化及其特点

计算虚拟化就是让计算在虚拟的逻辑界面上运行，而不是直接在物理的资源上运行。例如，它所使用的存储系统是虚拟的大容量、高速度的存储体系；它所使用的 CPU 是单 CPU模拟的多 CPU；它所使用的平台可以运行多个操作系统，并且应用程序都可以在相互独立的空间内运行而互不影响；它所使用的网络是虚拟网络；⋯⋯

计算虚拟化要求具备如下特点。

（1）保真性（fidelity）：应用系统程序在虚拟机上执行，除了时间因素外（会比物理硬件上执行慢一点），将表现为与在物理硬件上相同的执行行为。

（2）高性能（performance）：在虚拟环境中应用程序绝大多数指令在虚拟机管理器不受干预的情况下，直接在物理硬件上执行。

（3）安全性（safety）：物理硬件由虚拟机管理器全权管理，被虚拟出来的执行环境的程序（包括操作系统）不直接访问物理硬件。

2．计算虚拟化的部署

在计算中，虚拟化可以部署在任何地方，但主要在如下 4 个位置。

（1）针对计算机和操作系统的虚拟化：虚拟机中运行的操作系统称为客户机操作系统（Guest OS），运行虚拟机监控器的操作系统称为主机操作系统（Host OS），当然某些虚拟机监控器可以脱离操作系统直接运行在硬件之上（如 VMware 的 ESX 产品）。运行虚拟机的真实系统称为主机系统。

（2）平台虚拟化（Platform Virtualization）。这种技术也称为 Hypervisor。如图 6.1 所示，Hypervisor 是一种运行在基础物理服务器和操作系统之间的中间软件层，可允许多个操作系统和应用共享硬件，包括磁盘和内存在内的所有物理设备。Hypervisor 不但协调着这些硬件资源的访问，也同时在各个虚拟机之间施加防护。当服务器启动并执行 Hypervisor 时，它会加载所有虚拟机客户端的操作系统，同时通过使用控制程序（Control Program），分配给每一台虚拟机适量的内存、CPU、网络和磁盘。所以 Hypervisor 也被看作一种在虚拟环境中的"元"操作系统，或被称为虚拟机监视器（Virtual Machine Monitor，VMM），即它能隐藏特定计算平台的实际物理特性，为用户提供抽象的、统一的、模拟的计算环境（称为虚拟机）。

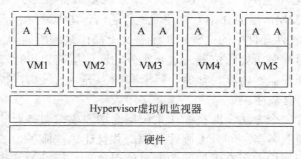

图 6.1 Hypervisor

（3）资源虚拟化（Resource Virtualization）：针对特定的系统资源的虚拟化，例如内存、存储、网络资源等。

（4）应用程序虚拟化（Application Virtualization）：包括仿真、模拟、解释技术等。

6.1.3 计算虚拟化的解决方案与实现技术

计算虚拟化的解决方案不外乎基于软件和硬件两个方向，形成硬件、软件和软硬件结合的 3 种方案。

1. 硬件方案

虚拟化技术（virtualization）和硬件分区（partition）技术是紧密结合在一起的。后面介绍的虚拟存储器、流水线等都是硬件分区技术的应用。硬件分区不仅应用在部件虚拟化上，还使用在提升大型主机利用率方面。例如在金融、科学等领域，大型 UNIX 服务器通常价值数千万元乃至上亿元，但是实际使用中多个部门却不能很好地共享其计算能力，常导致需要计算的部门无法获得计算能力，而不需要大量计算能力的部门占有了过多的资源。这个时候分区技术出现了，它可以将一台大型服务器分割成若干分区，分别提供给生产部门、测试部门、研发部门以及其他部门。后来，硬件虚拟化主要表现在 CPU 的虚拟化方面。在这方面，两大 CPU 巨头 Intel 和 AMD 都想方设法在虚拟化领域中占得先机。

2. 软件方案

在图 5.1 所示的 6 层计算机体系结构中可以看出，上三层是通过软件实现的，这就是一种软件方案。这种方案是基于操作系统的。在操作系统中利用多种虚拟技术，分别用来实现虚拟处理机、虚拟内存、虚拟外部设备和虚拟信道等。这里，仅仅是用操作系统虚拟了计算机的组成部件，而最新的虚拟化技术已经发展到了操作系统虚拟化。其特点是一个单一的结点运行着唯一的操作系统实例，通过在这个系统上加装虚拟化平台，可以将系统划分成多个独立隔离的容器，每个容器是一个虚拟的操作系统，被称为虚拟环境（Virtual Environment，VE），也被称为虚拟专用服务器（Virtual Private Server，VPS）。

在操作系统虚拟化技术中，每个结点上只有唯一的系统内核，不虚拟任何硬件设备。所以是一种纯软件虚拟化技术。这与以前的用操作系统虚拟化有关部件有很大不同。此外，多个虚拟环境以模板的方式共享一个文件系统，性能得以大幅度提升。

在纯软件虚拟化环境中，面向客户的操作系统多数需要通过虚拟机监视器（Virtual Machine Monitor，VMM，后面介绍）与硬件进行通信，由 VMM 决定其对系统上所有虚拟机的访问。VMM 在软件套件中的位置是传统意义上操作系统所处的位置，而操作系统的位置是传统意义上应用程序所处的位置。这一额外的通信层需要进行二进制转换，以通过提供到物理资源（如处理器、内存、存储、显卡和网卡等）的接口，模拟硬件环境。这种转换必然会增加系统的复杂性。

实现虚拟化还有一个方法，即在操作系统层面增添虚拟服务器的功能。主机操作系统本身负责在多个虚拟服务器之间分配硬件资源，并且让这些服务器彼此独立。这种方案灵活性比较差。但由于架构在所有虚拟服务器上使用单一、标准的操作系统，管理起来比异构环境要容易。

3. 软硬件结合方案

虚拟化技术是一套解决方案，不管哪种方案都离不开硬件的支持与协同，只是程度不同而已。所谓纯软件方案，也离不开硬件协同，只是硬件的支持关系较弱而已。所谓软硬结合，指硬件对于软件虚拟化的支持较强一些，包括需要 CPU、主板芯片组和 BIOS 的支持。例如，CPU 的虚拟化技术是一种硬件方案，支持虚拟技术的 CPU 带有特别优化过的指令集来控制虚拟过程，通过这些指令集，VMM 会很容易提高性能，相比软件的虚拟实现方式会很大程度上提高性能。

6.2 CPU 虚拟化

CPU 虚拟化技术可以使单 CPU 模拟多 CPU 并行，允许一个平台同时运行多个操作系统，并且应用程序都可以在相互独立的空间内运行而互不影响，以显著提高计算机的工作效率。

6.2.1 指令重叠与流水

指令重叠与流水是通过分区技术使一个物理的处理器可以当作多个逻辑的处理器使用。

1. 指令重叠

由 5.3.1 节已知：一个程序的执行过程是一条一条地执行程序中各条指令的过程，图 6.2（a）描画了这个取一条指令—分析该指令—执行该指令—取下一条指令—分析该指令—执行该指令……的过程。但是这样的串行方式的效率太低，CPU 的利用率不高。因为一条指令处于取指令阶段时，指令分析部件和指令执行部件都处于空闲状态，不能利用；而该指令处于分析指令阶段时，指令执行部件和取指令部件又处于空闲；同理当该指令处于执行指令阶段时，指令分析部件和取指令部件也是处于空闲状态。于是人们自然会想到，如果一条指令已进入分析阶段，是否就可以开始取下一条指令呢？而当先前的指令处于执行阶段时，后取的那条指令又进入分析阶段，又可以取出一条指令。这样，在 CPU 中可以同时有 3 条指令在运行，程序的执行速度会大大加快，这就是如图 6.2（b）所示的指令重叠执行。

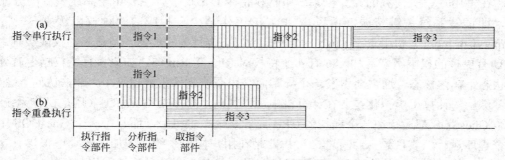

图 6.2　指令的串行执行和重叠执行

2. 指令流水

指令流水技术是指令重叠技术的发展，例如，可以进一步将一个指令过程分为图 6.3 所示的 7 步：取指令—指令译码—形成地址—取操作数—执行指令—回写结果—修改指令指针。假如每一步需要一个时钟周期，就会形成 7 条指令像流水一样，CPU 每隔一个时钟周期就会吃进一条指令、吐出一条指令。

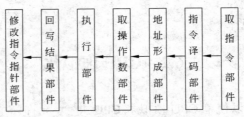

图 6.3 指令流水线结构框图

考虑一般的情况：设一条流水线由 k 个时间步（功能段）组成，每个时间步的长度为 $\triangle t$。对 n 条指令顺序执行时所需的时间为 $n \times k \times \triangle t$，而流水作业时所需时间为 $k \times \triangle t + (n-1) \triangle t = (k+n-1) \times \triangle t$，吞吐量提高了 $n \times k/(k+n-1)$。显然，k 值越大，流水线吞吐量提高得越高。图 6.4 为 $k=2$ 时的情况。

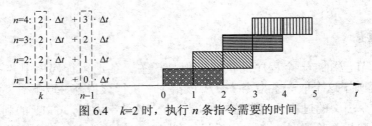

图 6.4　$k=2$ 时，执行 n 条指令需要的时间

6.2.2　VMM 技术

图 6.5 为一个传统系统（traditional system）的模型。从组成部件的角度看，它由硬件（Hardware）、操作系统（OS）和应用（Applications）部分组成。从处理权限上看，指令系统中除了一般编程需要的指令——用户指令外，至少需要另外一种指令——特权指令。特权指令是一些敏感指令，只用于操作系统或其他系统软件，一般不直接提供给用户编程使用。在多用户、多任务的计算机系统中特权指令必不可少，主要用于系统资源的分配和管理，即读写系统关键资源。所以，CPU 的工作至少有相应的两种权限级别——特权态（supervisor mode）和用户态（user mode），特权态也称为核心态，是最高的权限级别。有的 CPU 有更多的权限级别，如 x86 有 4 个特权级 Ring 0~Ring 3。如果执行特权指令时处理器的状态不在内核态，通常会引发一个异常而交由系统软件来处理这个"非法访问"（陷入）。

深层的计算机虚拟化是要在计算机中可以同时运行多个 Guest OS（用户操作系统），每一个 Guest OS 都运行在一个虚拟的 CPU 或者是虚拟主机上，而且每一个 Guest OS 中都有多个程序运行。实现这一目标的一种思路是在用户操作系统之间加入一个虚拟层。这个虚拟层由纯软件组成，其作用是将下层资源封装，抽象为另一种形式的资源提供给上层使用：可以将一份资源抽象为多份，也可以将多份资源抽象成一份（通常为前者），从而使计算机元件运行在虚拟的——逻辑的基础资源上，摆脱物理资源的限制。通常把实现这一功能的软件称为虚拟机监视器（Virtual Machine Monitor，VMM）。图 6.6 为引入了 VMM 之后的系统结构——形成一种虚拟机（Virtual Machine，VM）模型。在这个模型中，操作系统分为两部分。

（1）Host OS——真实的操作系统。

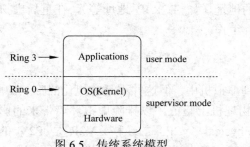

图 6.5 传统系统模型

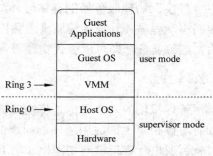

图 6.6 VMM 虚拟机模型

（2）Guest OS——虚拟的操作系统。

显然，Guest OS 运行在用户态上，当执行到特权指令时，会陷入 VMM 模拟执行。

VMM 插入在 Host OS 和 Guest OS 之间，是一种纯软件的虚拟化技术。由于 Guest OS 会有多个，并且 VMM 建立在 Host OS 之上，这样就能把原来的物理资源（如处理器、内存、存储、显卡和网卡等）虚拟化为多个逻辑资源，使每个 Guest OS 都有了一份适合的逻辑资源。

VMM 对物理资源的虚拟可以分为 3 个部分：CPU 虚拟化、内存虚拟化和 I/O 设备虚拟化。其中以 CPU 的虚拟化最为关键。

经典的虚拟化方法就是使用"特权解除"和"陷入-模拟"的方式，即将运行在非特权级，而将 VMM 运行于最高特权级（完全控制系统资源）。解除了 Guest OS 的特权级后，Guest OS 的大部分指令仍可以在硬件上直接运行，只有执行到特权指令时，才会陷入 VMM 模拟执行（陷入-模拟）。"陷入-模拟"的本质是保证可能影响 VMM 正确运行的指令由 VMM 模拟执行，大部分的非敏感指令还是照常运行。

6.2.3 迁移技术

虚拟机迁移技术是服务器虚拟化的一种便捷方法。迁移技术使得用户可以用一台服务器来同时替代以前的许多台服务器，这样就节省了用户大量的机房空间。另外，虚拟机中的服务器有着统一的"虚拟硬件资源"，不像以前的服务器有着许多不同的硬件资源（如主板芯片组不同，网卡不同，硬盘、RAID 卡、显卡不同）。迁移后的服务器，不仅可以在一个统一的界面中进行管理，还可以当这些服务器因故停机时，通过某些虚拟机软件，自动切换到网络中其他相同的虚拟服务器中，达到不中断业务的目的。总之，迁移的优势在于简化系统维护管理，提高系统负载均衡，增强系统错误容忍度和优化系统电源管理。当前流行的虚拟化工具如 VMware、Xen、HyperV、KVM 都提供了各自的迁移组件。

在具体开发上，具体的迁移软件还会采用如下一些不同的方案。

1．P2V

物理机到虚拟机（Physical-to-Virtual，P2V）迁移指迁移物理服务器上的操作系统及其上的应用软件和数据到 VMM 管理的虚拟服务器中。这种迁移方式，主要是使用各种工具软件，把物理服务器上的系统状态和数据"镜像"到 VMM 提供的虚拟机中，并且在虚拟机中"替换"物理服务器的存储硬件与网卡驱动程序。这样，只要在虚拟服务器中安装好相应的驱动程序并且设置与原来服务器相同的地址（如 TCP/IP 地址等），在重启虚拟服务器后，虚拟服务器即可以替代物理服务器进行工作。

2. V2P

尽管虚拟化的基本目标是将物理机整合到虚拟机中，但这并不是虚拟化的唯一的应用。例如有时虚拟机上的应用程序的问题需要在物理机上验证，以排除虚拟环境带来的影响。这时就需要进行虚拟机到物理机（Virtual-to-Physical，V2P）的迁移。V2P 是 P2V 的逆操作，是把一个操作系统、应用程序和数据从一个虚拟机中迁移到物理机的主硬盘上，并且可以同时迁移虚拟机系统到一台或多台物理机上。

3. V2V

虚拟机到虚拟机（Virtual-to-Virtual，V2V）迁移是把虚拟机（主要指操作系统和数据等）从一个物理机上的 VMM 迁移到另一个物理机的 VMM，这两个 VMM 的类型可以相同，也可以不同。

6.3 I/O 虚拟化

6.3.1 I/O 虚拟化思路

对于服务器而言，很重要的一个组成部分就是 I/O，CPU 的计算能力提升虽然可以更快地处理数据，但前提是数据能够顺畅地到达 CPU。因此，无论是存储，还是网络，以及图形卡、内存等，I/O 能力都是企业级架构的一个重要部分。为此，在虚拟化技术中，随着整体处理器资源的利用效率的提升，对数据 I/O 也提出了更高的要求。

I/O 作为 Guest OS 的资源，也由虚拟机管理器所提供 I/O 虚拟化来支持处理来自各客户机的 I/O 请求。当前的虚拟化技术采用下列方式来处理 I/O 虚拟化。

1. 虚拟化技术模拟 I/O 设备

采用这个模型，VMM 对客户机模拟一个 I/O 设备，通过完全模拟设备的功能，客户机可以使用对应的真实驱动程序。这个方式可以提供完美的兼容性（而不管这个设备事实上存不存在），但是显然这种模拟会影响性能。

2. 虚拟化技术额外软件界面

这个模型相当于 I/O 模拟，这时 VMM 软件将提供一系列直通的设备接口给虚拟机，因而提升了虚拟化效率。

I/O 虚拟化的关键在于解决 I/O 设备与虚拟机数据交换的问题，而这部分主要相关的是 DMA（直接内存存取）和 IRQ（中断请求），只要解决好这两个方面的隔离、保护以及性能问题，就是成功的 I/O 虚拟化。

通常，采用模拟方式或软件接口方式时，I/O 设备都很容易成为瓶颈。为此 Intel 开发了 Intel VT-D（Intel Virtualization Technology for Directed I/O，直接 I/O 虚拟化技术）。Intel VT-D 通过在北桥中内置提供 DMA 虚拟化和 IRQ 虚拟化硬件，能够在虚拟环境中大大地提升 I/O 的可靠性、灵活性与性能。

在此基础上，VT -D 还采用了 DMA 重新映射（DMA Remapping）技术，实现了 DMA 虚拟化，使多个 DMA 保护区域可以同时存在。同时，VT-D 还采用中断重映射（interrupt-remapping）技术实现了中断隔离，并采用硬件缓冲、地址翻译等措施，实现了北桥芯片级别的 I/O 设备虚拟化。

3. 直接 I/O 设备分配

这个模型是直接分配物理 I/O 设备给虚拟机，使虚拟机内部的驱动程序直接和硬件设备直接通信，从而使 I/O 只需要经过少量或者不经过 VMM 的管理，几乎完全消除了在 VMM 中运行驱动程序的需求。不过，为了系统的健壮性，需要硬件的虚拟化支持，以隔离和保护硬件资源只给指定的虚拟机使用，硬件同时还需要具备多个 I/O 容器分区来同时为多个虚拟机服务。

4. I/O 设备共享

这个模型是 I/O 分配模型的一个扩展，使每个接口可以单独分配给一个虚拟机，可以提供非常高的虚拟化性能表现。

运用 VT-D 技术，虚拟机得以使用直接 I/O 设备分配方式或者 I/O 设备共享方式来代替传统的设备模拟/额外设备接口方式，从而大大提升了虚拟化的 I/O 性能。

6.3.2 基于 VMM 的 I/O 虚拟化

VMM 通过 I/O 虚拟化来复用有限的外设资源，其通过截获 Guest OS 对 I/O 设备的访问请求，然后通过软件模拟真实的硬件，其 I/O 设备的虚拟化方式主要有如下 3 种。

1. 设备接口完全模拟

设备接口完全模拟，即软件精确模拟与物理设备完全一样的接口，使 Guest OS 驱动无须修改就能驱动这个虚拟设备。其优点是没有额外的硬件开销，可重用现有驱动程序。缺点是为完成一次操作要涉及多个寄存器的操作，使得 VMM 要截获每个寄存器访问并进行相应的模拟，导致多次上下文切换，性能较低。

2. 前端/后端模拟

前端/后端模拟，即以 Guest OS 中的驱动程序为前端（Front-End，FE），再由 VMM 提供一个简化的驱动程序，称为后端（Back-End）。如图 6.7 所示，前端驱动将来自其他模块的请求通过与 Guest OS 间的特殊通信机制直接发送给 Guest OS 的后端驱动，后端驱动在处理完请求后再发回通知给前端。其优点是由于基于事务的通信机制，能在很大程度上减少上下文切换开销，没有额外的硬件开销；缺点是需要 VMM 实现前端驱动，后端驱动可能成为瓶颈。

3. 直接划分

如图 6.8 所示，直接将物理设备分配给某个 Guest OS，由 Guest OS 直接访问 I/O 设备（不经过 VMM）。

图 6.7　前端/后端模拟　　　　　　　　　　　　　　图 6.8　直接划分

6.3.3　虚拟现实、增强现实与现实虚拟

1. 虚拟现实技术

1）虚拟现实及其特征

虚拟现实（Virtual Reality，VR）也称为灵境技术或人工环境，是利用计算机模拟产生一个三度空间的虚拟世界，而让人有一种身临其境的感觉。

关于虚拟现实技术的基本特征，美国科学家 Burdea 和 Philippe Coiffet 曾在 1993 年世界电子年会上发表的 *Virtual Reality Systems and Applications* 一文中将之概括为 3I：Interactivity（交互性）、Immersion（沉浸感）和 Imagination（想象力）。

（1）交互性。虚拟现实系统具有极为友好的交互界面，可以与人以自然方式进行交互，例如，人可以用声音以及眼球和肢体动作自然地发出请求，而系统可以用人习惯的自然语言、光线、触度等进行反馈。

（2）沉浸感。沉浸感又称为临场感，指用户感受到作为主角存在于虚拟环境中的真实程度，被认为是 VR 系统的性能尺度。虚拟现实技术根据人类的视觉、听觉的生理或心理特点，由计算机产生逼真的三维立体图像。用户戴上头盔显示器和数据手套等交互设备，便可将自己置身于虚拟环境中，使自己由观察者变为参与者，成为虚拟环境中的一员。一般来说，沉浸感可以来自多感知性（multi-sensory）和自主性（autonomy）。

人在这样的环境中所感知到的不是只有屏幕和音响所发出的视觉和听觉感知，而是多种感知，即除了一般计算机所具有的视觉感知和听觉感知外。还有力觉感知、触觉感知、运动感知，甚至包括味觉感知、嗅觉感知等。并且这样众多的组合是有机的、综合的。这样的感知理想的虚拟现实应该具有人所具有的多种感知功能。

自主性是指虚拟环境中物体依据物理定律做出动作的程度，它要求作为环境的虚拟物体在独立活动、相互作用或与用户交互作用中，与人的接收器官动态配合，与用户的生活经验一致，以达到身临其境的感觉。

（3）想象力。想象力指在虚拟环境中，用户可以根据所获取的多种信息和自身在系统中的行为，通过联想、推理和逻辑判断等思维过程，随着系统的运行状态变化对系统运动的未来进展进行想象，以获取更多的感知，认识复杂系统深层次的运动机理和规律性。

2） 虚拟现实设备

一个计算机 VR 系统，可以分解为 3 个独立的、但又相互联系的感觉引导子系统：视觉子系统、听觉子系统和触觉／动觉子系统。这 3 个子系统由虚拟环境产生器进行控制、协调，如图 6.9 所示。

（1）虚拟环境产生器。虚拟环境产生器实质上是一个包括虚拟世界数据库的高性能计算机系统。该数据库包含了虚拟环境中对象的描述以及对象的运动、行为及碰撞作用等性质的描述。虚拟环境产生器的另一作用是生成图像。这些图像的生成必须在最短的时间延迟内考虑参与者头部的位置和方向。虚拟环境产生器内的任何通信延迟都必将表现为视觉的滞后。如果这种滞后可以感知，在某种条件下就会使参与者产生晕眩的感觉。

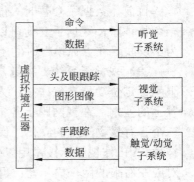

图 6.9　VR 系统的一般组成

（2）触觉/动觉子系统。为了增强虚拟环境中身临其境的感觉，必须给参与者提供一些诸如触觉等方面的生理反馈。触觉反馈是指 VR 系统必须提供所能接触到的物体的触觉刺激，如物体表面纹理甚至包括触摸的感觉等。参与者感觉到物体的表面纹理等时，同时也感觉到运动阻力。当然，毫无疑问 VR 系统中的触觉/动觉反馈是很难实现的。一旦实现，将极大地增强虚拟存在的感受。目前触觉/动觉系统中一个重要的部分是手跟踪和手势跟踪。它的一个已经实用化的设备是数据手套（data glove），如图 6.10 所示。

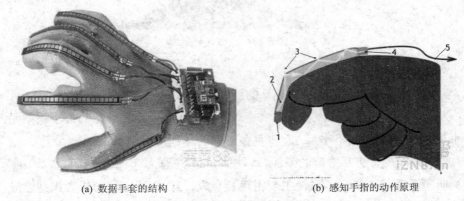

(a) 数据手套的结构　　　　　　　　　　　(b) 感知手指的动作原理

图 6.10　数据手套

数据手套的机理主要依靠纤细的光导纤维和光线的直线传播特性。它选用非常适合于屈伸的材料制成。对每一个指头都有一根光纤从手腕出发，经指尖绕回再到手腕处的光纤；一端装有光信号源（LED），另一端装有测量光通量的光传感器件。在指关节处光纤表面切有微小的豁口，当手指弯曲时豁口裂开有光通量漏掉。当人戴上手套后手指伸直时，由于光线的直线传播几乎能获得 100% 的输出光量，一旦手指弯曲则光量随弯曲程度而衰减。这种光量的变化，在控制器里由模/数变换器转换成数字量，向主计算机传送，进行计算、解释。

目前，数据手套暂时只能输入手势语言信息，当人情不自禁地去"触摸"或"抓放"一个物体时，数据手套便可以把这些手势信息转入（反馈）到虚拟环境产生器中。当然，为了反映手在"抓摸"时的用力情况，还应有压力反馈。

（3）视觉子系统。视觉是人类用于接收信息的主要器官。人类的视觉，是一个具有双眼坐标定位功能自然序列：人的两只眼睛同时看到周围世界的同一个窗口，但由于两眼位置上的差别，在视网膜上各自生成略有差别的两个图像，这两个图像通过大脑，被综合成一个含有景物深度的立体图像。目前，VR技术中最重要的一项技术是大视场双眼体视显示技术。VR体视显示技术用以下两种方案解决这一问题：一种是用两套主机分别计算并驱动对应左右眼的两个显示器；另一种是用一套主机分时地为左右两眼产生相应的图像。目前，VR显示装置的主流是头盔式显示器。图6.11为一种头盔式显示器。

图6.11　头盔式显示器

对于VR显示系统有如下要求。

① 要能在显示屏上产生清晰、逼真的图像。

② 要求大视场。Kalawsky指出，一个VR显示系统中，视场角的最小极限是：视场水平角不小于110°，垂直角不小于60°，重叠影像的体视角不小于30°。

③ 要求是能进行头和眼部的跟踪，以根据人的注意力（视线）调整图像。

（4）听觉子系统。听觉子系统主要由声音合成、3D声音定域和语音识别组成，以给虚拟环境中的用户一个真实的声音环境。

声音合成是VR系统中十分重要的组成部件，用于发出人的听觉系统可以接收的语音和其他声响信号。

3D声音定域用于制造逼真的声音环境，即要使参与者能通过两耳因位置不同，所接收的声波的时差等，分辨出声源与自己的相对位置；当参与者在头部运动时，也能感觉这种声音保持在原处不变。参与者头部的方向对于正确地空间化声音信号是很重要的。所以，虚拟环境产生器要为声音定域装置提供头部的位置和方向信号。

语音识别子系统包括声纹识别（Voiceprint Recognition）和内容识别等。声纹识别也称为说话人识别（Speaker Recognition），分为两类，即说话人辨认（Speaker Identification）和说话人确认（Speaker Verification）。

2. 增强现实

增强现实（Augmented Reality，AR）技术就是把原本在现实世界的一定时间、空间范围内很难体验到的实体信息（视觉信息、声音、味道、触觉等），通过计算机等技术模拟仿真后再叠加，将虚拟的信息应用到真实世界，被人类感官所感知，从而达到超越现实的感官体验。也就是说，增强现实技术不但展现了真实世界的信息，而且将虚拟的信息同时显示出来。如图 6.12 所示，两种信息相互补充、合成、叠加、反应，呈现了在一般情况下、不同于人类可以感知的信息。

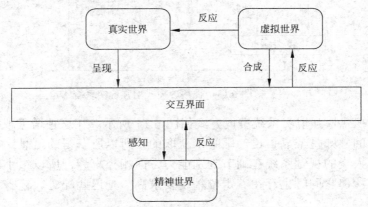

图 6.12　增强现实的概念结构

增强现实的产生得益于 20 世纪 60 年代以来计算机图形学技术的迅速发展，实际上计算机图形学领域的虚拟现实技术就是 AR 技术的前身。AR 技术不再仅仅局限于在视觉上对真实场景进行增强，实际上任何不能被人的感官所察觉但却能被机器（各种传感器）检测到的信息，通过转化，以人可以感觉到的方式（图像、声音、触觉和嗅觉等）叠加到人所处的真实场景中，都能起到对现实的增强作用。

由于增强现实在虚拟现实与真实世界之间的沟壑上架起了一座桥梁。所以，在军事、医学、机械、设计、娱乐等领域有良好的应用前景，正受到越来越广泛的重视。

增强现实系统的核心技术主要有显示技术、注册技术和交互技术。

1）增强现实的显示技术

视觉通道是人类与外部环境之间最重要的信息接口，人类从外界所获得的信息有近80%是通过眼睛得到的。所以增强现实系统中的头盔显示技术就十分关键。　目前普遍采用的透视式头盔显示器（Head-Mounted Displays，HMD），包括基于光学原理的穿透式 HMD

（Optical See-through HMD）和基于视频合成技术的穿透式 HMD（Video See-through HMD）。

如图 6.13 所示，视频透视式头盔显示器通过一对安装在用户头部的摄像机，摄取外部真实环境的物体，计算机通过计算处理，将所要添加的信息或图像信号叠加在摄像机的视频信号上。由于使用者看到的周围真实世界的场景是由摄像机摄取的。所以，图像经过计算机的处理，不产生虚拟物体在真实场景中的游移现象，并且图像显示会有迟滞现象，在处理过程中可能会丢失一些细节。

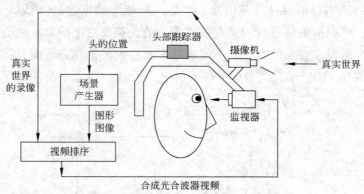

图 6.13　视频透视式增强现实系统

光学透视式增强现实系统实现方案如图 6.14 所示。在这种增强现实系统中，使用者对周围环境的感知是依靠自己的眼睛来获取的，所以所获得的信息比较可靠和全面，然而正是由于人类的视觉系统在细节判别能力方面相当卓越，所以很小的定位注册误差就会被注意到；但它同时也存在着定位精度要求高、延迟匹配难、视野相对较窄和价格高等不足。

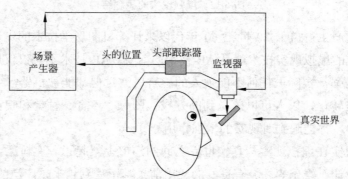

图 6.14　光学透视式增强现实系统

目前，Google 秘密实验室已经开发了一种新型智能型眼镜，该眼镜有一个前置摄影机，可以监测环境和覆盖信息的位置。眼镜将摄像机收集到的信息数据发送至云端后分享所在位置，便可实时搜索图像，同时还可以用于显示与画面相关的天气、位置、朋友、消费项目等信息。

2）增强现实的注册技术

为了达到增强现实虚实无缝融合，三维注册起着重要的作用。而三维跟踪注册精度是衡量 AR 系统性能、影响其实用性的关键指标。

注册误差可分成两大类：静态注册误差和动态注册误差。当用户的视点与真实环境中的物体均保持静止时，系统产生的误差称为静态注册误差。只有当用户的视点或环境中的物体发生相对运动时才会出现的误差称为动态注册误差。动态注册误差是造成增强现实系统注册误差的主要来源，也是限制增强现实系统实现广泛应用的主要因素。

目前增强现实的研究中主要采用以下两种三维注册方法。

（1）基于跟踪器（Tracing）的三维注册技术。常用的跟踪设备包括机电式跟踪器、电磁式跟踪器、声学跟踪器、光电跟踪器、惯性跟踪器和全球卫星定位系统等。

（2）基于视觉（Vision）的三维注册技术。基于视觉的三维注册技术是目前占主导地位的跟踪技术。主要通过给定的一幅图像来确定摄像机和 RE 中目标的相对位置和方向。

3）增强现实的交互技术

交互技术是增强现实中与显示技术和注册技术密切相关的技术，满足了人们在虚拟和现实世界自然交互的愿望。AR 中虚实物体交互的基本方式有视觉交互与物理交互。视觉交互包括虚实物体相互间的阴影、遮挡、各类反射、折射和颜色渗透等。物理交互包括虚实物体间运动学上的约束、碰撞检测和受外力影响产生的物理响应等。交互本身可以是单向或双向的。

3. 现实虚拟

快照是了解现实世界的一种快捷手段。为了帮助人们快速了解客观世界，可以从不同角度获取快照，它们是真实世界的映像。这些由一系列快照组成的、可以与用户互动的虚拟世界被称为现实虚拟。一种典型的现实虚拟就是通过 360° 的全景摄影技术或三维摄影技术，将现实场景原封不动地搬到计算机端或移动端，方便用户查看。图 6.15 为现实虚拟的概念结构。

表 6.1 为虚拟现实、增强现实与现实虚拟之间的比较。

表 6.1　虚拟现实、增强现实与现实虚拟之间的比较

比较内容	虚拟现实	增强现实	现实虚拟
系统构建	虚拟世界参照真实世界构建	虚拟世界叠加在真实世界上	虚拟世界是真实世界的快照
真实世界存在性	不存在	存在	不存在
输入信号	100%虚拟信号	大部分真实信号	虚拟信号
用户操控	仅仅沉浸，不可操控	可以操控真实世界	虚拟世界

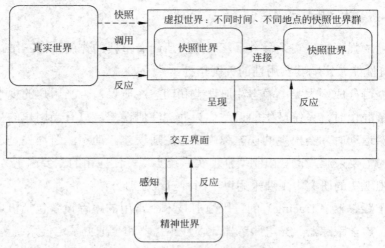

图 6.15　现实虚拟的概念结构

4. 混合现实与介导现实

混合现实技术（Mixed Reality，MR）是虚拟现实技术的进一步发展，该技术通过在虚拟环境中引入现实场景信息，在虚拟世界、现实世界和用户之间搭起一个交互反馈的信息回路，以增强用户体验的真实感。表 6.2 为虚拟现实、增强现实和混合现实之间的比较。

表 6.2　虚拟现实、增强现实和混合现实之间的比较

功 能 特 性	增强现实	混合现实	虚拟现实
为现实世界场景增添更多信息	是	是	
生成并渲染现实世界的全息影像		是	
将使用者的感官带入虚拟世界		是	是
完全"替代"现实世界场景			是

有人把 Mixed Reality 缩写为 MR。但是，可穿戴设备之父——加拿大多伦多大学教授 Steve Mann 把 MR 作为 Mediated Reality（介导现实）的缩写，而把混合现实（Mix Reality）作为一个阶段性的概念。Steve Mann 认为，智能硬件最后都会从增强现实技术逐步向混合现实技术过渡。混合现实和增强现实的区别在于混合现实通过一个摄像头让你看到裸眼都看不到的现实，增强现实只管叠加虚拟环境而不管现实本身。

从技术实现上来讲，增强现实采用的是光学透视技术，在人的眼球叠加虚拟图像，当叠加的虚拟图像将人眼与现实世界完全隔绝时就成了虚拟现实，因此虚拟现实是增强现实的一个子集。

从实现效果来看，混合现实可以完美实现虚拟现实、增强现实。虚拟现实、增强现实以及混合现实都是混合现实的子集。图 6.16 描述了虚拟现实、增强现实和混合现实之间的集合关系。

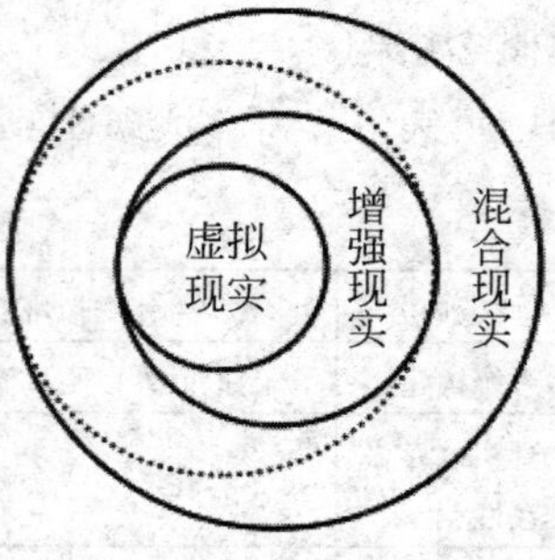

图 6.16　虚拟现实、增强现实和混合现实之间的集合关系

从概念上来说，混合现实与增强现实更为接近，都是一半现实一半虚拟影像。

从形式上看，虚拟现实是纯虚拟数字画面，包括增强现实在内的混合现实是"虚拟数字画面+裸眼现实"；混合现实则更高一层，可以理解为是"数字化现实+虚拟数字画面"，重新生成一个数字现实，现实中的任何物体不光可以叠加虚拟画面，还可以被削减变形产生极大地改变。

6.4　桌面虚拟化

6.4.1　桌面虚拟化及其发展

桌面虚拟化是指将计算机的终端系统虚拟化，以达到桌面使用的安全性和灵活性，可以通过任何设备，在任何地点、任何时间通过网络访问属于个人的桌面系统。

桌面虚拟化依赖于服务器虚拟化，在数据中心的服务器上进行服务器虚拟化，生成大量的独立的桌面操作系统（虚拟机或者虚拟桌面），同时根据专有的虚拟桌面协议发送给终端设备。用户终端通过以太网登录到虚拟主机上，只需要记住用户名和密码及网关信息，即可随时随地地通过网络访问自己的桌面系统，从而实现单机多用户。

要了解桌面虚拟化技术，就要了解桌面虚拟化的发展过程。下面比较简单地将桌面虚拟化技术分为以下几个阶段。

1. 远程桌面

在计算机出现不久，人们就有了朦胧的桌面虚拟化思想，其表现有以下形式。

（1）多任务、多用户的操作系统，如 Linux、UNIX 和 Windows 的服务器版本。

（2）远程桌面协议（Remote Desktop Protocol）和共享器。

这两种技术可以说是服务器虚拟化的延伸，实现了操作系统的安装环境与运行环境的分离。

2. 远程桌面与虚拟操作系统的结合

服务器虚拟化技术的成熟，以及服务器计算能力的增强，使得服务器可以提供多台桌面操作系统的计算能力，以当前 4 核双 CPU 的至强处理器 16GB 内存服务器举例，如果用户的 XP 系统分配 256MB 内存，平均一台服务器可以支撑 50～60 个桌面运行。显然，这种采购成本远远低于 50～60 台的桌面系统的采购成本，管理成本、安全因素还未被计算在内。服务器虚拟化技术的出现，使得桌面虚拟化技术的企业大规模应用成为可能。

但是，虚拟桌面的核心与关键是让用户能够通过各种手段，任何时间、任何地点，通过任何可联网设备都能够访问到自己的桌面。所以，这还需要远程访问的支持。

3. 进一步全方位拆分

为了提高可管理性，虚拟化技术进一步将桌面系统的运行环境与安装环境拆分、应用与桌面拆分、配置文件拆分，从而大大降低了管理的复杂度与成本，提高了管理效率。例如，若一个企业有 200 个用户，如果不进行拆分，IT 管理员需要管理 200 个镜像（包含其中安装的应用与配置文件）。而若进行了操作系统安装与应用拆分以及配置文件的拆分，应用不是安装在桌面，而是动态地组装在桌面上，则对 20 个应用，管理员只需要管理 20 个应用、一个文件服务器和一个镜像。管理复杂性大大下降。

6.4.2　桌面虚拟化技术构架

桌面虚拟化的技术架构有如下几种。

1．VDI 架构

VDI（Virtual Desktop Infrastructure，虚拟桌面基础架构）是基于早期的远程显示协议（Remote Display Protocol，RDP）和瘦客户机协议逐步演变而来的，它利用这两种协议，为整个桌面映像提供集中化的管理。

由于呈现在用户眼前的是一个图形化系统运行的显示结果，为此需要将这个显示结果视频帧压缩后传输到客户端后进行还原显示，这样就会大量占用服务器的资源和网络带宽。此外，在这种模式下，用户实际面对的是两个桌面：一个是自己本机的桌面；另一个是远端推送过来的虚拟桌面，虚拟桌面上的运算如果需要调用本机资源与外设，都需要通过本机的底层系统进行转发和映射。

2．VOI 架构

VOI（Virtual OS Infrastructure，虚拟操作系统基础架构）构架的结构如图 6.17 所示，它从桌面应用交付提升到了 OS 的标准化与即时分发，与 VDI 设计不同之处在于终端对本机系统资源的充分利用不再依靠于 GPU 虚拟化技术与 CPU 虚拟化技术，而是直接在 I/O 层实现对物理存储介质的数据重定向，以达到虚拟化的操作系统完全工作于本机物理硬件之上，从驱动程序、应用程序到各种设备均不存在远程端口映射关系，而是直接的内部寻址。

图 6.17　VOI 构架的结构

基于 VOI 的虚拟终端管理系统还采用了虚拟容器的概念，将终端客户机的存储介质由物理转为虚拟，从分散转为集中；通过 IVDP 技术将操作系统内核从客户机硬件驱动依赖中分离出来，实现系统应用的跨平台交付。无论本机采用什么样的硬件平台与本地系统，都可以由信息中心按需分发、统一部署。所以，大大提高了系统的效率。

3. OSV 架构

OSV（Operating System Virtualization，操作系统虚拟化）是基于 x86 标准计算机系统实现集中管理、控制、存储、维护的 PC 桌面虚拟化技术。OSV 与 VDI 方案最大的区别在于前者使用集中管理、分布运算机制，后者则是采用集中管理、集中计算机制。这种集中化管理，在保证本身运算速度和特性不变的前提下做到了计算环境 OS 和 AP 与 PC 硬件的完全脱离。这样，就可以在 OSV 控制台实行随需派发，而用户可以开机自行选择桌面环境，使得客户端具备了在任何时间、任何地点都有安全稳定的计算环境，同时实现了以 PC 为标准的 IT 基础架构的完全虚拟化、更加弹性和灵活，极大地增强了企业的竞争力，做到了 PC 应用的随需应变。

6.4.3 桌面虚拟化应用模式

随着桌面虚拟化市场的竞争，桌面虚拟化产品呈现出多种不同的应用模式。下面将它们归为 5 类进行介绍。

1. 远程托管桌面模式

远程托管桌面即终端服务器模式。这种模式工作时，允许多台终端使用客户端软件登录到服务器，使多用户之间共享应用程序、操作系统实例和磁盘空间等资源，在终端的显示器上则可获得服务器端用户的桌面图像，以及来回传送键盘和鼠标的输入信号。

这种方式的优点在于成本低，对数据和应用程序拥有很大的控制程度。主要缺点是某些应用程序无法在服务器上以共享的方式运行、显示协议不能处理复杂图形、性能取决于网络连接的质量、对网络性能有依赖、网络连接情况较差或中断则无法正常工作等。

采用这一模式的典型产品如下。

软件：思杰的 XenDesktop、Wyse ThinOS，微软公司的远程桌面服务、微软企业桌面虚拟化（MED-V），VMware View Manager。

硬件：Pano Logic Device、Remote、nComputing 瘦客户机、Wyse 瘦客户机、Sun Ray 超瘦客户机、Symbiont 网络终端、Rangee 瘦客户机等。

2. 远程虚拟桌面模式

人们几乎使用过的每一个 Web 应用其实就是一种远程虚拟应用。这种应用的特点是，最终用户的机器可能处理应用程序的一些简单逻辑或图形，并常常只需要打开显示器，向服务器发送鼠标点击、简单文字等，具体取决于应用程序的设计。不过对于 Web 来说，还需要一个网络浏览器和标准的 Web 协议（HTTP、HTTPS、SSL 等），以便创建保密的连接及传输图像和数据。

这种模式的优点在于 IT 部门无须控制最终用户的硬件或软件环境，然而这也可以称为缺点，因为 IT 部门无法控制用户的硬件或软件环境有时会影响使用性能和效果。当然，离线状态下也无法工作。

采用此种模式的软件产品主要有思杰 XenApps、微软远程桌面服务、VMware View 和

VMware ThinApps、云端软件平台、瑞友天翼、极通 EWEBS 等。

3. 远程托管专用模式

与网络应用或终端服务相比，这种模式为最终用户增强了功能。用户在服务器上使用的虚拟桌面不与其他的用户共享文件目录或应用程序，而是设置了一套独立的系统使该用户才能访问自己的虚拟桌面。虚拟机可以在服务器上运行，来与其他专用的虚拟机共享资源；也可以在刀片 PC 上独自运行。从而既可以远程托管，也可以流式传送。

1）远程托管专用虚拟桌面

此种模式的优点在于能够运行共享模式下无法顺利运行的应用程序，可以把每个用户的活动、存储全部分离开来，安全性和实用性更好。缺点在于耗用的资源要比共享桌面的方式多，同时性能仍然取决于网络连接的质量和显示协议处理图形的功能。要是连接中断，无法正常工作。

采用此种模式的软件产品主要有思杰 XenDesktop、Wyse ThinOS、VMware View、微软企业桌面虚拟化（MED-V）、达龙业务安全桌面系统。

2）流式传送模式

在此模式下，应用程序和操作系统都可以传送到客户机——根据用户需求，下载部分软件，然后在客户机上执行；使用的是客户机的处理功能，而不是本地存储功能。优点是可以利用本地客户机资源，所以常常能为用户提供更好的性能。缺点是需要功能更强大的客户机硬件，减弱了虚拟桌面的成本优势；若连接中断，便无法正常工作。

采用此种模式的软件产品主要有思杰 XenDesktop/XenApp/XenProvisioning、Wyse TCX、VMware View Manager/ThinApps/Composer 和微软虚拟桌面基础架构（VDI）套件。

4. 本地虚拟程序模式

此种模式与 Java 的工作模式类似：应用程序从服务器下载到客户机，然后在客户机上运行，使用本地内存和处理功能。但是，这些应用程序要在"沙箱"（sandbox）里面运行，沙箱强制执行一套规则，规定本地机器能够做什么和与什么设备进行连接。

优点：比远程托管有更多的计算资源并且有时候有更好的性能，消耗较少的带宽，能够离线使用。

缺点：缺乏统一的有效的管控，桌面虚拟化在维护方面的优势没有体现出来。软件产品主要有思杰 XenApp、Wyse TCX、VMware ThinApp 和微软应用程序虚拟化。

5. 本地虚拟操作系统模式

目前有两个主要版本可供选择。

（1）客户机端的虚拟机管理程序可以在笔记本电脑或台式机上创建一个虚拟机，虚拟机可充当一个完全独立的单元，与虚拟机之外的客户机上的软硬件隔离开来。

（2）虚拟机管理程序在机器的 BIOS 上运行，允许用户运行多个操作系统，根本没有什么"主机"操作系统。本地虚拟机的优点显而易见，一个系统上可以有多个操作系统；不用担心操作系统的兼容性以及潜在的资源冲突；但缺点也很明显，占用本地资源较大，无法由 IT 部门集中管控，客户机端的虚拟机管理程序相对不够成熟，其安全性有待验证等。

6.5　网络虚拟化

近几年来，随着 IT 架构的变化，特别是云架构的出现，虚拟化技术之潮正在推向各个领域，计算机网络也无法幸免，并且被推到了前沿。因为计算机网络是计算机技术与通信技术相结合的产物，是 IT 的核心技术之一。

其实，在计算机网络中的虚拟化很早就开始了。图 6.18 给出了计算机网络虚拟化的历史进展，但并非仅仅如此。因为它还没有把通信领域的一些虚拟化技术考虑在内。

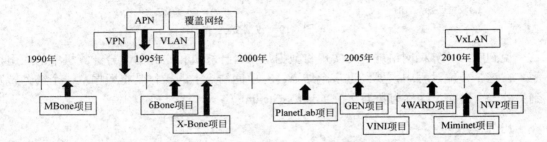

APN：主动可编程网络；VxLAN：虚拟可扩展局域网络；VLAN：虚拟局域网络；VPN：虚拟专用网络

图 6.18　计算机网络虚拟化部分历史

为了便于非计算机专业和初学计算机的读者理解，本节将按照下面的顺序介绍网络虚拟化。

（1）网络要素虚拟化，包括如下。

① 分组交换。

② 信道的多路复用。

③ 虚电路与数据报。

④ 面向安全的虚拟化——代理技术。

（2）基于互连设备的虚拟网络，包括如下。

① 基于交换机的虚拟化——VLAN。

② 基于路由器的虚拟化——VPN。

（3）控制平面虚化。

（4）网络一虚多与多虚一技术。

6.5.1　分组交换、虚电路与数据报

1. 分组交换

如图 6.19（a）所示，把一条线路上的数据转接到另一条线路上，称为数据交换。

交换（switching）的基本功能就是转发业务流。交换是通过交换结点中的交换机构实现的。

在多结点的网络中，为了提高线路的利用率，任意两个结点间的通信不可能都是建立在一条直接通路上，在许多情况下，一个通信过程往往要经过多条链路之间的转接才能实现。在图 6.19（b）中，结点 A 到结点 B 之间的通信，要经过一系列中间结点的转接。转接由交换结点实现。

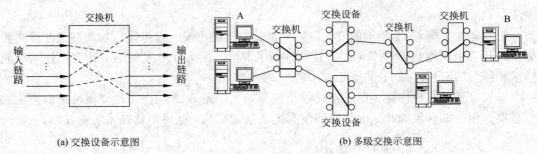

(a) 交换设备示意图　　　　　　　　　　　　　　(b) 多级交换示意图

图 6.19　数据交换

说到底，计算机网络就是要实现将数据从一台计算机传送到另一台计算机中的应用程序。在这个传输过程中，要经过多个结点。在中间结点上的操作是将数据从一个链路转发到另外一个链路，这称为数据交换（data switching）。

1）电路交换

早期的数据交换采用了电路交换（circuit switching 或 circuit exchanging）技术。电路交换就是使用交换开关，将通信双方的多条链路连接成一条专用的通道，即采用电路交换方式，通信的双方在进行数据传送之前先要建立一个实际的物理电路连接，连接的电路被通信的一对用户独占，并且这种连接要持续到双方通信结束，只有通信结束电路释放后，才能被别人使用。简单地说，它要经过 3 步：建立连接（呼叫）、数据传送、线路拆除（释放）。在通信过程中，交换机为通信双方提供物理电路连接，如图 6.20 所示，如果 H_1 要与 H_5 经过交换结点 A、B 和 E 通信，则 AB、BE 这两段链路在 H_1 与 H_5 通信期间是不能被别人使用的。

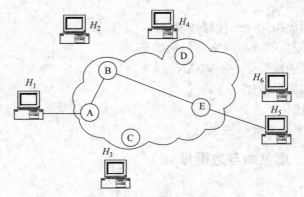

图 6.20　电路交换示意图

电路交换具有如下优点。

（1）由于通信线路为通信双方用户专用，数据直达，所以传输数据的时延非常小。图 6.21 为电路交换在数据传输时的时间关系。

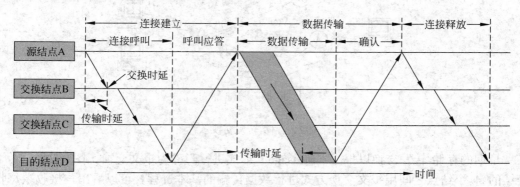

图 6.21　电路交换的基本过程

（2）通信双方之间的物理通路一旦建立，双方可以随时通信，实时性强。

（3）双方通信时按发送顺序传送数据，不存在失序问题。

电路交换具有如下缺点。

（1）电路交换连接建立后，物理通路被通信双方独占，即使通信线路空闲，也不能供其他用户使用，因而信道利用率低，也会因此造成数据传输中的拥塞。

（2）由于需要连接过程，而建立连接需要时间，故适合传输大量数据，在传输少量数据时效率不高，不太适合数据量不确定的计算机通信。

（3）电路交换时，数据直达，不同类型、不同规格、不同速率的终端很难相互进行通信，也难以在通信过程中进行差错控制。

2）存储-转发交换

随着数字技术的成熟，存储-转发交换（Store-and-Forward Switching）被应用到了数据交换中。存储-转发是一种不要求建立专用物理信道的交换技术。当发送方要发送信息时，应把目的地址先加到报文中，然后从发送结点起，按地址把报文一个结点、一个结点地转送到目的结点；在转送过程中，中间结点要先把报文暂时存储起来，然后在线路不忙时将报文转发出去，这就是将其称为存储-转发交换的缘由。存储转发交换不像电路交换那样要独占一条固定的信道，线路利用率高，同时可以根据网络中的流量分布动态地选择报文的通过路径，系统效率高，因而得到了广泛的应用。如图 6.22 所示，由于在存储-转发交换中，H_1 与 H_5 间的数据通信与 H_2 与 H_6 间的数据通信，可以共用 B-E 段链路，只要它们不同时在这段链路上传送，就没有关系。即使两个报文同时到达结点 B，也可以先存储在缓冲区内，排队发送。

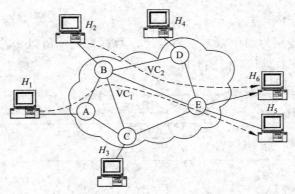

图 6.22　存储-转发交换示意图

　　早期的存储-转发交换以报文（message）形式进行，称为报文交换。图 6.23 演示了在连续的 4 个结点之间用报文交换方式进行数据传输的基本过程。可以看出，接收端每收到一个报文，都要进行校验并确认。为了实现存储-转发，每个交换结点要为每一个端口分别设置一个输入缓冲区和一个输出缓冲区。

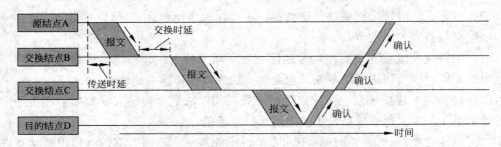

图 6.23　报文交换的基本过程

　　这里，处理时延是结点为存储转发处理所花费的时间；传送时延是结点使报文的第一字节进入传输媒体到全部报文进入传输媒体所需要的时间。显然，当报文较大时，处理时延和传送时延会较长。同时报文较长，在传输过程中会由于个别字节错误而导致整个报文传输作废。例如，某一线路允许的差错率为 10^{-5}，若传输的报文长度为 100KB，则每次传输中都可能有 1B 出错。这样的报文很难传到目的结点。为此，在报文交换的基础上，多纳德·戴维斯（Donald Davies）和保罗·巴兰（Paul Baran）在 20 世纪 60 年代早期研制出分组交换（packet switching）技术。

　　3）分组交换

　　分组交换也称为包交换，就是按一定长度将报文分割为许多小段的数据——分组，每个分组独立进行传送。到达接收端口，再重新组装为一个完整的数据报文。分组交换比电路交换的传输效率高，比报文交换的时延小。在分组交换网中，要先把一个报文分割成规定长度的信息组——分组打包，然后在每个分组上贴上标签——报头，按编号一批一批地将"数据分组"发出去；在每一个中间结点上，都要先存储、后转发；传送到达目的地后，再重新装配成完整的报文。图 6.24 为报文分组的示意图。

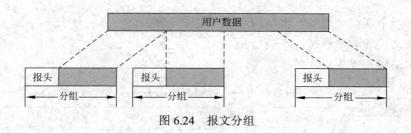

图 6.24　报文分组

在分组交换网络中，不同的帧长度，会有不同的传输效率。图 6.25 为分组在一个具有 A、B、E 三个中间结点的网络中连续传输分组时的情形。假设每个网段的传输时延相同，则当分组缩短到 1/4 时（见图 6.25（b）），传输两个网段，比原来（见图 6.25（a））缩短了 3/4 个帧发送时间 τ_{A1}，即每多传一个网段只会增添 1/4。

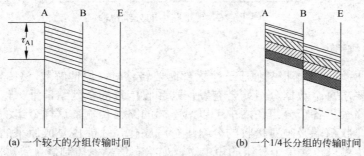

(a) 一个较大的分组传输时间　　　　　　(b) 一个1/4长分组的传输时间

图 6.25　不同长度分组对传输过程的影响

与报文交换相比，分组交换的优点如下。

（1）在报文交换中，总的传输时延是每个结点上接收与转发整个报文时延的总和，而在分组交换中，某个分组发送给一个结点后，就可以接着发送下一个分组，这样总的时延就减小。

（2）每个结点所需要的缓存器容量减小，这有利于提高结点存储资源的利用率。

（3）传输有差错时，只要重发一个或若干个分组，不必重发整个报文，提高了传输效率。

2. 虚电路与数据报

在数据分组的基础上，在计算机网络上进行传输时，就可以采用虚电路方式或数据报方式。

1）虚电路传输

虚电路类似于一个部队要转移时，先派出侦察兵侦查好一条通道，然后部队有序地沿着这条通道转移。在虚电路上进行数据传送，就是所有的数据段都要从这条信道上有序地传输。所以加了"虚"字，是因为两个原因：一是这条信道不是永久的，在传送前要先建立连接，传送后就释放这个连接；二是不固定，如在图 6.22 中，H_1 要与 H_5 通信，这次是走 A—B—E，下次可能是 A—C—E，再下次可能是 A—B—C—E。当然，也可以用后不拆除，后面继续使用。这种不拆除的虚电路称为永久性虚电路（PVC），而用后就拆除的虚电路称为交换虚电路（SVC）。

虚电路传输的特点如下。

（1）有一个连接—通信—拆除的过程（见图6.26）。

（2）报文段的顺序保持，不被打乱。

（3）传输较长报文时，效率较高。

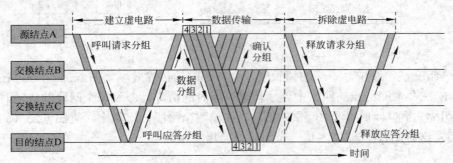

图6.26　虚电路中的分组传输

2）数据报传输

如图6.27所示，数据报类似于一个大部队要转移时，原地解散，各自寻找路径，到规定地点集合。要求每个数据分组均带有发信端和收信端的全网络地址，结点交换机对每一分组确定传输路径，各个分组在网中可以沿不同的路径传输，这样分组的接收顺序和发送顺序可能不同。收信端必须对接收的分组进行顺序化，才能恢复成原来的电文。数据报方式比较适合于传输只包含单个分组的短电文，如状态信息、控制信息等。

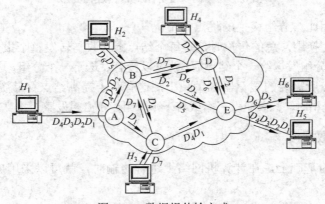

图6.27　数据报传输方式

6.5.2　信道的多路复用

多路复用（MUX）源于拉丁语multi（许多）和plex（混合）。它指在一个物理信道上同时传送多路信号，或者说是把一个物理信道设法分成多个逻辑信道，以提高信道的利用率。

1. 频分多路复用技术

频分多路复用（Frequency Division Multiplexing，FDM）是模拟传输中常用的一种多路复用技术。它把一个物理信道划分为多个逻辑信道，各个逻辑信道占用互不重叠的频带，相邻信道之间用"警戒频带"隔离，以便将不同路的信号调制（滤波）分别限制在不同的频带内，在接收端再用滤波器将它们分离，就好像在大气中传播的无线电信号一样，虽同时传送多个频率信号，但互不重叠，可以分辨。图 6.28 所示为将一个物理信道频分为 3 路进行复用的情形，每个逻辑信道分配 4000Hz 带宽，并只传送 3000Hz 左右的载波频带信号。

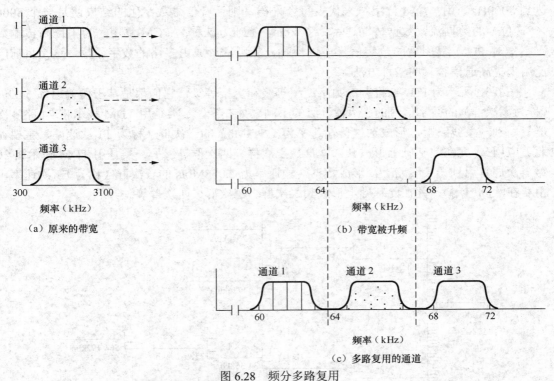

图 6.28　频分多路复用

最典型的频分多路复用技术的应用是普通收音机和有线电视。

2. 时分多路复用技术

与 FDM 的同时发送多路信号相比，时分多路复用（Time Division Multiplexing，TDM）是一种非同时发送的多路复用技术。如图 6.29 所示，它将一个传送周期划分为多个时隙，让多路信号分别在不同的时隙内传送，形成每一路信号在连续的传送周期内轮流发送的情形。

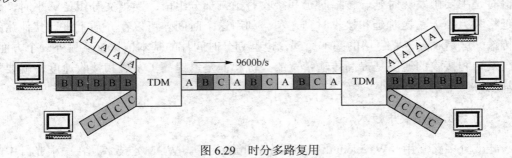

图 6.29　时分多路复用

数字信号的时分复用也称为复接，参与复接的信号称为支路信号，复用后的信号称为合路信号，从合路信号中将原来的支路信号分离出来称为分接。

通常，话音信号是用脉码调制来编码的。由于典型的电话通道是 4000Hz，按照尼奎斯特定理，为了用数字信号精确地表示一个模拟信号，对话音模拟信号的采样频率至少要达到 8000Hz。用一个 8 位字符来代表每个采样，则话音信号数字化的结果便是一个 8000×8（位）的数据流，数据传输速率为 64kb/s。上述方法称为 PCM 复用。为了提高传输数码率，对 PCM 复用后的数字信号再进行时分复用，形成更多路的数字通信，这是目前广泛用来提高通信容量的一种方法。

图 6.30 所示为 ITU-T 推荐的数字速率等级和复接等级，它们都是基于传输速率 64kb/s（称为零次群）的数字信号的。两种等级的不同之处在于，一类是用 TDM 技术将 24 路零次群复用到一条线路上，形成数据传输速率为 1.544Mb/s 的一次群（称为 T1 次速率，主要在北美应用），并在此基础上形成其二次群、三次群、四次群等；另一类是用 TDM 技术将 30 路零次群复用到一条线路上，形成数据传输速率为 2.048Mb/s 的一次群（称为 E1 次速率，主要在欧洲应用），并在此基础上形成其二次群、三次群、四次群等。

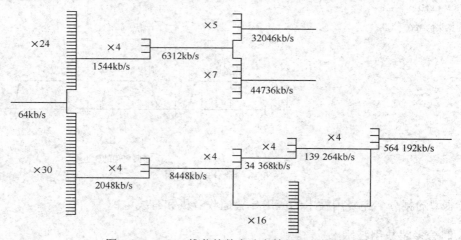

图 6.30　ITU-T 推荐的数字速率等级和复接等级

应当注意，时分多路复用只有在所传输的数据（通常称为报文——message）被分割成小块或段（通常称为分组——packet）时才有意义。假如一个报文需要传输 10min，之后再传输另一个报文，这样的结果各路传输都不可忍受。若把报文分组，情况就不同了。因为传输时延主要由发送时延、传播时延和接收时延三部分组成。当报文分组足够小时，传播时延将大大小于发送时延和接收时延之和。利用这个时间差可以在介质上进行其他路的数据传输。这是时分多路复用的基本原理，也是划分时间片的基本依据。从另外一个方面看，提高发送和接收的速度是提高传输带宽的关键。但是，提高了发送和接收速度，就要求时间片划得更小，分组更小。

3. 光波分多路复用技术

光波分多路复用（Wavelength Division Multiplexing，WDM）技术是在一根光纤中能同

时传输多个光波信号的技术。WDM 的基本原理如图 6.31 所示，它是在发送端将不同波长的光信号组合起来，复用到一根光纤上，在接收端又将组合的光信号分开（解复用），并送入不同的终端。

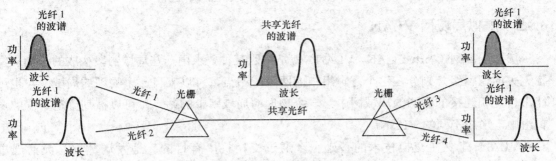

图 6.31 光波分多路复用单纤传输

在 WDM 的基础上，1998 年研究成功了 DWDM，即密集波分多路复用技术，它可以处理传输速率高达 80Gb/s 的业务，并将传输速率提高到了 800Gb/s。目前，已经可以做到在一根光纤上传输 80 路以上的光载波信号。

4. 码分多路复用技术

码分多路复用（Code Division Multiplexing，CDM）是与码分多址（Code Division Multiple Access，CDMA）相联系的一项技术。

在 CDMA 传输时，要给每位用户分配一个 m（通常 m 取 64 或 128）比特序列，称为码片序列（chip sequence）或码片向量。不同的用户拥有不同的码片序列，好像他们具有不同的地址。

CDMA 按照下面的规则进行用户数据的发送。

（1）发 1，发送该站的码片序列的原码。

（2）发 0，发送该站的码片序列的反码。

图 6.32 所示为一个发送用户码元比特流 1001 的例子。为了便于说明原理，假定 $m=16$，发送站是码片序列为 1110001101010010，其反码为 0001110010101101。于是，所发送的每一个用户比特都被扩展为 m 位的码片序列流，信号的频率带宽也被扩展了 m 倍。

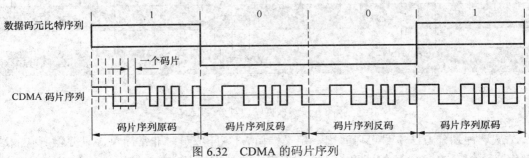

图 6.32 CDMA 的码片序列

实际应用时，码片序列是随机产生的，其长度为 64 或 128，每一个用户使用不同的码型进行通信，所以具有较高的隐私性能。同时，由于各用户使用的 PN 码都是经过特殊挑选的，在同一信道上用同一频率进行传输时，不同码型之间不会相互干扰。

6.5.3　虚拟局域网 VLAN

虚拟局域网（Virtual LAN，VLAN）就是按照某种要求由一些局域网段构成的与物理位置无关的逻辑组，划分在这个逻辑组中的网段或站点，可以来自一个物理的局域网，也可能来自互相连接的不同的局域网中；一个物理的局域网中的站点，可以被划分在不同的逻辑组中，形成不同的 VLAN。

VLAN 建立在交换技术的基础上，通过交换机"有目的"地发送数据，灵活地进行逻辑子网（广播域）的划分，而不像传统的局域网那样把站点束缚在所处的物理网络之中。

划分 VLAN 的方式有多种，每种方法的侧重点不同，所达到的效果也不尽相同。

1. 根据端口划分 VLAN

这是最广泛、最有效的一种 VLAN 划分方法，目前绝大多数 VLAN 协议的交换机都提供这种 VLAN 配置方法。这种划分 VLAN 的方法是根据以太网交换机的交换端口来划分的，它将 VLAN 交换机上的物理端口和其内部的 PVC（永久虚电路）端口分成若干个组，每个组中被设定的端口都在同一个广播域中，构成一个虚拟网。通过交换机的端口定义，可以将连接在一台交换机上的站点划分为不同的子网，如图 6.33（a）中，将与端口 1、2、3、7、8 连接的计算机定义为 VLAN1，将与端口 4、5、6 连接的计算机定义为 VLAN2；也可以将连接在不同交换机上的站点划分在一个子网中，图 6.33（b）中，将与交换机 1 的端口 1、2、3 和与交换机 2 的端口 4、5、6、7 连接的计算机定义为 VLAN1，将与交换机 1 的端口 4、5、6、7、8 和与交换机 2 的端口 1、2、3、8 连接的计算机定义为 VLAN2。

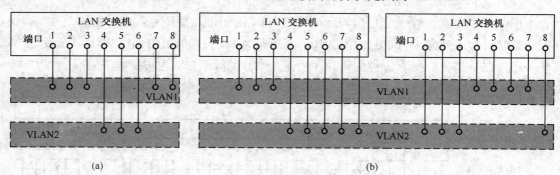

(a)　　　　　　　　　　　　　　　　　(b)

图 6.33　根据端口划分 VLAN

从这种划分方法本身可以看出，定义端口 VLAN 成员时非常简单，只要将所有的端口都定义为相应的 VLAN 组即可，适合于任何大小的网络。它的缺点是不允许多个 VLAN 共享一个物理网段或交换机端口。如果某一用户从一个端口所在的虚拟网移动到另一个端口所在的虚拟网，网络管理员需要重新进行设置。

2．根据 MAC 地址划分 VLAN

MAC VLAN 是根据每个主机的 MAC 地址来划分的。其优点是允许工作站移动到网络的其他物理网段中。因为 MAC 地址是与硬件相关、固定于工作站的网卡内的，当网络用户从一个物理位置移动到另一个物理位置时，VLAN 交换机将跟踪属于 VLAN 的 MAC 地址，自动保留其所属 VLAN 的成员身份。

MAC VLAN 的不足之处在于所有的用户必须被明确地分配给虚拟网，要求所有用户在初始阶段必须配置到至少一个 VLAN 中；初始配置必须由人工完成，然后才可以自动跟踪用户。这对于用户较多的大型网络是非常烦琐的。

3．基于网络层协议划分 VLAN

基于网络层协议划分的 VLAN 也称为第三层 VLAN，是按网络层协议（如 IP、IPX、DECnet、AppleTalk、Banyan 等）划分 VLAN。这种方法的优点是用户的物理位置改变了，不需要重新配置所属的 VLAN，这对网络管理者来说很重要。这种划分方法由于不需要附加的帧标签来识别 VLAN，可以减少网络的通信量。

这种方法的缺点是效率低，因为检查每一个数据包的网络层地址是需要消耗处理时间的（相对于前面两种方法），一般的交换机芯片都可以自动检查网络上数据包的以太网帧头，但要让芯片能检查 IP 帧头，需要更高的技术，同时也更费时。当然，这与各个厂商的实现方法有关。

这种按网络层协议来组成的 VLAN，可使广播域跨越多个 VLAN 交换机。这对于希望针对具体应用和服务来组织用户的网络管理员来说是非常具有吸引力的，用户可以在网络内部自由移动，但其 VLAN 成员身份仍然保留不变。

4．按策略划分 VLAN

基于策略组成的 VLAN 能实现多种分配方法，包括 VLAN 交换机端口、MAC 地址、IP 地址、网络层协议等。网络管理人员可根据自己的管理模式和本单位的需求来决定选择哪种类型的 VLAN。

5．其他划分方法

（1）利用 IP 广播域来划分 VLAN。利用 IP 广播域来划分虚拟网的方法给使用者带来了巨大的灵活性和扩展性。在这种方式下，整个网络可以非常方便地通过路由器或第三层交换机来扩展网络规模。

（2）按用户定义、非用户授权划分 VLAN。为了适应特别的 VLAN 网络，根据具体的网络用户的特别要求来定义和设计 VLAN，而且可以让非 VLAN 群体用户访问 VLAN，但是需要提供用户密码，在得到 VLAN 管理的认证后才可以加入一个 VLAN。

6.5.4 虚拟专用网 VPN

虚拟专用网（Virtual Private Network，VPN）是指将物理上分布在不同地点的专用网络，通过不可信任的公共网络构造成逻辑上的虚拟子网，进行安全的通信。这里公共网络主要指 Internet。图 6.34 所示为 VPN 的示意图。

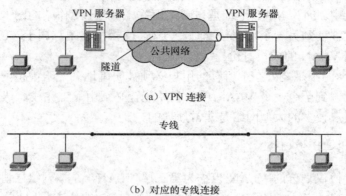

图 6.34　VPN 的示意图

图 6.35 为 VPN 的结构与基本原理。在这个图例中，有 3 个内部网，它们都位于一个 VPN 设备的后面，同时由路由器连接到公共网。VPN 技术采用了安全封装、加密、认证、存取控制、数据完整性保护等措施，使得敏感信息只有预定的接收者才能读懂，实现信息的安全传输，使信息不被泄露、篡改和复制，相当于在各 VPN 设备间形成一些跨越 Internet 的虚拟通道——隧道。

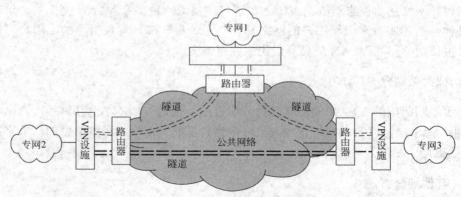

图 6.35　VPN 的结构与基本原理

隧道的建立主要有两种方式：客户启动（client-initiated）和客户透明（client-transparent）。客户启动也称为自愿型隧道，要求客户和服务器（或网关）都安装特殊的隧道软件，以便在 Internet 中可以任意使用隧道技术，完全地控制自己数据的安全。客户透明也称为强制型隧道，只需要服务器端安装特殊的隧道软件，客户软件只用来初始化隧道，并使用用户 ID、口令或数字证书进行权限鉴别，使用起来比较方便，主要供 ISP（Internet 服务商）将用户连接到 Internet 时使用。

VPN 的实现有很多种方法，常用的有以下 4 种。

（1）VPN 服务器：在大型局域网中，可以通过在网络中心搭建 VPN 服务器的方法实现 VPN。

（2）软件 VPN：可以通过专用的软件实现 VPN。

（3）硬件 VPN：可以通过专用的硬件实现 VPN。

（4）集成 VPN：某些硬件设备，如路由器、防火墙等，都含有 VPN 功能，但是一般拥有 VPN 功能的硬件设备通常都比没有这一功能的要贵。

6.5.5　交换机虚拟化

交换机可以看作由 3 个平面组成的立体模型：数据平面、控制平面和管理平面。

（1）数据平面：交换机的基本任务是处理和转发交换机各不同端口上各种类型的数据，所以处理及转发数据就是交换机的基本平面——数据平面。

（2）控制平面：交换机的控制平面用于控制和管理所有网络协议的运行，它提供了数据平面数据处理转发前所必需的各种网络信息和转发查询表项。

（3）管理平面：交换机的管理平面是提供给网络管理人员使用 TELNET、Web、SSH、SNMP、RMON 等方式来管理设备，并支持、理解和执行管理人员对于网络设备各种网络协议的设置命令。管理平面必须预先设置好控制平面中各种协议的相关参数，并支持在必要时刻对控制平面的运行进行干预。

当前，交换机虚拟化则主要从数据平面和控制平面两个方面进行，其基本目标是扩展资源，增大流量，即将多个独立的物理交换机虚拟化为一个逻辑交换机，协同传输同一数据流，处理同一个业务。这种技术也称为多虚一。

1. 控制平面虚拟化

控制平面虚拟化是将所有设备的控制平面多虚一，将核心层虚拟为一个逻辑设备，通过链路聚汇使此逻辑设备与每个接入层物理或逻辑设备场只有一条逻辑链路连接，将整个网络逻辑拓扑形成无环的树状连接，形成一个主体去进行整个虚拟交换机的协议处理、表项同步等工作。从一定意义上来说，控制平面虚拟化是真正的虚拟交换机，能够同时解决统一管理与接口扩展的需求。从结构上来说，控制平面虚拟化又可以分为纵向虚拟化与横向虚拟化两种方向。

1）纵向虚拟化

纵向虚拟化指不同层次设备之间通过虚拟化合多为一，代表技术是 Cisco 的 Fabric Extender，相当于将下游交换机设备作为上游设备的接口扩展而存在，虚拟化后的交换机控制平面和转发平面都在上游设备上，下游设备只有一些简单的同步处理特性，报文转发也都需要上送到上游设备进行。可以理解为集中式转发的虚拟交换机。

2）横向虚拟化

横向虚拟化多是将同一层次上的同类型交换机设备虚拟合一，Cisco 的 VSS/VPC 和 H3C 的 IRF 都是比较成熟的技术代表，控制平面工作如纵向一般，都由一个主体去完成，但转发平面上所有的机框和盒子都可以对流量进行本地转发和处理，是典型分布式转发结构的虚拟交换机。Juniper 的 QFabric 也属于此类，区别是单独弄了个 Director 盒子只作为控制平面存在，而所有的 Node QFX 3500 交换机同样都有自己的转发平面可以处理报文进行本地转发。

2. 数据平面虚拟化

数据平面多虚一技术是在接入层与核心层交换机引入外层封装标识和动态寻址协议，将之虚拟成一台框式交换机，使以太层对 IP 层透明。一般来说，在数据平面上，网络采用如图 6.36 所示的三层拓扑：接入层、汇聚层和核心层。

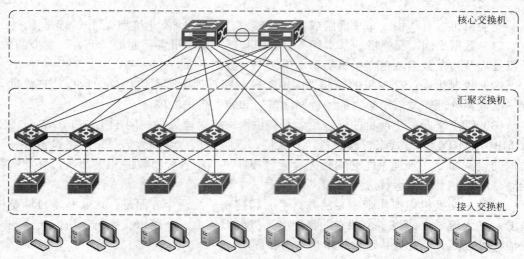

图 6.36　网络的三层拓扑架构

（1）接入层。用于连接所有的计算结点，在较大规模的数据中心中，通常以柜顶交换机的形式存在。

（2）汇聚层。用于接入层间的传输，并作为该汇聚区域二层和三层的边界，同时各种防火墙、负载均衡等业务也部署于此。

（3）核心层。用于汇聚层的互连，并作为网关实现整个数据中心与外部网络的三层通信。

如果汇聚层设备能够作为网关，也可以简化为图 6.37 所示的两层拓扑。

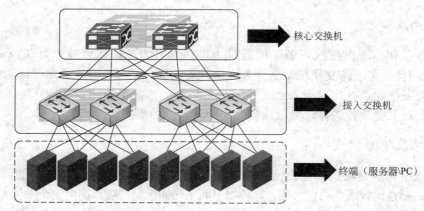

图 6.37　网络的二层拓扑架构

三层架构或多层架构具有较高的收敛比，此种架构设计会导致性能的下降。二层架构具有更小的收敛比，在性能要求更高的数据中心等环境应考虑为二层扁平化架构设计。

　　在传统的数据中心内，服务器主要用于对外提供业务访问，不同的业务通过安全分区及 VLAN 隔离。一个分区通常集中了该业务所需的计算、网络及存储资源，不同的分区之间或者禁止互访，或者经由核心交换通过三层网络交互，数据中心的网络流量大部分集中于南北（纵）向。

　　这种设计使得不同分区间的计算资源无法共享，资源利用率低下，特别是随着虚拟化技术、云计算管理技术等的应用，新的业务需求如虚拟机迁移、数据同步、数据备份、协同计算等在数据中心内开始实现部署，每台物理服务器的虚拟机数量由 8 台提升至16 台、32 台甚至更多，数据中心内部东西（横）向流量开始大幅度增加，使得问题更加突显。

　　此外，服务器虚拟化后还有一个虚拟交换机层，而随着刀片服务器的广泛应用，刀片式交换机也给网络添加了一层交换。这样在三层之中又增加了一层如此之多的网络层次，使得数据中心计算结点间通信延时大幅增加，这就需要网络化架构向扁平化方向发展。如图 6.38 所示，网络扁平化后，减少了中间层次，对核心设备交换能力要求降低，对于数据中心而言，后续扩容只需要以标准的机柜（包含服务器及柜顶交换单元）为单位增加即可，这样既满足了数据中心收敛比的要求，又能满足服务器快速上线需要。

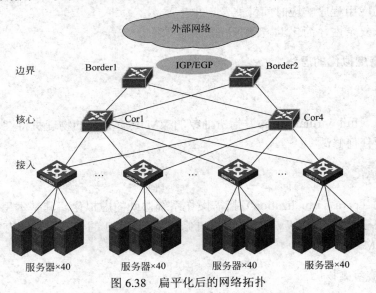

图 6.38　扁平化后的网络拓扑

6.5.6　服务器虚拟化

1. 服务器虚拟化及其功能

　　服务器虚拟化就是将服务器物理资源抽象成逻辑资源，让一台服务器变成几台甚至上百台相互隔离的虚拟服务器，不再受限于物理上的界限，而是让 CPU、内存、磁盘、I/O 等硬件变成可以动态管理的"资源池"，从而提高资源的利用率，简化系统管理，实现服务器整合，让 IT 对业务的变化更具适应力。

服务器虚拟化包括许多方面和功能，它们因具体的实施方案和产品重点而异。在不同的组合中，各种虚拟化解决方案可以支持的主要功能包括如下。

（1）仿真——与现有的技术和程序共存。

（2）抽象——物理资源的管理透明度。

（3）分割——用户和其他实体的隔离。

（4）聚合——操作系统或服务器的整合。

（5）供应——使用预定义模板快速部署新服务器。

2. 服务器虚拟化的意义

服务器虚拟化具有如下意义。

（1）支持和确保服务器整合来提高资源的利用率。

（2）解决 PCFE 问题和成本问题，支持新的应用并维持增长。

（3）确保快速备份和数据保护，以增强业务连续/灾难恢复能力。

（4）消除供应商锁定并降低硬件及操作成本。

（5）进行透明的数据移动和迁移，用于快速技术升级。

（6）有助于超出单一服务器的限制时进行扩展，并保证动态负载均衡。

（7）提高应用程序响应时间性能及用户生产率。

（8）降低复杂性，简化 IT 资源管理。

3. 服务器虚拟化的思路

1）全虚拟化

全虚拟化（full virtualization）指所抽象的 VM 具有完全的物理机特性，操作系统在其上运行不需要任何修改。

2）半虚拟化

半虚拟化（para virtualization）指需操作系统协助的虚拟化。其基本思想类似于 OS 的系统调用，将控制权转移到 VMM，即通过修改 Guest OS 的代码，将含有敏感指令的操作替换为对 VMM 的调用。

3）芯片辅助虚拟化

芯片辅助虚拟化指借助处理器硬件的支持来实现高效的全虚拟化，其基本思想就是引入新的处理器运行模式和新的指令，使得 VMM 和 Guest OS 运行于不同的模式下，Guest OS 运行于受控模式，原来的一些敏感指令在受控模式下会全部陷入 VMM，这样就解决了部分非特权的敏感指令的"陷入-模拟"难题。而且模式切换时上下文的保存恢复由硬件来完成，这样就大大提高了"陷入-模拟"时上下文切换的效率。

4. 服务器虚拟化的实施

服务器虚拟化包括 CPU 虚拟化、存储虚拟化、I/O 虚拟化、桌面虚拟化等，是一种全方位的虚拟化。具体可以有多种方案，例如：

（1）服务器虚拟化能在硬件或硬件辅助下实施，这时，可以按照下面的一种方案进行。

① 使之成为一个独立的软件，运行于没有任何底层软件系统的裸机。

② 使之作为操作系统的一个组件。

③ 使之作为运行在现有的操作系统上的一个应用程序。

（2）可以让操作系统运行在一个抽象技术层上，作为一个统一的系统代表所有的底层硬件。

（3）可以配置两台物理服务器来实现高可用性。在实例中没有将虚拟机整合到一台单独的服务器上，而是配置了第二台服务器。这样就不会引进单点故障，提高了可用性和冗余度，还有益于性能负载均衡。

值得注意的是，并非所有的服务器和应用程序都可以进行整合，有些应用程序需要的服务器资源甚至超过了单台服务器能提供的范围。在虚拟化与其他的技术结合的时候，有的操作是令一组服务器托管在一个机群中，以此来提高应用性能。

6.6　存储虚拟化

6.6.1　概述

1. 存储虚拟化及其意义

存储是最重要的计算资源，存储虚拟化（storage virtualization）是比较典型的采用硬件分区技术的资源虚拟化，也是一个典型的协同计算实例。

从管理的角度看，存储虚拟化是把许多零散的存储资源整合起来，将存储资源虚拟成一个"存储池"采取集中化的管理，为系统和管理员提供一幅简化、无缝的、透明的资源虚拟视图，从而提高整体利用率，降低系统管理成本。

从技术的角度来看，存储虚拟化的思想是将存储资源的逻辑映像与物理存储分开，因此，与存储虚拟化配套的资源分配功能须具有资源分割和分配能力，可以依据"服务水平协议（service level agreement）"的要求对整合起来的存储池进行划分，以最高的效率、最低的成本来满足各类不同应用在性能和容量等方面的需求。

从用户的角度来看，"存储池"管理，使存储空间如同一个流动的池子的水一样，可以任意地根据需要进行分配，用户不会看到具体的磁盘、磁带，也不必关心自己的数据经过哪一条路径通往哪一个具体的存储设备，能在一个单一的界面下，得到最大满足。

2. 存储虚拟化的基本思路

存储虚拟化还可以提升存储环境的整体性能和可用性水平，这主要是得益于"在单一的控制界面动态地管理和分配存储资源"这一目标，可以从存储设备、主机和网络 3 个层面上寻找突破口。

1）基于存储设备的存储虚拟化

基于存储设备的存储虚拟化方法依赖于提供相关功能的存储模块。传统的操作系统对于存储系统的管理就是基于存储设备的。但是，现在的基于存储设备的虚拟化已经不限于此，重心转移到如下 3 种虚拟化方法：交换架构虚拟化、磁盘阵列虚拟化，以及整合到应用设备内的虚拟化。这些使得存储虚拟化容易与某个特定存储供应商的设备相协调，更容易管理，并对用户或管理人员都是透明的。但是，基于存储的虚拟化经常只能提供一种不完全的存储虚拟化解决方案，并且会缺乏足够的软件进行支持，从而使得解决方案难以客户化和监控。

2）基于主机的存储虚拟化

基于主机的虚拟存储依赖于代理或管理软件，它们安装在一个或多个主机上，实现存储虚拟化的控制和管理。由于控制软件是运行在主机上，这就会占用主机的处理时间。因此，这种方法的可扩充性较差，实际运行的性能不是很好。基于主机的方法也有可能影响系统的稳定性和安全性，因为有可能导致不经意间越权访问到受保护的数据，所以这种方法的灵活性也比较差。但是，因为不需要任何附加硬件，基于主机的虚拟化方法最容易实现，其设备成本最低。

3）基于网络的存储虚拟化

只有网络级的虚拟化，才是真正意义上的存储虚拟化。它能将网络上的存储资源整合成一个或多个可以集中管理的存储池（存储池可跨多个存储子系统），并在存储池中按需要建立一个或多个不同大小的虚卷，以便将这些虚卷按一定的读写授权分配给存储网络上的各种应用服务器。这样就达到了充分利用存储容量、集中管理存储、降低存储成本的目的。

6.6.2　虚拟存储器

虚拟存储器（virtual memory，也称为虚拟内存）是通过地址映射，将容量大的在线辅存当作速度较高的主存使用。或者说，虚拟存储器是面向程序运行的存储器虚拟化技术。它通过某种策略，把辅存中的信息一部分、一部分地调入主存，以给用户提供一个比实际主存容量大得多的地址空间来访问主存。这样，用户程序就可以不受实际主存容量的限制，不必考虑主存是否装得下程序。

为了描述虚拟存储器中的地址映射关系，引入了两种地址。

（1）物理地址或实地址——基于物理存储器（主存或实存）的存储地址。

（2）虚地址或逻辑地址——基于虚拟空间的指令地址码。

程序运行时，CPU 以虚地址访问主存，由硬件配合操作系统进行虚地址和实地址之间的映射，并判断这个虚地址指示的存储单元是否已经装入内存。如果已经装入内存，则通过地址变换，让 CPU 直接访问主存的实际单元；如果不在主存中，则把包含这个字的块调入内存后再进行访问。所以，虚拟存储器技术的关键是虚地址与实地址之间的转换。目前已经形成页式、段式、段页式 3 种不同的虚实地址转换方式。

1. 页式虚拟存储器

页式虚拟存储器是将存储器分成大小相同的一些块，并称它们为页。如图 6.39 所示，在页式虚拟存储系统中，虚地址和实地址都由两个字段组成：虚地址的高位字段为逻辑页号，低位字段为页内地址；实存地址的高位字段为物理页号，低位字段为页内地址。逻辑页号顺序排列。由于实地址中的页内地址与虚地址中的页内地址相同，因此虚地址到实地址的转换就是从虚页号到实页号的转换。

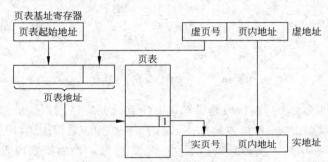

图 6.39　页式虚拟存储器的地址映射

由虚页号得到实页号，主要依靠页表。在页表中，对应每一个虚存逻辑页号有一个表项，表项中含有该逻辑页所在的主存页面地址（物理页号），用它作为实存地址的高字段，与虚存地址的页内地址字段相拼接，产生完整的实存地址，据此来访问主存。所以，虚页号到实页号的映射，就成为虚页号到页表地址的映射。

页表地址也由两部分组成：高位字段是页表的起始地址，低位字段是虚页号。页表的首地址存放在页表基址寄存器中。这个地址值与虚存地址中的逻辑页号拼接，就成为页表中每个表项的地址。也就是说，根据逻辑页号就可以从页表中得到对应的物理页号。

页式虚拟存储器由于每页长度固定，页表设置方便，新页的调入也容易实现，程序运行时只要有空页就能进行页调度，操作简单，开销小。其缺点是，由于页的一端固定，程序不可能正好是页面的整数倍，有一些不好利用的碎片，并且会造成程序段跨页的现象，给查页表造成困难，增加查页表的次数，降低效率。

2. 段式虚拟存储器

段式虚拟存储器是与程序模块相对应的一种虚拟存储器，它将程序的各模块称为段。当计算机执行一个大型程序时，以段为单位装入内存。为此，要在内存中建立该程序的段表。段表中的每一行由下列数据组成。

（1）段号。程序分段的代号，也是程序功能名称的代号。

（2）装入位。装入位为 1，表示该段已调入主存；装入位为 0，则表示该段不在主存中。

（3）段起址。该段装入内存的起始地址。

（4）段长。由于各段长度不等，所以指出该段长度。

（5）属性。该段的其他属性特征，如可读写、只读、只写等。

图 6.40 为一个程序的段划分及其简化的段表示意图。

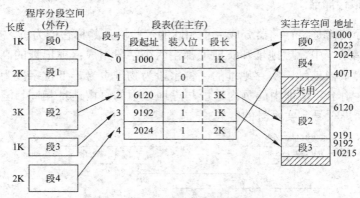

图 6.40　一个程序的段划分及其段表

CPU 通过访问段表，判断该段是否已调入主存，并完成逻辑地址与物理地址之间的转换。段式虚拟存储器的虚-实地址变换如图 6.41 所示。CPU 根据虚地址访存时，首先将段号与段表的起始地址相拼接，形成访问段表对应行的地址，然后根据段表的装入位判断该段是否已调入主存。若已调入主存，则从段表读出该段在主存中的起始地址，与段内地址（偏移量）相加，得到对应的主存实地址。

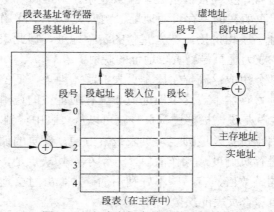

图 6.41　段式虚拟存储器的地址转换

由于段的分界与程序的自然分界相对应，各段之间相对独立，互不干扰；程序按逻辑功能分段，各有段名，易于实现程序的编译、管理、修改和保护，可以提高命中率，也便于多道程序共享。但是，因为段的长度参差不齐，起点和终点不定，给主存空间分配带来了麻烦，容易在段间留下不能利用的零碎空间，造成浪费。

3. 段页式虚拟存储器

段页式虚拟存储器是对段式、页式虚拟存储器的综合，它先将程序按其逻辑结构分段，再将每段划分为若干大小相等的页，同时将主存空间划分为同样大小的块。

作业将要执行其中的某个语句时，根据其地址计算出段号、页号和页内地址。首先根据段号查找段表，得到该段的页表的起始地址，然后查找页表，得到该页对应的块号，最后根据块的大小和页内地址计算出该语句的内存地址。

因为段页式存储管理对逻辑地址进行了两次划分，第一次将逻辑地址划分为若干段，第二次将每个段划分为若干页。所以每个段都需要一个页表，又要设置一个段表来记录每个段所对应的页表。

段页存储管理方式综合了段式管理和页式管理的优点，但需要经过两级查表才能完成地址转换，消耗时间多。

6.6.3　Cache-主存机制

Cache-主存机制是面向 CPU 工作的存储器虚拟化技术。通过地址映射，使 CPU 能把较低的主存当作速度较高的 Cache 使用。

1．Cache-主存机制及其结构

在计算机的发展过程中，主存器件速度的提高往往赶不上 CPU 逻辑电路速度的提高，它们的相对差距越拉越大。统计表明，CPU 的速度每 8～24 个月就能提高一倍，而组成主存的 DRAM 芯片的速度每年只能提高几个百分点。Cache-主存存储结构就是在 CPU 与主存之间再增加一级或多级能与 CPU 速度匹配的高速缓冲存储器 Cache，来提高主存储系统的性能价格比。

Cache 一般由存取速度高的 SRAM 元件组成，其速度与 CPU 相当，但价格较贵。为了保持最佳的性能价格比，Cache 的容量应尽量小，但太小会影响命中率，所以 Cache 的容量是性能价格比和命中率的折中。

图 6.42 为 Cache 的基本结构。可以看出，Cache-主存机制的工作要在如下 4 个部件支持下进行。

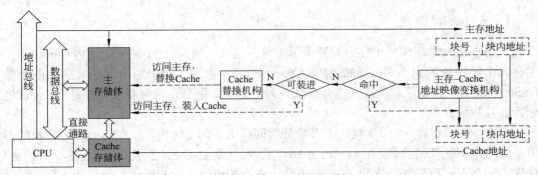

图 6.42　Cache 的基本结构

（1）主存储体。

（2）Cache 存储体。

（3）主存-Cache 地址映像变换机构。

（4）Cache 替换机构。

CPU 读 Cache-主存时的流程如下。

① CPU 向地址总线上送出一个访问地址。

② 地址映像变换机构的功能是把 CPU 发来的主存地址转换成 Cache 地址，并判定 Cache 中有无这个地址：若有，称为命中，即从 Cache 中读数据字到 CPU，结束；若未命中，则执行③。

③ 访问主存，并取出数据到 CPU。同时判断 Cache 是否已经满：若未满，则将该数据字所在块调入到 Cache——程序局部性原理，以备后面的操作使用，结束；若已满，则执行④。

④ 由 Cache 替换机构按某种原则，将 Cache 中的块放回覆盖主存对应的块，并将要读取数据字所在的块调入 Cache。之后，结束。

注意：CPU 与 Cache 以字为单位交换数据，而 Cache 与主存之间以块为单位交换数据。

2. Cache-主存机制中的地址映像

地址映像的功能是将 CPU 送来的主存地址转换为 Cache 地址。为便于替换，主存与 Cache 中块的大小相同，块内地址都是相对于块的起始地址的偏移量（低位地址）。所以地址映像主要是主存块号（高位地址）与 Cache 块号间的转换。地址映像是决定命中率的一个重要因素。

地址映像的方法有多种，选择时应考虑的因素较多，下面是主要考虑的因素。

（1）硬件实现的容易性。

（2）速度与价格因素。

（3）主存利用率。

（4）块（页）冲突（一个主存块要进入已被占用的 Cache 槽）概率。

主要的算法有直接映像（固定的映像关系）、全相联映像（灵活性大的映像关系）和组相联映像（上述两种的折中）。图 6.43 为上述 3 种映射方式的示意图。

1）直接映像

使用直接映像，要把主存分成若干区，每区与 Cache 的大小相同。区内再分块，并使主存每个区中块的大小和 Cache 中块的大小相等，也即主存中每个区包含的块的个数与 Cache 中块的个数相等。所以，主存地址分为三部分：区号、块号和块内地址；Cache 地址分为块号和块内地址。

通常，Cache 被分为 $2N$ 块，主存被分为同样大小的 $2M$ 块，主存与 Cache 中块的对应关系可用如下映像函数表示：$j = i \bmod 2N$。式中，j 是 Cache 中的块号，i 是主存中的块号。这样，一个主存块只能映像到 Cache 中唯一指定的块中，即相同块号的位置，所以不存在替换算法的问题，地址仅需比较一次。

这是一种最简单的地址映像方式，成本低、地址变换快，但灵活性差，Cache 的块冲突率高、空间利用率低，当主存储器的组之间做频繁调用时，Cache 控制器必须做多次转换。

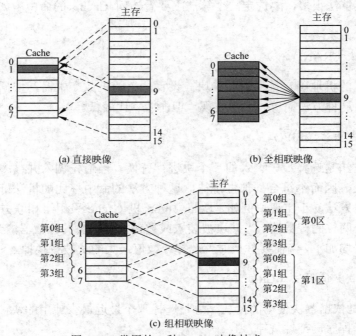

(a) 直接映像　　　　　　　(b) 全相联映像

(c) 组相联映像

图 6.43　常用的 3 种 Cache 映像技术

2）全相联

采用全相联映射，要将主存地址和 Cache 地址都分为块号和块内地址两部分，但是 Cache 块号和主存块号不相同，Cache 块号要根据主存块号从块表中查找。块表中保存着每个 Cache 块的使用情况。当主存中的某一块需调入 Cache 时，可根据当时 Cache 的块占用或分配情况，选择一个块给主存块存储，所选的 Cache 块可以是 Cache 中的任意一个块。所以，主存中任何一个块都可以映像装入到 Cache 中的任何一个块的位置。

这种 Cache 结构的主要优点是，比较灵活，Cache 的块冲突概率最低、命中率高、空间利用率最高；缺点是每一次请求数据同 Cache 中的地址进行比较需要时间，速度较慢，而且成本高，实现起来比较困难。

3）组相联

组相联映像是将 Cache 空间分成大小相同的组，每一组再分成大小相同的块；主存按照 Cache 的大小分成若干区，每个区内也按 Cache 的组、块进行划分。当主存有一个块要装入 Cache 时，先按照直接映射算法确定装入一个确定的组，再在组内按照全相联映射算法确定装在该组内的哪个块中。所以，这是前两种方式的折中。其优缺点也介于全相联映像和直接映像之间。

3．Cache-主存机制中的替换算法

替换算法发生在有冲突发生，即新的主存块需要调入 Cache，而它的可用位置已被占用。这时替换机构应根据某种算法指出应移去的块，再把新块调入。替换机构是根据替换算法设计的。替换算法很多，要选定一个算法主要看访问 Cache 的命中率如何，其次要看是否容易实现。

1）随机法（RAND 法）

随机法是随机地确定替换的存储块。设置一个随机数产生器，依据所产生的随机数，确定替换块。这种方法简单、易于实现，但命中率比较低。

2）先进先出法（FIFO 法）

先进先出法是选择最先调入的那个块进行替换。当最先调入并被多次命中的块，很可能被优先替换，因而不符合局部性规律。这种方法的命中率比随机法好些，但还不满足要求。先进先出方法易于实现，例如，Solar-16/65 机 Cache 采用组相联方式，每组 4 块，每块都设定一个两位的计数器，当某块被装入或被替换时该块的计数器清为 0，而同组的其他各块的计数器均加 1，当需要替换时就选择计数值最大的块被替换掉。

3）最近最少使用法（LRU 法）

LRU 法是依据各块使用的情况，总是选择那个最近最少使用的块被替换。这种方法比较好地反映了程序局部性规律。

6.6.4　基于 VMM 的内存虚拟化

1. 基本方法

因为 VMM 掌控所有系统资源，所以 VMM 拥有整个内存资源，其负责页式内存管理，维护虚拟地址到机器地址的映射关系。因 Guest OS 本身亦有页式内存管理机制，则有 VMM 的整个系统就比正常系统多了一层映射，形成图 6.44 所示的内存虚拟化三层模型。

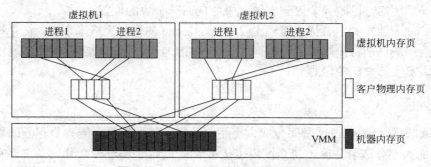

图 6.44　VMM 内存虚拟化的三层模型

（1）虚拟地址（VA）。指 Guest OS 提供给其应用程序使用的线性地址空间。

（2）物理地址（PA）。经 VMM 抽象的、虚拟机看到的伪物理地址。

（3）机器地址（MA）。真实的机器地址，即地址总线上出现的地址信号。

映射关系如下：Guest OS:PA=f(VA)、VMM:MA=g(PA)

VMM 维护一套页表，负责 PA 到 MA 的映射。Guest OS 维护一套页表，负责 VA 到 PA

的映射。实际运行时，用户程序访问 VA1，经 Guest OS 的页表转换得到 PA1，再由 VMM 介入，使用 VMM 的页表将 PA1 转换为 MA1。

2. 改进

普通内存管理单元（Memory Management Unit，MMU）只能完成一次虚拟地址到物理地址的映射，在虚拟机环境下，经过 MMU 转换所得到的"物理地址"并不是真正的机器地址。若要得到真正的机器地址，则必须由 VMM 介入，再经过一次映射才能得到总线上使用的机器地址。所以，若每个内存访问都需要 VMM 介入，则效率会很低，几乎不具有实际可用性。为实现虚拟地址到机器地址的高效转换，当前采用的页表虚拟化方法主要是 MMU 虚拟化和芯片辅助虚拟化技术。关于这两种技术不在此介绍。

6.6.5 网络存储模式与云存储

网络存储本身就是一种虚拟存储，其具体实现方法主要有基于设备、基于主机和基于互连设备 3 种。下面先介绍 4 种早期的网络存储共享技术。

（1）基于服务器连接存储（Server Attached Storage，SAS）。

（2）网络附加存储（Network Attached Storage，NAS）。

（3）存储局域网（Storage Area Network，SAN）。

（4）网盘。

1. 基于服务器连接存储

SAS 也称为直接存储系统（Direct Access Storage，DAS），其结构如图 6.45 所示。在这种网络存储结构中，数据被存储在各服务器的磁盘族（Just a Bunch Of Disks，JBOD）或磁盘阵列等存储设备中。

图 6.45　DAS 的存储结构

DAS 是最早在网络中采用的存储系统。它的存取速度快，建立方便。但是，它有如下一些明显的问题。

（1）当网络上某个设备出现故障时，整个网络都将因此无法正常工作。对应的措施是使多个服务器共享一个存储系统，形成图 6.46 所示的直接连接共享存储系统。

（2）扩展困难。由于各种计算机外部设备（如存储设备、打印机、扫描仪等）都挂在通用服务器上，而标准计算机可挂接存储设备的接口有限，添加设备往往需要较高的费用。

图 6.46　直接连接的共享式存储系统的存储结构

2．NAS 存储结构

NAS 是以实现存储功能时不消耗大量网络带宽为目的而开发的一种完全脱离服务器就可以直接上网的存储技术。如图 6.47 所示，它通过在网络中安装一种只负责实现文件 I/O 操作的设施，把任务优化的存储设备直接挂在网上，使数据的存储与数据的处理相分离：文件服务器只用于数据的存储，主服务器只用于数据的处理。

图 6.47　NAS 的存储结构

NAS 是一种成本较低、易于安装、易于管理、易于扩展、使用性能和可靠性均较高的资源存储和共享解决方案。但是由于带宽的限制，目前网络太慢。

3．SAN 存储结构

DAS 和 NAS 在访问存储设施时，必须经过 LAN。而在 LAN 中，不仅要由 LAN 连接多台服务器和大量客户机端的设备，还要连接存储设备，协调客户机/服务器数据。随着系统规模的增大，LAN 的负荷也不断增加。另一方面，随着备份数据的爆炸性增长以及数据复制需求的爆炸性增长，服务器间经由 LAN 相互频繁地进行访问，数据部分也要经过 LAN 不断地进行复制和共享，而连接服务器与存储器设备连接的 SCSI 接口由于有限的距离、有限的连接、有限的潜在带宽等不足，容易因超载造成瓶颈。

SAN 是用来连接服务器和存储装置（大容量磁盘阵列和备份磁带库等）的专用网络。这些连接基于固有光纤通道和 SCSI——通过 SCSI 到光纤通道转换器和网关，一个或多个光纤通道交换机在主服务器与存储设备之间提供相互连接，形成一种特殊的高速网络。如果把 LAN 作为第一网络，则 SAN 就是第二网络。它置于 LAN 之下，但又不涉及 LAN 的具体操作。图 6.48 所示为 SAN 的结构示意图。

由该图可以看出，在 SAN 中，任何一台服务器不再经由 LAN，而是通过 SAN 直接访问任何一台存储装置，从而摆脱了 LAN 由于超载形成的瓶颈。

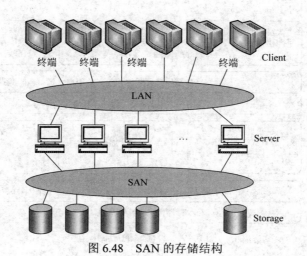

图 6.48 SAN 的存储结构

4. 网盘

网盘其实就是网络公司将其服务器的硬盘或硬盘阵列中的一部分容量分给注册用户使用。网盘一般来说投资都比较大。为了防止用户滥用网盘还往往附加单个文件最大限制，免费网盘一般只用于存储较小的文件。而收费网盘则具有速度快、安全性能好、容量高、允许大文件存储等优点，适合有较高要求的用户。

随着网盘市场竞争的日益激烈和存储技术的不断发展，传统的网盘技术已经显得力不从心，传输速度慢、冗灾备份及恢复能力低、安全性差、营运成本高等瓶颈一直困扰着网盘企业。

5. 云存储

云存储（cloud storage）是网络存储的新概念。它是指通过集群应用、网格技术或分布式文件系统等功能，将网络中大量各种不同类型的存储设备通过应用软件集合起来协同工作，共同对外提供数据存储和业务访问功能的一个系统。

云存储成本低、见效快、易于管理，使用方式灵活。但是从未来云存储的发展趋势来看，云存储系统主要还需从安全性、便携性及数据访问等角度进行改进。

与传统的存储设备相比，云存储不仅仅是一个硬件，而是一个网络设备、存储设备、服务器、应用软件、公用访问接口、接入网和客户端程序等多个部分组成的复杂系统，其结构模型如图 6.49 所示。

1）存储层

存储层是云存储最基础的部分。存储设备可以是 FC 光纤通道存储设备，可以是 NAS和 iSCSI 等 IP 存储设备，也可以是 SCSI 或 SAS 等 DAS 存储设备。云存储中的存储设备往往数量庞大且分布在不同地域，彼此之间通过广域网、互联网或者 FC 光纤通道网络连接在一起。

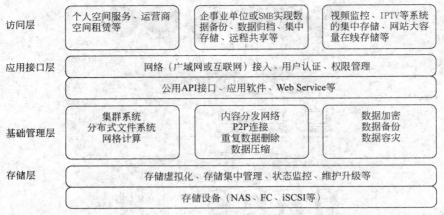

图 6.49　云存储的结构模型

存储设备之上是一个统一的存储设备子层，可以实现存储设备的逻辑虚拟化管理、多链路冗余管理，以及硬件设备的状态监控和故障维护。

2）基础管理层

基础管理层是云存储最核心的部分，它包含 3 个软件群。

（1）协同管理群。包括集群系统、分布式文件系统和网格计算等，实现云存储中多个存储设备之间的协同工作，使多个存储设备可以对外提供同一种服务，并提供更大、更强、更好的数据访问性能。

（2）可靠传输管理群。这个群中，核心的软件是内容分发网络（Content Delivery Network，CDN）。它能够实时地根据网络流量和各结点的连接、负载状况以及到用户的距离和响应时间等综合信息，尽可能避开互联网上有可能影响数据传输速度和稳定性的瓶颈和环节，解决 Internet 网络拥挤的状况，提高用户访问网站的响应速度。使内容传输得更快、更稳定。同时能够将用户的请求重新导向离用户最近的服务结点上，使用户可就近取得所需内容。

此外还有 P2P 连接、重复数据删除和数据压缩等软件，都是进行可靠传输管理。

（3）数据安全管理群。其中数据加密技术保证云存储中的数据不会被未授权的用户所访问，数据备份和容灾技术及措施可以保证云存储中的数据不会丢失，保证云存储自身的安全和稳定。

3）应用接口层

应用接口层是云存储最灵活多变的部分。不同的云存储运营单位可以根据实际业务类型，开发不同的应用服务接口，提供不同的应用服务。例如视频监控应用平台、IPTV 和视频点播应用平台、网络硬盘应用平台、远程数据备份应用平台等。

4）访问层

任何一个授权用户都可以通过标准的公用应用接口来登录云存储系统，享受云存储服务。云存储运营单位不同，云存储提供的访问类型和访问手段也不同。

6.7 云计算、雾计算与霾计算

6.7.1 云计算

1. 云计算及其特点

2006 年 8 月 9 日，Google 首席执行官埃里克·施密特（Eric Schmidt）在搜索引擎大会（SES San Jose 2006）首次提出"云计算"的概念。但是，迄今对于云计算一直没有一个统一的定义，对于到底什么是云计算，至少可以找到 100 种解释。下面仅列举几种有代表性的定义。

埃森哲（Accenture）咨询公司给出了一种实用、简洁的定义：第三方提供商通过网络动态提供及配置 IT 功能（硬件、软件或服务）。在此基础上，美国国家标准与技术研究院（NIST）给出如下定义：云计算是一种按使用量付费的模式，这种模式提供可用的、便捷的、按需的网络访问，进入可配置的计算资源共享池（资源包括网络、服务器、存储、应用软件、服务），这些资源能够被快速提供，只需投入很少的管理工作，或与服务供应商进行很少的交互。简单地说，云计算是基于互联网的相关服务的增加、使用和交付模式，通常涉及通过互联网来提供动态易扩展且经常是虚拟化的资源。这些都是面向服务应用的云计算定义。

另一类云计算定义，添加了技术实现的内容：云计算是分布式计算、并行计算、效用计算、网络存储、虚拟化、负载均衡等传统计算技术与网络计算技术相融合的产物。它的核心思想，是将大量用网络连接的计算资源统一管理和调度，构成一个计算资源池向用户提供按需服务。

不管哪种定义，都离不开网络，"云"就是提供资源的网络的通俗称呼。"云"中的资源在使用者看来是可以无限扩展的，并且可以随时获取，按需使用，随时扩展，按使用付费。云计算最基本的概念，是透过网络将庞大的计算处理程序自动分拆成无数个较小的子程序，再交由多部服务器所组成的庞大系统经搜寻、计算分析之后将处理结果回传给用户。

云计算之所以被推崇，是由于它有许多优势，其中最为重要的有如下几点。

（1）超大规模。"云"具有相当的规模，Google 云计算已经拥有 100 多万台服务器，Amazon、IBM、微软等公司的"云"均拥有几十万台服务器。

（2）虚拟化。云计算支持用户在任意位置、使用各种终端获取应用服务。所请求的资源来自"云"，而不是固定的有形实体。应用在"云"中某处运行，但实际上用户无须了解、也不用担心应用运行的具体位置。

（3）高可靠性。"云"使用了数据多副本容错、计算结点同构可互换等措施来保障服务的高可靠性，使用云计算比使用本地计算机可靠。

（4）通用性。云计算不针对特定的应用，在"云"的支撑下可以构造出千变万化的应用，同一个"云"可以同时支撑不同的应用运行。

（5）高扩展性。"云"的规模可以动态伸缩，满足应用和用户规模增长的需要。

（6）按需服务。"云"是一个庞大的资源池，可以像自来水、电、煤气那样按需购买。

（7）费用廉价。由于"云"的特殊容错措施可以采用极其廉价的结点来构成云，"云"的自动化集中式管理使大量企业无须负担日益高昂的数据中心管理成本，"云"的通用性使资源的利用率较之传统系统大幅提升，所以运行费用很低，用户可以充分享受其低成本优势。

2. 云计算的服务形式

目前，云计算可以认为包括以下几个层次的服务：基础设施即服务（IaaS）、平台即服务（PaaS）和软件即服务（SaaS）。

1）基础设施即服务

IaaS（Infrastructure as a Service）提供给消费者的服务是对所有设施的利用，包括处理、存储、网络和其他基本的计算资源，消费者可以通过互联网从这些完善的基础设施上获得服务。通常 IaaS 在"云端"用多台服务器组成基础设施，将内存、I/O 设备、存储和计算能力整合成一个虚拟的资源池为整个业界提供所需要的存储资源和虚拟化服务器等服务，用户通过计量付费使用厂商的硬件设施。例如，《纽约时报》使用成百上千台 Amazon EC2（Elastic Compute Cloud）实例在 36 小时内处理 TB 级的文档数据。如果没有 EC2，《纽约时报》处理这些数据将要花费数天或者数月的时间。

2）平台即服务

PaaS（Platform as a Service）把开发环境作为一种服务来提供。这是一种分布式平台服务，厂商提供开发环境、服务器平台、硬件资源等服务给客户，客户在其平台基础上定制开发自己的应用程序并通过其服务器和互联网传递给其他客户。PaaS 也能够给企业或个人提供研发的中间件平台，提供应用程序开发、数据库、应用服务器、实验、托管及应用服务。例如，Google App Engine 是一个由 Python 应用服务器群、BigTable 数据库及 GFS 组成的平台，为开发者提供一体化主机服务器及可自动升级的在线应用服务。用户编写应用程序并在 Google 的基础架构上运行就可以为互联网用户提供服务，Google 提供应用运行及维护所需要的平台资源。

3）软件即服务

SaaS（Software as a Service）提供给客户的服务是运营商运行在云计算基础设施上的应用程序，用户可以在各种设备上通过瘦客户端（如浏览器）界面访问所需的服务，而不需要管理、控制和维护任何云计算基础设施，包括网络、服务器、操作系统、存储以及应用软件等，如同有一台电视机就可以享受电视节目服务，而不需要自己排练、自己录制、自己发射、自己维护，省去一大笔一次性投资和运行资金。

SaaS 企业管理软件分成两大阵营：平台型 SaaS 和傻瓜式 SaaS。

（1）平台型 SaaS 是把传统企业管理软件的强大功能通过 SaaS 模式交付给客户，有强大的自定制功能：自定制平台，无须编写代码，无须数据库知识，只要深刻理解企业业务，就能实现任何所需，且无须自行维护；而且还可以分不同阶段给企业提供相应的免费试用优惠，让企业真正做到"先使用、后付款"，避免盲目购买。目前业内平台型 SaaS 做得较好的厂商有八百客等。

（2）傻瓜式 SaaS 具有固定功能和模块，提供简单易懂但不能灵活定制的在线应用，用户也是按月付费。缺点是只能在某个阶段适应企业的发展，一旦企业有了新的发展，企业只能进行"二次购买"。目前，Salesforce.com 是提供这类服务最有名的公司，Google Doc、Google Apps 和 Zoho Office 也属于这类服务。

应当注意，SaaS 不是云计算，云计算也不等于 SaaS。SaaS 是云计算的一种服务形式，为云计算的发展和应用提供了一种开拓市场的渠道。而云计算将弱化 SaaS 门槛，促进 SaaS 发展。

3. 集中云与分散云

云计算可以分为集中云和分散云两大类。

1）集中云

早期的云计算采用集中云模式。集中云是一种多虚一模式，一个典型实际用户就是早期的 Google 云服务。一个人从在网页上点击一个关键词进行搜索开始，到搜索结果的产生，后台是经过了几百上千台服务器的统一计算，这是超级消耗资源的典型应用。这种多虚一的模式，最后提供的一个简单的结果，内部却要巨量的服务器之间的交流，对于带宽和延迟的要求非常高，投资非常大。

2）分散云

分散云是目前的云计算主流模式，是一虚多模式，从实现的技术方案上看，可以大致分为图 6.50 所示的 3 种。

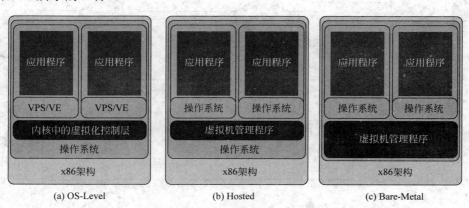

图 6.50　分散云的 3 种主要技术

（1）OS-Level——操作系统虚拟化技术，即在操作系统中模拟出一个一个的应用容器。这样，所有虚拟机共享内核空间，性能最好，耗费资源最少。缺点是操作系统唯一。

（2）Hosted——主机虚拟化技术，即基于 VMM 的虚拟化。这样，底层 OS 与上层 OS 可以完全无关。但是，由于虚拟机的应用程序调用硬件资源需要经过 VMM，再到底层 OS，所以性能较差。

（3）Bare-Metal——裸金属虚拟化技术，即不需要底层 OS，或者理解为 VMM 被设计成一个很薄的 OS。这种技术的性能折中，是当前分散云使用的主要技术。

4. 云计算架构

云计算所包含的内容非常广泛，如图 6.51 所示，这些内容可以组织成层次结构，从最上层的用户层到最下层的物理层，包含有业务接口层、应用平台层、分布式操作系统层、虚拟化层、硬件架构层和数据中心设施层。此外，还需要有支撑不同层次之间管理和平台、技术之外作为商业模式的云服务交付体系等。

云计算厂商参考架构	云计算服务交付体系	业务接口层	云计算管理平台	云计算安全架构
		应用平台层		
		分布式操作系统层		
		虚拟化层		
		硬件架构层		
		数据中心设施层		

图 6.51　云计算架构模型

图 6.52 为一个典型的云平台物理架构。

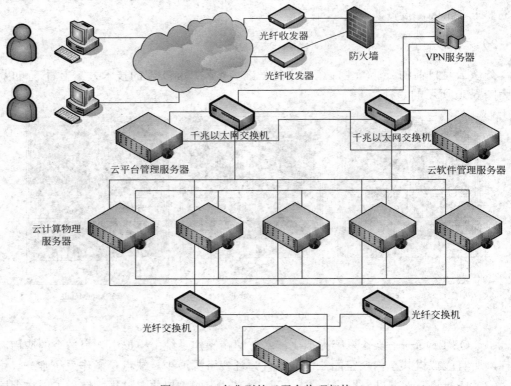

图 6.52　一个典型的云平台物理架构

· 332 ·

6.7.2 雾计算、边缘计算与霾计算

1. 雾计算

雾计算（Fog Computing）的概念在 2011 年由思科公司提出，把它作为云计算的延伸。这个因"云"而"雾"的命名源自"雾是更贴近地面的云"这一名句。这个想法的提出是由于当时许多数据中心根本满足不了云计算这个高层计算算法。具体地说，雾计算没有强力的计算能力，只有一些弱的、零散的计算设备，是介于云计算和个人计算之间的、半虚拟化的服务计算架构模型。如果把"云计算"简单地理解为基于广域网或城域网的计算，则"雾计算"则可以简单地理解为基于局域网的计算，至少是分布式局域网络的代名词。表 6.3 为雾计算与云计算之间的比较。

表 6.3　雾计算与云计算之间的比较

比较内容	云　计　算	雾　计　算
网络规模	基于广域网或城域网的计算	基于局域网的计算
云主体	以 IT 运营商服务、社会公有云为主	以个人云、私有云、企业云等小型云为主
计算特征	新一代集中式计算，连接大型数据中心，数据、数据处理和应用程序几乎全部保存在云中	新一代的分布式计算，数据的存储及处理更依赖本地设备，而非服务器

2. 边缘计算

边缘计算（Edge Computing）是一种轻量级的云计算，它作为一种将计算、网络、存储能力从云延伸到物联网网络边缘的架构，遵循"业务应用在边缘，管理在云端"的模式。

边缘计算聚焦实时、短周期数据的分析，能更好地支撑本地业务的实时智能化处理与执行，即靠近执行单元，更是云端所需高价值数据的采集单元，可以更好地支撑云端应用的大数据分析。

通过合理规划，进行云计算与边缘计算的优势互补，使边缘数据中心和区域数据中心、中央数据中心会以"组件搭配"的方式实现架构上的统一，有助于将智慧城市、物联网科技创新提升到新的高度。

对物联网而言，边缘计算技术取得突破，意味着许多控制将通过本地设备实现而无须交由云端处理反馈，其处理过程也将在本地边缘计算层完成。这无疑将大大提升处理效率，同时大大减轻云端的负荷，由于更加靠近用户，还可为用户提供更快的响应，将用户需求解决在边缘。

3. 霾计算

如果"云"或"雾"提供的服务，存在数据丢失泄露、传输不稳定、费用严重超支等

问题，其优势则可能远不如对用户的伤害，恰如"霾"对人体健康的危害。所以"霾计算"可以简单地理解为"垃圾云"。对于明智的用户来说，无论身处"云"中还是"雾"中，都要做好防"霾"的准备。

6.8 软件定义计算

十几年之前，为了解决网络配置中对设备硬件过分依赖而造成的缺乏灵活、成本高昂、对需求变化响应缓慢等问题，人们提出了软件定义网络（Software Defined Networking，SDN）的概念。几年之后，"软件定义"（Software Defined，SD）开始走红，软件定义计算（Software Defined Compute，SDC）、软件定义存储（Software Defined Storage，SDS）、软件定义数据中心（Software Defined Data Center，SDDC）、软件定义基础架构 (Software Defined Infrastructure，SDI)、软件定义环境（Software Defined Environment，SDE）、软件定义系统、软件定义企业，甚至软件定义世界、软件定义一切等纷纷出世。

且不说软件定义世界、软件定义一切的提法是否严谨，但这众多的软件定义足以给人一个提示：一个"软件主世"的时代正在到来，软件已经渗透到人们生活的每个角落，无处不在：软件不只是改变了计算方式、管理手段、商业模式，也改变着运输业、零售业、金融业、电信业、教育界和政府等，也正在改变网络、服务器、数据中心等，软件几乎改变了地球上所有的生存和活动模式。

软件定义其实在某种程度上来说就是虚拟化。只不过传统意义上的虚拟化更多强调的是提升物理硬件的效率，并没有突出软件在整个 IT 基础架构中重要的角色和地位。软件定义并不意味着不再需要硬件，它要做的是打破原来以硬件为核心的传统框架，突出软件在整个 IT 基础架构中的重要角色和地位。具体地说就是将资源池化，并在软件定义架构下，彻底分离硬件资源池和软件，由软件统一对资源进行管理和调度，最终实现将这些池化的虚拟化资源进行按需分割和重新组合。这样做，会带来如下好处。

（1）底层硬件的变动不直接和业务发生关系，而是由软件进行管理。所以，软件定义架构有着更好的可扩展性和灵活性。

（2）将虚拟化贯穿到基础架构的每一个组件，让虚拟化带给基础设施足够的弹性，适应向云计算转换的需求，也使虚拟化环境下的资源池效率能得到进一步提升。

（3）IT 效率越高，购置 IT 硬件的成本就越低。软件定义架构能充分地利用现有的 IT 资源，并不需要企业重新购置。所以，能极大地降低企业的 IT 成本投入。

总之，软件定义就是将产品的功能、灵活性、易扩展性、安全性、可管理性通过丰富多彩的软件来展现。

下面介绍几种较为成熟的软件定义。

6.8.1 软件定义网络

1. 软件定义网络的体系架构

软件定义网络是由美国斯坦福大学 Clean Slate 研究组提出的一种新型网络创新架构，它将控制平面和数据平面（转发平面）进行分离，在对底层各种网络资源虚拟化的基础上，实现对网络的集中控制和管理。

2011 年由 Facebook、Google、Microsoft 等公司创立了开放网络基金会（Open Networking Foundation，ONF）。作为仍在发展壮大中的非营利组织，开放网络基金会以加速开放软件定义网络部署，促进产品、服务、应用、客户和用户市场发展为使命，目前已经拥有 140 多家会员。图 6.53 所示的软件定义网络的三层结构就是由开放网络基金会提出。

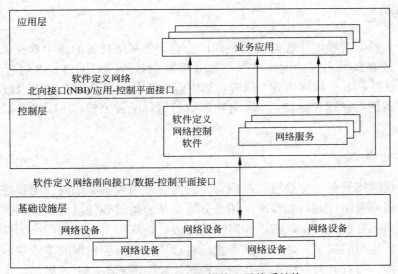

图 6.53 软件定义网络的三层体系结构

在由基础设施层、控制层和应用层构成的软件定义网络的三层架构中，基础设施层负责基于流表的数据处理、转发和状态收集，由受控的转发设备组成，并被虚拟化为一些网元，转发方式及业务逻辑由运行在控制面板上的控制应用决定，这种逻辑上的集中控制实现了网络流量的灵活控制，为核心网络及应用创新提供了良好的平台。应用层包括各种不同的业务和应用，由各种网络能力的抽象，并以应用程序接口（Application Programming Interface，API）方式提供应用，从而构建了开放可编程的网络环境。控制器层最为核心，处于软件定义网络中间，主要负责处理数据平面资源的编排，维护网络拓扑、状态信息等，由基于开放的接口提供南向和北向的数据通信。

南向接口是控制层的数据平面，专门负责与底层资源的数据层（转发层）进行通信。软件定义网络控制器对网络的控制主要是通过南向接口协议实现，包括链路发现、拓扑管理、策略制定、表项下发等，其中链路发现和拓扑管理主要是控制其利用南向接口的上行通道对底层交换设备上报信息进行统一监控和统计；而策略制定和表项下发则是控制器利用南向接口的下行通道对网络设备进行统一控制。

软件定义网络北向接口是通过控制器向上层业务应用开放的接口，也称为控制平面，其目标是使业务应用能够便利地调用底层的网络资源和能力。同时，上层的网络资源管理系统可以通过控制器的北向接口全局把控整个网络的资源状态，并对资源进行统一调度。

控制器除了南向的网络控制和北向的业务支撑外，还有西向接口，用来有效解决与各层通信以及控制集群横向扩展的难题。

2. ONF 三层体系结构的特征

ONF 三层体系架构有 3 个特征。

1）集中管控

软件定义网络对控制平面与转发平面的分离，使网络设备的集中管控成为可能。逻辑上集中管控能够获得全局的网络资源信息并根据业务情况对网络资源进行全局的调整和优化，如流量控制、负载均衡等。同时，集中管控还使得网络可在逻辑上被视作是由一台虚拟网络设备进行管理和维护，无须对物理设备进行配置调整，从而提升了网络控制的便捷性。

2）接口开放

由于传统网络设备（交换机、路由器）的固件是由设备制造商锁定和控制，所以软件定义网络希望将网络控制与物理网络拓扑分离，从而摆脱硬件对网络架构的限制。通过南向和北向接口的开放，可实现应用和网络的集成，使应用实时告知网络如何优化和调整才能更好地满足应用的需求，如应用的带宽、时延、抖动、丢包率的需求等。另外，支持用户基于开放接口自行开发网络业务并调用资源，加快新业务的上线周期。这样企业便可以像升级、安装软件一样对网络架构进行修改，满足企业对整个网站架构进行调整、扩容或升级的需求。而底层的交换机、路由器等硬件则无须替换，节省大量成本的同时，网络架构迭代周期将大大缩短。

3）满足需求更加灵活

在传统的架构中，交换机和路由器不得不在操作 6000 种分布式协议的控制下实施整个网络的智能。这意味着，即使只有一个网元增加了一种新的协议，也需要所有其他网元做出相应的结构变更。事实上，在网络中增加一种新的协议往往需要数年时间，才能最终完成标准化到实际部署的过程。

南向接口的统一和开放，屏蔽了底层网络转发设备的差异，实现了底层网络设备对上层应用的透明化。逻辑网络和物理网络分离后，逻辑网络可以根据业务需求随时配置和调整，不再受具体网络设备物理位置的限制。同时，逻辑网络还支持多租户共享，支持租户网络的定制需求。通过北向接口，网络业务的开发者能以软件编程的形式调用各种网络资源，这就使得网络在满足用户的需求方面更加灵活。

3. 软件定义网络的几项突破性技术

目前软件定义网络已经有如下几项突破性技术。

1）OpenFlow

协议是网络有效运行的保证，软件定义网络也不例外。OpenFlow 是在软件定义网络架构中最有影响力的一个协议，是软件定义网络架构中位于控制面和转发面（数据面）的第一个标准通信接口。以 Open Flow 为代表的南向接口的提出使得底层的转发设备可以被统一控制和管理，而其具体的物理实现将被透明化，从而实现设备的虚拟化。简单地说，它允许直接访问和操作网络设备的转发面，例如交换机、路由器，包括物理的和虚拟的。

不过，要说明的是，OpenFlow 并非实现软件定义网络的唯一方法或者唯一途径。就目前而言，实现软件定义网络，除了 OpenFlow 以外，还有其他几种途径。

2）OCP

开放计算项目（Open Compute project，OCP）是 Facebook 公司领导的一项举措，旨在搭建出高能效、扩展方便、低成本的计算架构。它包括软件、服务器、存储系统、网络和数据中心的设计。

3）Overlay

网络叠加技术（Overlay）指的是一种网络架构上叠加的虚拟化技术模式，其大体框架是对基础网络不进行大规模修改的条件下，实现应用在网络上的承载，并能与其他网络业务分离，并且以基于 IP 的基础网络技术为主。

4）NFV

随着运营商网络规模的扩大，其所部署管理的设备型号与种类也在逐步增加，这必然导致能耗增长和管理成本增加，这些因素会严重影响运营商网络规模的扩张与发展。网络功能虚拟化（Network Function Virtualization，NFV）的目标就是在通用的硬件设备上运行网络功能，使得网络功能可以按需地部署及更新，且极大地方便远程管理及维护，降低运营成本（Operating Expense，OPEX）。

4. 软件定义网络领域厂商及解决方案

软件定义网络目前已成为当前全球网络领域最热门的研究方向，在权威机构 IT 领域预测未来五年十大关键趋势和技术影响中排名第二。各大互联网厂商、传统 IT 厂商、传统网络和通信设备厂商、芯片厂商、电信运营商都纷纷推出了自己的软件定义网络产品和解决方案，并进行软件定义网络实际部署。其中，Google 等互联网公司均在软件定义网络领域投入大量的科研力量，思科、华为等 IT 厂商也正在研制软件定义网络控制器和交换机。

表 6.4 为几个有代表性软件定义网络厂商的软件定义网络架构比较。

表 6.4　几个有代表性厂商的软件定义网络架构比较

厂商名	架构名称	典型交换机产品	典型控制器产品	是否支持 OpenFlow	是否支持其他控制器
思科	ACI	NEXUS 9000 系列	APIC	是	否
华为	敏捷架构	S12700	SOX	是	是
H3C	VAN	2960	H3C SDN Controller	是	是
戴尔	VNA	S4810 和 Z9000	无	是	是
锐捷	N/A	Newton18000	无	是	是
DCN	N/A	CS16800	无	是	是
瞻博网络	MetaFabric	EX9200	Contrail	是	是
博科	VCS	VDX 8770	无	是	是
盛科	N/A	V350/V330	无	是	是

6.8.2　软件定义存储

1. 软件定义存储的提出

一般说来，每个数据中心都使用了大量存储器（闪存、磁盘、光盘、磁盘阵列、传统存储柜等），每个存储器都有自己的控制器，并且与存储器硬件配套并绑定在一起，成为造成数据中心存储管理复杂性的主要原因，这也使数据中心和商家的研发成本大大增加。

软件定义存储就是将存储硬件中典型的存储控制器功能抽出来放到软件上。这些功能包括卷管理、数据保护、快照和复制等。这样，就可以允许用户不必从特定厂商采购存储控制器硬件（如硬盘、闪存等存储介质）。并且，如果存储控制器功能被抽离出来，该功能就可以放在基础架构的任何一部分。它可以运行在特定的硬件上，在 Hypervisor 内部，或者与虚机并行，形成真正的融合架构。如此，可以带来如下好处。

（1）存储控制器可运行在任何类型的服务器硬件上。可以使用标准硬盘创建于标准硬件之外。这使得存储系统的采购和实施更像是成套购买，也意味着系统实施和管理需要更多的技能和时间。这些投入无疑也会大大减少采购的花销。

（2）存储控制器可以放置在任何位置。换句话说，它并不需要放置到特定的硬件中。当前的趋势是将软件的存储控制器放置在虚拟服务器架构中，借用架构中主机的计算能力。这样做可以大幅削减费用，同时创建了一个更加简单的可扩展架构。如果每次架构中增加一台主机就增加一个虚拟存储控制器的话，存储的处理能力和空间就会随服务器的增加获得扩展。

简单地说，软件定义存储就是在任何存储上运行的应用都能够在用户定义的策略驱动下自动工作。相对传统存储来说，大幅降低成本并与现有的虚拟架构紧密结合是软件定义存储的最主要优势。

2. 软件定义存储的基本思路

软件定义存储与软件定义网络的思路极为相似，也是在存储虚拟化的基础上，把存储服务从存储包中分离出来，形成如图 6.54 所示的架构。

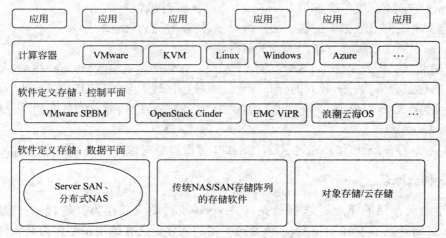

图 6.54   软件定义存储的一般架构

1）控制平面

软件定义存储的控制平面的职责，是将以往通过存储管理员传送的数据请求，转为由软件来处理。简而言之，控制平面负责存储资源的部署和管理，它包括分发数据请求（即存储策略驱动），控制数据流向，完成数据的部署、管理和保护，从而增加了存储的灵活性、扩展性和自动化能力。

在软件定义存储控制面这一层，比较著名的软件如下。

（1）VMware SPBM（Storage Policy Base Management）。

（2）OpenStack Cinder。Cinder 是 OpenStack 云平台的一个组件，用来提供块存储服务。

（3）EMC ViPR 为代表的一类存储管理软件，目标是实现对单一存储品牌或多个存储品牌的存储产品的统一管理、存储空间异构等存储资源池化、整合。

2）数据平面

软件定义存储数据平面的职责，就是数据服务之类的存储功能，由它来完成数据的处理和优化。这里面包含很多的内容，包括分级、快照、去重、压缩等。

一般说来，数据平面技术分为 3 个步骤：抽象—池化—自动化。

第一步抽象，抽象的目的是解耦，没有解耦，硬件被锁定，无法灵活调用。

第二步是池化，池化做的是存储虚拟化（包括存储虚拟化和存储标准化），而存储虚拟化指所有存储资源的虚拟化，包括外置磁盘阵列内的虚拟化、跨外置磁盘阵列的虚拟化（即异构存储的管理）和分布式存储服务器内的存储虚拟化。这样才能随需分配，动态扩展。

第三步是自动化。存储资源由软件（Hypervisor，云管理）来自动分配和管理。目前观察到的，自动化其实是根据不同的工作负载来动态分配或管理存储资源。那么，谁来判断工作负载的特点？最好是 Hypervisor/OS，或者云管理软件，它们具有先天的优势。所以，存储通过和 Hypervisor、云管理软件对接，是一个比较现实可行的方法。这就是前面提到的与 VMware SPBM 对接，或者与 OpenStack Cinder 等对接。

在软件定义网络数据平面这一层，涉及多种存储形态，例如：

（1）基于商用的硬件。这一部分又包含两个大类：

① 超融合架构——Server SAN 的一个子集，比较著名的有 VMware VSAN 等。

② 非超融合架构——独立的分布式存储系统，比较著名的有 DELL Fluid Cache 等。

（2）传统 SAN/NAS 存储阵列的存储软件。指的是传统的外置磁盘阵列，包括 SAN 存储或者 NAS 存储。

（3）对象存储/云存储。通过 RESTful API 等接口与对象存储进行数据的输入输出。

3. 3 种选择

软件定义存储的第一种选择就是与 Hypervisor 集成或作为其堆栈的一部分存在。VMware 目前开发了 Virtual SAN，该公司所谓的软件定义存储层正是作为其软件堆栈的一部分存在。

第二种软件定义存储架构包含了第三方，它们能够与 VMware 等产品协同，有一些软件产品功能完备，甚至在某些方面超越领先厂商，像 Maxta、Starwind Software、StoreMagic。它们提供同样的功能，但并非致力于某一特定 Hypervisor。它们创建的存储仓库能够在多个不同的 Hypervisor 间共享。

第三种是虚拟存储，已经出现相当长的时间。这一类型包含 IBM Spectrum Virtualize 产品，它们将虚拟所有的硬件资源，将其抽象为软件层以更高效的分配资源。当某个应用负载需要配置具有特定数据保护机制的存储，只需要从管理界面选择配置，它将随存储自动分配。

6.8.3　云计算、大数据——软件定义的主领域

目前对于企业的云部署来说，往往存在两个最大的瓶颈：安全性和可用性的问题。通过软件定义，管理者们可将故障的预防和恢复决策转移到应用层之外的基础软件层，使系统运行不再依赖于一组特定的硬件服务器。

软件定义的可用性在开发新的云应用程序时也提供了重要的优势。首先，它极大地简化了开发的前期工作，大大缩短了应用程序、内容和功能的更新时间。同样重要的是，它能够根据企业需求的变化，为迅速改变可用性要求提供了灵活性。企业的 IT 部门可以通过简单地修改策略，降低成本、提升效益。这种新的软件定义方法也有助于降低复杂性，省去了防火墙等应用程序。所以，软件定义的可用性在企业构建自己的私有云或混合云方面具有明显的优势。企业可以利用这种方法来填补许多公共云服务提供商在可用性保证方面的空白，同时软件定义的可用性也可能被证明是公共云提供商寻求满足其客户对关键任务的可用性需求的可行性解决方案。图 6.55 为软件定义云计算的基本架构。它包含众多的软件定义模块：软件定义的存储、软件定义的网络连接、软件定义的安全性、软件定义的可用性和软件定义的计算和内存。

图 6.55　软件定义云计算的基本架构

此外，大数据也是软件定义进一步大展拳脚的领域。据权威市场研究机构预测，每隔一年半企业的数据总量将会翻一番，而在这些新增的数据中，大约 85%以上的数据为非结构化数据。为了应对大数据这种非结构化的数据，企业需要能够跨数千台服务器集群（通过高速以太网连接）进行并行分析计算。由于这些并行计算的拆分/合并，大数据分析可能会给底层网络带来巨大的压力。这时，数据中心需要一个智能化的网络架构，通过计算的每个阶段，自适应来调整拆分/合并阶段中的数据传输要求，从而不但提高了速度，也提高了利用率。而 SDN 完全可为大数据分析构建这个智能自适应网络。SDN 还提供了其他功能来协助大数据的管理、整合和分析，如面向 SDN 的网络协议包括 OpenFlow 和 OpenStack，可让网络管理变得更简单、更灵活和高度自动化。

习　题　6

一、选择题

1. 将多个独立的物理资源虚拟为一个逻辑服务器，使多个物理资源相互协作，服务于同一个业务，这种虚拟化称为_____。

    A. 一虚多　　　　　　B. 多虚一　　　　　　C. 多虚多　　　　　　D. 一虚一

2. 计算虚拟化要求具备的特点是_____。

    A. 高性能、可用性、经济性　　　　　　B. 保真性、高性能、安全性

    C. 安全性、可用性、经济性　　　　　　D. 安全性、方便性、经济性

3. _____是迁移物理服务器上的操作系统及其上的应用软件和数据到 VMM（Virtual Machine Monitor）管理的虚拟服务器中。

A. P2V   B. V2P   C. P2P   D. V2V

4. Cache-主存机制的工作要在如下 4 个部件的支持下进行：_____。

    A. 主存储体、Cache 存储体、主存-Cache 地址映像变换机构和 Cache 替换机构

    B. 主存储体、辅助存储体、主存-辅存管理程序和存储总线

    C. Cache 存储体、主存-辅存地址映像变换机构、Cache 替换机构和硬盘

    D. Cache 存储体、主存储体、操作系统和硬盘

5. 1993 年，美国科学家 Burdea 和 Philippe Coiffet 在世界电子年会上发表的 *Virtual Reality Systems and Applications* 一文中将虚拟现实概括为 3I：_____。

    A. Identical、Ideal 和 Imagination   B. Illimitable、Identical 和 Imitative

    C. Impossible、Implemental 和 Imitative   D. Interactivity、Immersion 和 Imagination

6. 将一个传送周期划分为多个时隙，让多路信号分别在不同的时隙内传送，形成每一路信号在连续的传送周期内轮流发送的情形，这种多路复用称为_____。

    A. FDM   B. TDM   C. CDM   D. WDM

7. 需操作系统协助的虚拟化称为_____。

    A. 全虚拟化   B. 半虚拟化   C. 硬件辅助虚拟化   D. 控制虚拟化

8. 把开发环境作为一种服务来提供是_____。

    A. IaaS   B. PaaS   C. SaaS   D. GaaS

二、填空题

1. 虚拟化就是通过映射、抽象、集成、整合、分解等方式，在_____与_____之间增加一个_____，以屏蔽系统的复杂性，激活并挖掘资源的潜能，使资源的提供和服务更透明、更有效、更强大。

2. 在计算中，可以部署虚拟化的 4 个主要位置是_____、_____、_____与_____。

3. 虚拟存储器是通过_____，将_____当作_____使用。

4. 桌面虚拟化是指将计算机的终端系统虚拟化，以达到桌面使用的安全性和灵活性，可以_____，_____，_____通过网络访问属于个人的桌面系统。

5. 桌面虚拟化的应用模式有_____、_____、_____和_____。

6. VPN 是指将物理上分布在不同地点的_____，通过_____构造成_____，进行安全的通信。

7. 云计算的核心思想是将大量用网络连接的_____统一管理和调度，构成一个计算资源池向用户提供_____。

三、判断题

1. VMM 插入在 Host 和 Guest 之间，是一种纯硬件的虚拟化技术。   ( )

2. 页式虚拟存储器是与程序模块相对应的一种虚拟存储器，它将程序的各模块称为页。当计算机执行一个大型程序时，以页为单位装入内存。   ( )

3. NAS 是用来连接服务器和存储装置（大容量磁盘阵列和备份磁带库等）的专用网络。这些连接基

于固有光纤通道和 SCSI——通过 SCSI 到光纤通道转换器和网关，一个或多个光纤通道交换机在主服务器与存储设备之间提供相互连接，形成一种特殊的高速网络。　　　　　　　　（　　）

4. 分组交换比电路交换的传输效率低，比报文交换的时延大。　　　　　　　　（　　）

5. 横向虚拟化指不同层次设备之间的多虚一。　　　　　　　　（　　）

四、综合题

1. 收集关于虚拟化的定义，给出你认为最恰当的定义。

2. 简述 VMM 的虚拟化原理。

3. 简述页式虚拟存储器的原理。

4. 简述云存储的基本原理。

5. 简述 I/O 虚拟化的基本思路。

6. 简述虚电路与数据报的传输特点。

参考文献 6

[1] 张基温. 计算机组成原理教程[M]. 7 版. 北京：清华大学出版社，2017.

[2] 谢希仁. 计算机网络[M]. 4 版. 北京：电子工业出版社，2003.

[3] 张基温. 计算机网络原理[M]. 北京：清华大学出版社，2012.

[4] 张基温. 信息化导论[M]. 北京：清华大学出版社，2012.

[5] 张基温. 大学生信息素养知识教程[M]. 南京：南京大学出版社，2007.

[6] 杨刚，沈沛意，郑春红，等. 物联网理论与技术[M]. 北京：科学出版社，2010.

[7] 电子工程世界：http://www.eeworld.com.cn/gykz/2008/0610/article_989.html.

高等教育质量工程信息技术系列示范教材

系列主编：张基温

- 新概念 C 程序设计大学教程（第 4 版）　　　　张基温
- 新概念 C++程序设计大学教程（第 3 版）　　　张基温
- 新概念 Java 程序设计大学教程（第 2 版）　　　张基温
- 计算机组成原理教程（第 7 版）　　　　　　　张基温
- 计算机组成原理解题参考（第 7 版）　　　　　张基温
- 计算机网络教程（第 2 版）　　　　　　　　　张基温
- 信息系统安全教程（第 3 版）　　　　　　　　张基温
- 信息系统安全教程（第 3 版）习题详解　　　　栾英姿
- Python 大学教程　　　　　　　　　　　　　　张基温
- 大学计算机——计算思维导论　　　　　　　　张基温
- UI 设计教程　　　　　　　　　　　　　　　　牛金薇
- APP 开发教程——HTML5 应用　　　　　　　　尹志军